岡　山　文　庫

300

吹屋ベンガラ

―それは岡山文化のエッセンス―

臼井洋輔

日本文教出版株式会社

岡山文庫・刊行のことば

　岡山県は古く大和や北九州とともに、吉備の国として二千年の歴史をもち、遠くはるかな歴史の曙から、私たちの祖先の奮励とそして私たちの努力とによって、現在の強力な産業県へと飛躍的な発展を遂げております。

　小社は創立十五周年にあたる昭和三十八年、このような歴史と発展をもつ古くして新しい岡山県のすべてを、〝岡山文庫〟（会員頒布）として逐次刊行する企画を樹て、翌三十九年から刊行を開始いたしました。

　以来、県内各方面の学究、実践活動家の協力を得て、岡山県の自然と文化のあらゆる分野の、様々な主題と取り組んで刊行を進めております。

　郷土生活の裡に営々と築かれた文化は、近年、急速な近代化の波をうけて変貌を余儀なくされていますが、このような時代であればこそ、私たちは郷土認識の確かな視座が必要なのだと思います。

　岡山文庫は、各巻ではテーマ別、全巻を通すと、壮大な岡山県のすべてにわたる百科事典の構想をもち、その約50％を写真と図版にあてるよう留意し、岡山県の全体像を立体的にとらえる、ユニークな郷土事典をめざしています。

　岡山県人のみならず、地方文化に興味をお寄せの方々の良き伴侶とならんことを請い願う次第です。

はじめに　吹屋ベンガラからのメッセージを聞いて欲しい理由（わけ）

吹屋ベンガラからのメッセージを聞いてほしいのは、世界で最も美しいといわれた吹屋ベンガラが何故滅んでしまったのかという疑問を一度は持ってほしいからである。現代社会ではそのような、まるでダーウィンの進化論の「優勝劣敗」に反するような「良いものが亡びる」ことがあちこちで起きている。これは現代社会の抱えている大きな問題でもある。

また吹屋ベンガラの美しさは、岡山文化のエッセンスそのもののように生まれたもので、そのことも皆様にもっと知ってほしい。

そして「見えないものこそ大切なものである」という岡山文化のエッセンスというのは、「滅びから学んだ哲学」をバックボーンとしていることも是非知ってほしいからである。

そしてまた滅んでしまった吹屋ベンガラからのメッセージを聞くことは、日本人に大切なものを忘れていることがあるのではないかということを、気づいて貰える極めて相応しい例であるからであり、ここから「Thinking Back して再出発すれば、この国はまだ不死鳥のように新しい希望が生まれるだろう。

今でこそ、国際化進展にともなって、海外への渡航人口は年間、十四年度まで

一、六九〇万人（うち観光が八割）を超え、海外からの日本への入国者数は二〇一五年十二月末で一、九七三万人で、二〇一五年度末には二、〇〇〇万人を超えると予想されている。しかし、鎖国の時代には誰一人として海外へ行くことはあり得なかった。ところが三百年以上前の江戸時代に、岡山産の吹屋ベンガラで絵付けされた衣装を美しくまとった伊万里（有田）焼の名品たちは、遠く異国から請われて、晴ればれと外国に渡っていた。

長崎の出島からいわゆるセラミックロードを通って、そのルート上の津々浦々、それぞれの国々の空気を一杯吸いながらヨーロッパまで渡り、異国での生活にすんなり入り込んで、その土地の人々を美しさで幸せにしていったのである。その数はオランダ東インド会社の記録に残るものだけでも二〇〇万個、一説には総量で七百数十万個ともいわれている。

日本最初の磁器である伊万里（有田）焼は、瞬く間にインターナショナルな地位を確立した。世界にその美しさを轟かせたこの伊万里（有田）焼に施された赤絵付け顔料は、実はほとんどすべてといってよいほど岡山の吹屋ベンガラであったのである。

現在でもなお、ヨーロッパ各地でそれらは非常に高い評価を受けている。ベルリンのシャルロッテンブルク宮のものや、ドレスデン国立美術館・博物館の伊万里（有田）焼等が収まっている「陶磁器コレクション」は、その質と量において、東洋の至宝としてあまりにも有名なコレクションであり続けている。

現在のほとんどの日本人が気づいていないのに、ヨーロッパから「あの赤色を使った焼物を作ってくれ、現代の赤ではだめだ」といわれている。本質を知る彼らの眼から見れば、近代工業製ベンガラの赤を使った焼物ではどうしても合格しないという。

こうしてヨーロッパのその道の人から、今の赤が当時の赤に遠く及ばないことを指摘されているのである。岡山の物づくりに詰まっている文化的エッセンスを吹屋のベンガラ造りにも当然注ぎ込んでいたからこそ美しかったのである。

岡山の人が造り出した往時の吹屋ベンガラの色も、今やそれが幻になっているのである。現代の工業製ベンガラは確かに純度は高い。しかし、そもそも工芸品の世界で優れたものというのは、簡便さとスピード故の安さや純度のみでは解決できない奥深い部分を持っているのも事実なのである。

人間の手を省けば省くほど、ここでも味気(あじけ)ないものになっているのである。美そのもの、生命の尊厳そのものから誕生した、最初のカラー顔料であるベンガラも、それを造る人とそれを使って美術工芸品を作る人と求める人の、心がかけ離れていき、今大切な何かが大きく変容しようとしている。

外国からの「現代の工業製ベンガラで絵付けした日本の磁器の赤色は江戸時代のものに遠く及ばない」との（独のドレスデン国立美術館・博物館館長からの）忠告は、

最高の美しさを持つ吹屋ベンガラを途絶えさせた日本の社会や時代と、それを容認した日本人のものの考え方の貧しさへの傾斜、美意識の麻痺、まして人づくりに関してはもっと深刻な忘れ物をしていることへの警告としてとらえるべきではなかろうか。

この効率優先主義の今日のような状況になることは、資本主義理論や現代が最も進歩していると錯覚している進化論やその枠から抜け出せない歴史の展開原理からすれば、必然であるかもしれない。しかし今ここで、吹屋ベンガラが造り上げ、そして押し上げてきたかけがえのない豊かさの本質を正しく伝統産業や美術工芸の中で把握しておかないと、ベンガラはもう人間との本来の関わりを持たせて理解することはできないであろう。人間の美意識が安易で貧しい方へ流れ、それに慣れてしまうことが心配である。世の中には見える部分と見えない部分があり、見えない部分の方が大抵は大きくて永続性があって重要なのである。

高品質なジャパンレッドとして世界を数百年間席巻した吹屋ベンガラは、一体どのような工程を経て造られていたのか。

それを一枚の絵の中に凝縮して描いたものが「ベンガラ造りの図」である。この絵を百年以上前にベンガラ長者御三家の一つである田村家当主が一流の絵師に描かせたねらいは何処にあったのであろうか。

自信と誇りを持って、品質において日本最高峰の吹屋ベンガラ製造に携わっている自分の仕事に対して、残しておくべき金字塔としてかかげておきたかったのであろう。またそれとは別に、遠来の訪問者に吹屋のベンガラ製造工程を自信を込めて分かりやすく絵解きする必要もあったことであろう。

吹屋ベンガラとその製造には、見える部分と、最高級ベンガラだけが持っている、見えないけれど真っ当な生き方の原点的で、秘伝にも繋がるような部分がある。意味合いの大きさからいうと遥かに後者の方が大きい。文化を支える力も本当はそうした部分が大きいほど、文化力を持つことになる。注文主の意向と最初の案内だけで根底にある極めて大きな、意味するものの本質を描き切っており、さすがに最高の絵師である。

私が昭和五十年（一九七五）に案内されて初めて吹屋を訪れたのは、吹屋ベンガラが破綻直後であった。この時は何かの因縁のようなものを感じ、見えないものの大切なことの多さを直感した。吹屋ベンガラのこの部分を一度展示して、多くの皆さんに知って貰いたいと思った。

そして展示のための調査を開始し、以来何十回ともなく訪れる中で、これは本当に見えない大切なものをわれわれは失っていると心を痛めた。このことをこの先、何時になるかは分からないが、そのうち必ず本にまとめてみようと心に決めていた。

ことあるごとに、吹屋ベンガラの大切さを書いたり、話したり、パワーポイントを作ったりして、今日までモチベーションを見失うことなく訴えてきた。そして何時しか岡山県立博物館も定年を迎えることとなり、縁あってその高梁市にある吉備国際大学で教鞭を執ることになった。吹屋がある成羽町も高梁市と合併した。

そしてそこでも第二の定年を迎える頃、成羽美術館で、特別展「色絵磁器の華」が企画され、私は『吹屋ベンガラからのメッセージ』と題して記念講演を行った。それは将来的見地に立った吹屋ベンガラの総集編的な筋道に繋がる話であった。

それから間もなく、より広く国民に「良品が破綻することの意味」を伝えるべく、日本文教出版から本としてまとめることになった。吹屋がベンガラ製造の火を止めた翌年である昭和五十年に、私と吹屋ベンガラは最初の出会いが始まったのであるが、思えばそこから四十年を経て、吹屋ベンガラが持っていた素晴らしいものが何であったかを明確化し、現代にこそまとめておかなければならない使命と思うようになり、この出版まで非常に運命的なものを感じている。

ここで吹屋ベンガラが持つ過去、現在、これから先の未来へ繋がる中で「見えないものの大切さ」に当たるものが、具体的にどのような工程の中で生み出されるのかについて究明し、説明するストーリーがこの本で初めて展開できることは恭悦至極なことであると思っている。

まず最初に河合栗邨(かわいりっそん)という最高の絵師によって描かれているこの絵から始めたい。

この絵は当時も吹屋ベンガラの製造工程を人に説明する時、口ではいえない複雑な工程を絵解きするのに都合の良い物であったはずである。今後もこの絵を見る者にとって、時代を隔てて、見えないものの大切さと聞く人の間に絵をおいてハッと気づかせるメッセンジャーであり続けると思う。

河合栗邨は一幅の絵で、私は田村家に残るその栗邨の一枚ものの「ベンガラ造りの図」と、長尾家に残るもう一つの五巻からなる長巻の「弁柄製造之図」をもって、この文庫本において私が絵解きをして案内する。しかも各工程の随所に、吹屋ベンガラが持つ何処にもない素晴らしさの秘密はこういうところにあったのだということを、スターマーク《★》を付けて、分かりやすく示すことにした。

この「ユニークさと手間暇から生まれる『華（はな）』ともいえる秘密の鍵が濃厚に見られる部分」は実

「ベンガラ造りの図」 河合栗邨筆 35×70㎝ 明治時代

吹屋の町並み

はベンガラの場合は世界で高い評価を受け続けてきた部分と深く関わっている。また岡山文化が全国の市場を圧倒的に制覇している「全ての文化財」のエッセンスに共通するものである。このことからわれわれは昨今の安さ優先のゲリラ的競争や、その場しのぎの繁栄や、今まさに世界で起こっている「良いものが亡びる」現象に戸惑って方向性を見失っている。われわれは吹屋のベンガラからのメッセージを受け止めるならば、さほど右往左往する必要はないのではなかろうか。こうしたことを念頭に文と写真によって具体的中身へ入っていく。

幻の吹屋ベンガラになってしまった今こそ、これらの絵は改めて、そして益々混迷の現代に鮮烈なメッセージを放ち続けていくと確信している。

この絵はもちろん見逃しやすい部分としての製造工程を非常に的確、簡潔に描いている。それはまた記録的であってなお絵画的に収められている。

河合栗邨〈嘉永四年（一八五一）～明治四十一年（一九〇八）〉は倉敷市西阿知で

明治期の吹屋の町並み

染物屋を営んでいた吉井家に生まれたが、後月郡川相村（現　井原市芳井町）の造酒屋河合家の養子となりその家業を継ぐことになった。しかし画家となることを諦めることはなく、本格的な画技は白神澹庵（小野竹喬の祖父）に学んだ。井原市の本町に「栗邨画房」を作り、広く弟子の指導にも当たった。

栗邨は「たそがれ時の画家」といおうか、描線は枯れの域、色も心に染みる温かさを漂わせており、彼の絵は温かい赤の扱いが命となっている。吹屋とは距離的に近かったので、ベンガラ造りの図を描くことを請われて赴いたものと思われる。もちろんこれは工程図であるから彼にしては珍しく密度の高い絵としている。複雑な全工程を一幅に収めきっているところはさすがの絵師である。

目次

表紙／ベンガラ造りの図（河合栗邨 筆）
扉／色絵紋章文皿（佐賀県立九州陶磁文化館 所蔵）

第1章　ベンガラへの道のり

1. 人類の絵画表現の始まり

原始古代において日本人が最初に手にいれた三色は、黒・白・赤である。黒は火を使えば生まれる燃え残りの炭や竈（かまど）の煤（すす）からはじまり、白は貝殻や珊瑚礁、石灰岩を焼いた石灰から作った。そのうち、手に入れることになる赤にはとりわけ強い意味や願望が被（かぶ）せられ、ずいぶんと探し求めたことであろう。希少価値や権力とも結びつくことで、より高い品質や純度を上げたり、作る技術まで追求するようになっていくが、もちろん最初は天然の赤土、天然の辰砂を利用したと考えられる。

赤色顔料の主たるものは酸化鉄系のベンガラと水銀系の朱である。赤色は日本でも縄文の土器や土偶、弥生の土器に着色された。

また首長交替時の権力移譲という、首長の死に伴う後継者選びは不安定要因が最も高まる時、結束崩壊という危険性回避のためのPeace Pact（平和維持手法）としてどのような民族でも構成員に納得させる特別な儀式が必要であった。ベンガラで赤く塗られた古墳時代の埴輪（はにわ）のルーツでもある特殊器台は、そのような特別な儀式に使われている。その特殊器台には南方に産するイモガイ由来の透し文様が入っている。

台湾の少数民族のルカイ族、パイワン族、ペイナン族ではこのイモガイを縫い付けたチェンタイ（肩帯）を首長から生前渡された者が次期首長となる。これも混乱を避けるPeace Pactである。

明らかに赤は権力と関わっている。弥生時代最大の墳丘墓であり、特殊器台も出土している倉敷市庄の楯築遺跡の主体墓の中から三〇kgの赤い朱も出土した。明らかに大きな富や権力と結びついている。

古墳石室の内部の装飾の赤、人物埴輪の顔に施された化粧、入れ墨、ボディーペインティングを思わせる文様の赤い彩色を見れば、白や黒とは違う希少性ゆえ、権力、財力や力強さの意味があったことがうかがわれる。

パプアニューギニアでは今でも貝の貨幣（Shell money）は薄っぺらな紙幣よりも実体のある貝は信用がある。そしてビルビル村の人たちは「シンシン」という伝統的な祭りともなれば、手持ち財産全てともいえるイモガイ、ムシロガイの装身具を全身に着けて、顔を赤色顔料で化粧した出立(いでた)ちで恍惚(こうこつ)の世界を激しく踊るのである。

イモガイそのものの最大の産地というか、源流はパプアニューギニアである。われわれ日本でもかつて彼らと共通した文化を持っていたに違いない。貝偏のつく漢字を拾うだけでも五十字程有り、ほぼ「財」に通じるものが大半で、広い世界で共通の価値を共有していたことが分かる。

黒・白・赤という顔料に関することであるが、私は一九八五年と、二〇〇六年の二度にわたって、近年まで日本の弥生時代の生活文化を残していた台湾の南方海上に浮かぶランユー島（紅頭嶼）を調査したことがある。この島の舟は最近まで最もポピュラーなゴンドラ型カヌーで、日本の弥生時代の舟はほぼ間違いなくこうしたゴンドラ型カヌーであった。それは、土器に描かれたゴンドラ型カヌーや、ミニチュア型土製品を見てもほぼ共通であったことが分かる。

その舟の彩色は現地では今も黒・白・赤の三色だけで彩色している。しかもこの舟はこの島では場違いなほど美しい。それでいてこのカヌーは男なら誰もが作れるのである。ちなみに、それがフィリピンの絶海の孤島サブタン島

ビルビル村のシンシン

へ行くと、同じようなゴンドラ型カヌーを作るのは、男なら誰でもできなければならないというステージから、カヌーは船大工の仕事になっている。「分業するという」文化的進化の階梯（かいてい）を辿（たど）りつつある。時代が現代へと近づくに連れ、何事も「専門化や分業」は避けられないようである。

世界最古の絵画では「彩色」はどうなっているのであろうか。フランスロワール地方で最近発見された世界最古の洞窟壁画ショーヴェ・ポン・ダルク洞窟壁画（二〇一四年フランスで三九番目の世界遺産　三万二千〜三万六千年前）は黒を基調にして描かれている。

ひとが何か重大なことをこの先まで長く記録に残したいと思った場合、最も手近にあった顔料が、焚き火で暖を取る時、暗がりを照らす時等に薪から生まれる木炭だったかもしれない。しかし赤を手に入れることによってラスコーやアルタミーラの洞窟壁画を見ると分かるように、人類の美の表現は精神的にも深い意味とリンクしていった。

エチオピアの南端西寄りのところにあるオモ谷に住むカロ族は、先述のパプアニューギニアのビルビル村の祭りのシンシンでは、体中を赤く塗って舞うが、その時のように、体に赤や色々な色でペインティングしてファッションとしている。ここはアフリカ最後の秘境といわれている。そのようなドキュメンタリーＴＶ映像を見てふと気付いたことがあった。

特にその中で最も興味深かったのは、身体や髪の毛を赤くするための「赤い顔料」を造る様子であった。化粧用赤色顔料はなんと彼女たち自身の手で造っているのである。

まず白い石を見つけに行く。これを持ち帰り薪で燃やす。まだほとんど赤くなっていないがすぐ穴を掘ってヤギの糞にその石を入れて土を被せておく。

翌日、彼女たちがその石を掘り返すと白い石が真っ赤になっていた。どうやらヤギの糞を使い懐炉（カイロ）のような現象を起こさせ、一定温度を保つことにコツがありそうである。

それを石で摺りつぶすと吹屋のベンガラをほんの少しだけ白味がかった赤色になっているではないか。

これを「バター（固着剤）」で捏ねて髪や体に塗る。髪も絶対に洗わないという。一ケ月おきに塗り重ねていく。

そこで私は、その白い石は焼いたら何故赤くなるのかという興味がふっと湧き起こってきたのである。そしてその次の瞬間ハッと思いついたのは、その白い石は天然のローハではないかということであった。この一帯に鉄鉱石鉱床があって、風化したり、雨などで天然ローハとなり、それが石化して再結晶したのではないかと想像したのである。

そもそもなぜ古代人は赤にこだわったのであろうか。太古から人間は日々生きる根源的エネルギーとして太陽の燃える赤を「大自然の生命の源」であると直感的に感じ、ほとんどの生き物が生きている限り、体内を流れている赤い血潮も生命体という「小宇宙を支える生命の源」であると無意識的に認識していたはずである。

動物は火を怖（こわ）がるにも関わらず、人間のみが赤く燃える火を手なずけ、唯一その火を見失うことなく大切に保存し、利用してきた。

まさに赤こそ、生きていく源泉あでり、生きている証であり、人間らしく良く生きる上での情熱も、みなぎる血潮から生まれる情熱的な希望も、日々の活動全てが燃える炎や太陽のように、しかも赤という色は辿（たど）ってきた足跡を明るく照らすためにも人間文化の根源になる色であったと思われる。

反対に暗いということは絶望、病魔、死、暗闇（くらやみ）、凍（こご）え等は概ね「赤色」の対極にあると捉（とら）えていたはずである。それだからこそ赤はさらなる活動と「不老不死」と「再生」の源としても、また切なる願望に一歩でも近づける「希望の色」として認識されていたはずである。

だから人類の洞窟絵画等の表現材料の色彩は、いち早く手にしたポピュラーな炭の黒、そして貝を焼いて作る白、その次に長い歴史の後に、やっと手にした貴重な色彩顔料は、どの民族においてもほとんど全てが、「あこがれの赤」だったのである。

黒い炭が最初に記録に使われるのは、人類が寒さから逃れるために火を燃やすという新たな関係を築いたと同時に、人の意思を表現、伝達できる最も手に入りやすく、描きやすく、対価を必要としない何処にでもある炭が一番普遍的に存在するものだったからに他ならない。

その後にやって来た赤は、そこに生命の誕生から躍動や富や力、全ての願望のその先にある生命の復活再生といった永遠性にまで結びつけていたと思われる。

あるいは今日では科学的にも証明されている、ベンガラの持つ脱酸素剤的効果、すなわち殺菌防腐作用を経験から知り得ていて、死者の復活再生に利用したのかもしれない。また神秘的な原始古代の鏡を磨くにも、現在でもなお当時と同様にベンガラは研磨剤として不可欠なものである。

しかし、日本の古代人が天然のベンガラを利用していたのか、あるいは製品として輸入したのかはなお定かではない。ベンガラという名称はインド北東部のベンガルに産する赤土が染料として日本に入って、そのベンガルが語源だという説もまだ根強く残っている。各遺跡から出土する酸化鉄系の赤色系顔料は一定の色ではないし、なにもベンガラとして造る以前においては、赤色顔料が欲しいと思えば、自然界に存在する赤土が先ず利用され、次第により赤い色を求めて、諸国行脚的に採集するのが自然だと思う。何せ地球で一番多い物質は鉄である。

そしてより品質の良いものを持ち帰れば賞賛され、次の弥生時代において、より手軽に造れるようになれば、そちらへ移行するのは人の選択する一般的であたりまえの階梯(かいてい)的な手順であろう。

近年の研究で少しずつ明らかになってきたが、湿田の隅(すみ)の「ひよせ」等によく見受けられるものが鉄バクテリアが作った鉄(以下、水田から採取したばかりの、バクテリアが水溶性の鉄分を体内に取り入れ排出した黄土色の物質のことを便宜上、以後は「鉄バクテリア」と表記する)であることが分かっている。鉄バクテリアが体内に摂り入れて集積した黄土色の沈殿物を実際に焼いてみると、近世以来のベンガラとほとんど変わらない赤いベンガラがいとも簡単に造れるのである。そこに水田稲作を営んでいた弥生人が着眼してその黄土色の沈殿物を集めて、土器に塗って焼いたところ、何と不思議にも、それは黄土色から赤へ魔法のように、それも人間の手で赤く発色させた瞬間だったのである。

これがベンガラ作りのサクセスストーリーだと私は思っている。そしてその実験を重ねてきた。

京都造形大学の岡田文夫教授は『古代出土漆器の研究』(京都書院1995.5.10)の中で、「菜畑遺跡(縄文後期~弥生前期)」「三筑遺跡(弥生前期)」等出土の漆器に使われている朱漆の塗膜断面顕微鏡観察で、漆膜の中にパイプ状粒子を検出している。すなわちそれを珪藻など水生生物由来とすれば、水の中の黄土色の鉄バクテリアを採集しそれからベンガラを造り、漆に混入して朱漆としたためにパイプ状粒子が混入と考えている。

この縄文晩期から弥生初頭の時代は水田稲作が日本に導入されている時代であり、水田と深く関わる鉄バクテリアが利用されていてもおかしくない。岡田先生は最近、微量の鉄バクテリアを針金状のものにつけてバーナーで焼いてベンガラを造ったと写真を送って教えてくれたので、私はさらに進化させ二〇一三年四月にはコロイド鉄バクテリア四L（リットル）から乾燥バクテリア（ベンガラ製造工程でいえばローハに相当）二〇〇gを分離乾燥させ、実験で鉄バクテリア由来のベンガラ量産化も可能であるめどを立てることができた。

稲作以前の、縄文人は山肌に露出する、より鮮やかな赤い土を探し求めて、手に入れてゆく歴史があったはずである。続いて稲作と共に赤色顔料の発生は九州から始まったと私は考えているのである。

山中に露頭する赤土由来の赤（土朱）も、水路の鉄バクテリア由来の赤も、全て鉄成分が検出されるために、原始古代の顔料検出で、水銀朱と便宜上区別するために鉄分が主成分として検出されれば、分析した人は躊躇なく〝ベンガラ〟と同定する。

考古学者は発掘報告書には水銀が検出されるならば〝水銀朱〟とし、それ以外であれば、ごく当たり前のように〝ベンガラ〟表記となり、これが、現在の人間の造ったベンガラと混同する誤解も生んでいくのである。

そうなれば、酸化鉄系赤色顔料を施した土器や特殊器台を復元する場合に、彩色の段になって、現代のベンガラを塗ることがある。【註1】

それはともかく、本格的に磁硫化鉄鉱、黄鉄鉱が風化してできたローハ（硫酸鉄）を焼いて無水の酸化鉄にし、これまでと全く違う赤色顔料を本格的に多量生産した最初の地は岡山県の吹屋であるといわれている。

それは今から三百年程前とされており、宝永四年（一七〇七）信濃屋新右衛門宅を訪れた鉱山師がその技法を伝えた。森屋茂太（大）夫がベンガラ生産を試み、橋本屋幸右衛門、花屋伝四郎、銅屋八平が次いで生産に従事した。またそれから十数年遅れて中野屋太左衛門、浜屋新吉、胡屋浅次郎が加わってベンガラを焼き始めたともいうのである。

またこれとは別に、やはり宝永四年で、それは炭焼き窯に偶然入っていた硫化鉄鉱石の赤変を発見したことによったというものも伝承されている。

またそれ以外にもベンガラ開始の言い伝えもある。それは、ある者が火鉢の中に入っていた焼けている石を火箸で摘っまんで家の外に捨てたところ、その時たまたま雨が降っていて、雨水にその石が洗われて次第に石と水が赤色になっていくのを不思議に思い、その焼けて赤くなった石を調査したところ鉱石（磁硫化鉄鉱石）であった。そのことからこれを焼いて水で洗えば赤色の色素が得られることを知ったという。溶液を沈殿させて集めれば、当然赤いベンガラ顔料は意外に効率的にできる。

私はこの方法を実際に試みてみた。磁硫化鉄鉱石を七〇〇℃で焼いて水に浸すだけで、紛れもなくベンガラが簡単にできるのである。表面には微粒子のベンガラが生まれ、砕けて残った赤い石をさらに砕いて粉末にしても、結構中まで赤い粉になった。

それのみならず、当時天然ローハ（硫酸鉄）を乾燥すると白い粉ができるので、それで「オシロイ」を造ろうということになった。そしてその白い粉を加熱したところ、たまたま赤いベンガラができることを発見したという話も伝わっている。その白い粉と同じもので、磁硫化鉄鉱石の露頭付近で風雨を受けて発生している天然ローハも焼いてみると、これも紛れもなく赤いベンガラになった。

言い伝えも色々事欠かないが、どれも本当であろう。それは、吹屋の鉱山近辺には幾らでも磁硫化鉄鉱石があり、色々な人の手に渡り、色々な思考も加わって、色々好奇心の強い人の試考で色々な赤色反応が起こって、ベンガラ造りのキッカケになっても少しもおかしくない。

それはあるはっきりとした年代から始まったというより、時代も動機も試みもかなり許容幅を有し、もしかすると場所も限定されずもっと古くから気づく者があって、小規模ではベンカラを造って生業にしていたのかもしれない。

何せ吹屋の鉱山としての歴史は平安時代まで遡るほどであるから、諸説あるのもそれはごく自然なことかもしれない。

本山鉱山磁硫化鉄鉱石露頭で再結晶した天然ローハを真剣に採取しているところ

天然ローハ

（1）原始古代人の絵画表現と発達階梯（かいてい）

① 世界最古のショーヴェ洞窟壁画

この洞窟壁画は一九九四年十二月一日に南仏アルデシュ県のヴァロン・ポン・ダルクで発見された。しかも洞窟壁画の開始時期がこれまで見つかっているラスコーやアルタミーラより一気に古く遡り、何と三万二千年以前のものといわれている。古代人の想いはホラアナライオン、ホラアナグマ、ウマなどを木炭のみで描いているのが特徴である。一九九四年というホットな発見で、たった二十年後の二〇一四年には世界文化遺産に登録される程重要なものであった。

② ラスコー、アルタミーラの洞窟壁画

ラスコーの洞窟壁画はフランス南西部ドルドーニュ県モンティニャック村ヴェゼル渓谷にあり、当時の人はトナカイ、バイソンなどの動物はほとんど石器時代の食料対象としての獲物と思われるものを描いている。その点ホラアナライオンなどを描いているショーヴェとは少し異なっている。一万五千年前のもので世界文化遺産に登録された。モチーフは、赤土と黒い木炭で着色され、モチーフ以外で部分的に白を用いているように見えるところもある。

アルタミーラはスペイン北部の中央部カンタブリア州にある。一九八五年に世界文化遺産に、そしてアストゥリア州とバスク自治州にまたがる十七洞窟が二〇〇八年に追加登録されている。アルタミーラは一万年〜一万六千五百年前の重層遺跡でモチーフにはバイソン、イノシシ、トナカイ、ウマ等で、色数と色づかいはラスコーとほとんど同じである。

③ その他（スラウェシ島洞窟壁画）

インドネシアのスラウェシ島洞窟壁画（南スラウェシ州マロス県マカッサル市）は三万年を遥かに超えるともいわれる。手形壁画などは赤土色である。これまでの一連の発見で、絵画表現はネアンデルタール人にはなくホモサピエンスに限られるといわれてきた中で、この発見は将来に研究がなおゆだねられると思う。これらのことから人類史的観点からすれば世界的には黒・白・赤という三つの色が彩色顔料として、かなり早い時期からすでに存在していた可能性も高い。ボルネオ島（インドネシア領カリマンタン島東部）にも洞窟壁画は存在するらしいが、年代などはっきりしたことはこれからのようだ。

2. 日本の赤色顔料と固着技法

前期旧石器時代のショーヴェからラスコー、アルタミーラまでを見る限り、黒・白・赤と変化する流れを感じるように見えるが、インドネシアのスラウェシ州マロス県洞窟壁画や、ボルネオの洞窟壁画が新たに登場すると、赤色顔料も結構早くから登場しているのではないかと考えられる。では日本の場合はどうか。

(1) 縄文時代

正確にいえば、縄文以前の旧石器時代の絵は日本本土では見つかっていないので、日本での洞窟壁画開始初期のこと、赤色顔料出現時期のことなど、今のところなお杳(よう)として分かっていない。しかし縄文時代の赤色顔料とその固着方法のことは実物観察と実験から推測はできる。

この時代の赤色顔料は、山肌に露出している赤土を採集したものを用いる方法が基本と思われる。その赤土に亜麻仁油（リンシードオイル）、ヒマシ油、荏胡麻(えごま)等の植物油脂か、イノシシやシカ等の動物油脂、魚や動物由来の膠(にかわ)、残るもう一つは漆に混ぜて塗っていたものと思われる。とにかく赤土絵の具は固着剤を用いなければ塗ってもそのうちすぐに剥落してしまう。

(2) 弥生時代（赤土から鉄バクテリア由来のベンガラへの大転換が起こったかもしれない。何故そのようなことがいえるのかの仮説）

弥生時代には、山中を跋渉して探さなくても、「水稲耕作開始」という時代背景の中でそれ以前と大きく時代を画する鮮やかな顔料が生まれたかもしれないのである。人間の手による鮮やかな赤色顔料造りの開始である。

それは水田の「ひよせ」や側溝から浸みだしてくる鉄分を含んだ水の中の鉄をバクテリアが捕食し、排泄したものが空気に触れて酸化鉄となって黄土色にコロイド化し、それが多量に堆積したものを掬って利

ひよせに染み出す鉄バクテリア

用した可能性が高い。それを土器に塗って焼けば、表面は明るい赤い色に彩色された土器が生まれる。

いわゆる鉄バクテリアによるベンガラ造りのようなものが始まったと私は考えている。もしかしてその技術はわが国への稲作導入と一緒に大陸から入ってきたかもしれない。その一つ一つを証明する根拠を挙げるのが目下の私の仕事である。

その根拠として、日本では鉄バクテリアは日本中の水田でほぼ何処でも採取できるが、どうも今のところ、その利用開始は東日本より西日本から始まっている一つの兆候があることに気がついた。東日本ではまだそのような研究データが無いからだけかもしれないが、知る限りではアジア大陸に近い九州にそうしたことがいち早く始まって、東日本ではまだ開始までのタイムラグがあるようだ。つまり稲作が東日本に広がるまで少し時間がかかり、水田がなければ鉄バクテリアも簡単には手に入らない。当然のことながら稲作が始まるまで（水田がないと鉄バクテリアが目に触れる機会も少なかったし、それが利用できるという情報も到達しなかった）鉄バクテリアが利用されることはなかったといえそうである。

つまりデータから見る出現開始の早さは、少しの差ではあるが西日本からなのである。東日本から稲作が始まったと考える根拠は一般的に考え難い。

タイのバンチェン遺跡などにもＢＣ一六〇〇～一二〇〇年頃の油脂や漆固着とは

思えないギリシャ陶器と同じような泥状粘土（スリップ）を塗って絵を描く技法の土器が出土するのは何故であろうか。インカなど中南米土器も赤色は鮮やかではないが（バクテリア由来ではなく、赤土由来であろうか）、基本的には同じ技法と思われるが、ギリシャ、インカ土器は赤みがベンガラ色程鮮やかでない。バンチェンの彩式土器が最も鮮やかで、それに次いで一部の日本の彩式土器（百間川遺跡出土長頸壺）や特殊器台の色がそれに次いでいる。バクテリア由来のものはそれより鮮やかな橙赤（だいだい）である。

さてその弥生時代のベンガラ固着方法であるが、弥生時代の顔料固着方法は「特殊器台」を詳細に観察するとほぼ推測できるし、実際に実験しても全く可能で、そこに矛盾もない。

特殊器台の場合、漆とか植物性や動物性の油脂類であるとする根拠は極めて薄い。油脂で固着すれば厚塗りや塗りむらは避けられないが、表面観察から、塗布膜が薄いのにギリシャや中南米土器のように塗りむらがほとんどないのである。顔料の粒子の細かさは縄文土器に比べれば圧倒的である。薄く塗って濃く発色するのは実験結果からいわゆる赤土（土朱）ではなく、鉄バクテリアを泥状粘土に混ぜてスリップ状にして塗ったのではないだろうか。フレスコ画技法を用いて、乾燥前にヘラとか鞣（なめ）し革か何かで表面を磨き仕上げすれば完璧である。

タイのバンチェン遺跡や中国の仰韶（ヤンシャオ）遺跡（河南省仰韶村）に見る着色技術は日本の稲作文化開始より千年以上も古い着色技術をすでに持っていたのであるから、日本の縄文晩期から弥生時代初期に稲作が始まっているということは、大陸からの完成された着色技術も伝わったというのが一番無理のないルートと思っている。

鉄バクテリアのフレスコ画技法なら、むらなく極めてスムーズに塗布できるし、特殊器台はそれ以外には考えられない。山土由来より色はより赤い。ギリシャやインカ、アステカ等中南米のものは赤より、茶褐色である。この場合バクテリアというより山土の泥状粘土フレスコ画技法で塗ったかもしれない。ところが日本等の水田ベンガラは遥かに明るい赤である。

九〇〇℃で焼いた弥生式土器に、固着剤なしでベンガラを塗って実験しても、土器にベンガラは固着できない。

だから弥生時代末期の特殊器台に明るい赤橙色をどのように固着したかを結論的にいえば次のようになる。

土器が生乾きの段階で、線刻で儀式用の直弧文を描き、次にまだ赤くない黄土色のサラサラの鉄バクテリア（酸化鉄）をそのまま薄く塗る。

何故塗布される側の土器が生乾きの時に塗るのかというと、生乾き土器の胎土（たいど）と泥漿（でいしょう）状鉄バクテリアが接触すると、お互いの分子が動き回りながら、異質の分子も混

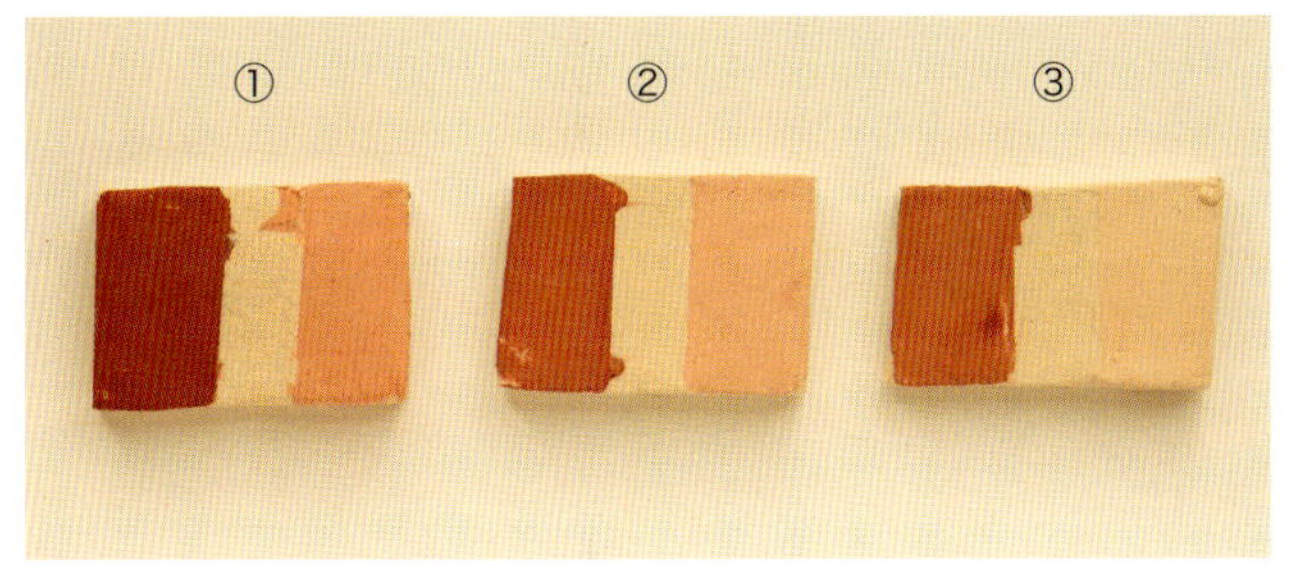

フレスコ画技法で焼き付け固定化したもの

①
左（ベンガラ 100%）
中（信楽粘土）
右（赤土 100%　濡れた状態では赤い）

②
左（ベンガラ 50%，あと粘土）
中（信楽粘土）
右（赤土 50%，あと 50%は粘土）

③
左（ベンガラ 10%，あと粘土）
中（信楽粘土）
右（赤土 10%，あと 90%は粘土）

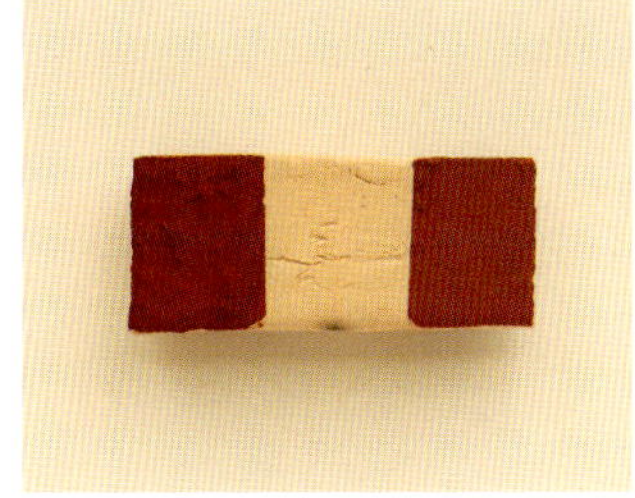

直塗り技法
左（吹屋ベンガラ）
中（信楽粘土）
右（乾燥バクテリアを水に溶いて使用 100%）
いずれもやや茶色に見えるのは信楽粘土と反応か？直塗りは固着出来なかった

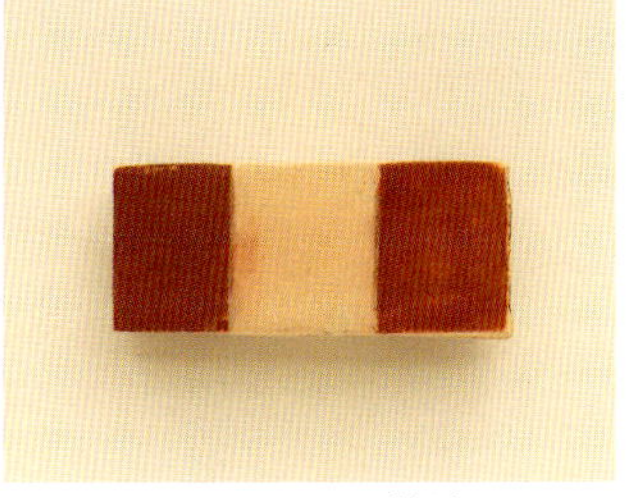

フレスコ画技法
左（吹屋ベンガラ 100%）
中（信楽粘土）
右（乾燥バクテリアを水に溶いて使用）

ざり手を繋いで、焼けば安定的に溶着するものと思われる。
それは正に、フレスコ画の原理（漆喰に絵の具が染みこむタイミングは、完全に漆喰が乾いてからではスムーズに薄く塗れないので、漆喰が半乾きのタイミングを見計(みはか)らって塗る）と同じで、順序と乾き具合のベストタイミングが強固な固着の決め手となる。【註2】

特殊器台の場合、塗った後から、次の工程で、頃合(ころあ)いを見計らって、三角形やボーダフォンマーク（尾の短い巴形）の透かし文様を鋭利な刃物で切り抜くように作る。

弥生時代の現物の透かし文様の切り抜きして生まれる厚さ一㎝ほどの側面部分に赤いベンガラは、流れ落ちたりとかの付着ミスの痕跡はほとんどない。

そのことから、順序としては鉄バクテリアを水簸(すいひ)して水彩絵の具のように薄く塗布した後から鋭利な刃物で切り抜いていることは確かである。切り抜くには胎土があまり柔らかいとへたりやすく、乾燥し過ぎたものを切り抜くと、切り抜き文様のエッジがこぼれ落ちたり、ギザギザになってシャープには切れない。ところが現物はシャープに切られている。

そして切り抜きが終わり、完全に乾いてからこの土器をやや低温で野焼きすると黄土色の鉄バクテリアは橙赤色に変化し、同時に顔料が土器に強固に固着され剥(は)がれることはない。貴重で扱い難い漆も必要はない。本来のフレスコ画は焼くことはないが、鉄バクテリアはそこに焼くという一工程が加わっているのでより強固になっている。これはタイや仰韶（ヤンシャオ）の彩陶（さいとう）、古代ギリシャ陶器も、インカの陶器も原理的には同じであると思っている。色の違いからいえば、タイ、日本のは明らかに鉄バクテリア、ギリシャやインカは水田からのベンガラ確保が難しいとなれば、赤土であろう。弥生時代の特殊器台ほど赤くはないのはそのためであろう。

弥生時代の「鉄バクテリア」を使うやり方の次に、鉄鉱石からベンガラを作るようになったのである。

次に「磁硫化鉄鉱石」を焼いて、水を浴びせて急冷させて砕き、その水溶液を濃縮結晶させて緑礬（ローハ）を造り、次にその「ローハ」を焼いて赤いベンガラを造るという、ベンガラ製造ステージを経て、近年の温度、粒子、水簸脱酸に至る諸管理を厳密にしながら、より赤く、より鮮やかで美しい最高級の赤を探求し続けるためには、考え得る限りの手間暇をかけた幾多のステップを踏んでいったのである。

その鉱石製ベンガラへ向けて踏み出した第一歩という時期は、古墳時代なのか奈良時代なのか、平安時代なのか、中世なのか、吹屋で始まる宝永四（一七〇七）年頃から始まったとされる近世なのか、今はまだ歴史の中に正確に時期をはめ込むことはできない。

また古墳時代の須恵器から古代末の平安須恵器は、焼成温度が一、〇〇〇℃から

一、一〇〇〇℃で、しかも還元炎焼成で焼き固められたものである。そこまで高温にすると、ベンガラは色が黒ずんでしまうし、硬く焼き締まっているのでこの時代の須恵器に単なる顔料を水で塗っても固着できないし、油脂による固着も難しい。フレスコ画技法も勿論使えないし、そのために須恵器にベンガラを塗ったものは見たこともない。

だから私は過去に遡って、ベンガラを土器や土偶に使い始めたことを原点として、主に縄文時代から弥生時代におおよそ、どの様にベンガラを造り、それをどのような方法で固着していったかを実験考古学的に探ってみたのである。

（3）日本の原始古代の面影が残るもの

① 台湾のランユー島のゴンドラ型カヌー

台湾の南方の絶海の孤島であるランユー島は、日本の原始古代が現代まで残っており、この島はさながらジュラシックパークである。つまり同じ黒潮文化圏内で日本の「弥生時代」の風景が残っており、今ではその時代を体験できる唯一のテーマパークのようなものである。

私がこの島でゴンドラ型カヌーと遭遇した時、日本の弥生時代の舟が今なお健在であるのに驚きを禁じ得なかった。何故今日まで奇跡的に残ったのか。

それは一つには日本が台湾統治していた時、この島があまりにも古い民俗文化を残しているので、研究者と軍人以外はこの島への上陸を禁止していたからである。隣の緑島は規制しなかった。その上台湾政府が政治犯の監獄としたこともあって、古い時代のことは全てが消え去っている。

　私は昭和五十六年（一九八一）十月に開催した、岡山県立博物館特別展「海の道」の時、山口県下関市長府豊浦忌宮神社にランユー島のゴンドラ型のカヌーを見つけ（全長二〇一㎝という大きさは明治期の日本人が特別に作って貰ったものだろう）、これを借用して展示したことがある。

　その後、私はこの島に昭和六十年（一九八五）八月と、平成十八年（二〇〇六）七月と、二度に渡って舟、脇舵（わいかじ）、梯子（はしご）、樹皮や竹で編んだもの、魚皮等で作った短甲（たんこう）、貝製スプーン、タロイモ栽培と収穫方法、葬送儀礼（そうそうぎれい）の調査等を行ったことがある。

　二度目に行ったのは、平成十七年（二〇〇五）に台湾本島南部のルカイ族、パイワン族の山岳少数民族の用いているイモガイの螺塔部（らとうぶ）（径が大きい方）をスライスして作る「シェルディスク」を張り付けたチェンタイ（肩帯）と日本の特殊器台の透かし文の深い関係や、台湾ビーズの調査のためであった。【註3】

　その時、できたばかりの台東の国立史前（しぜん）文化博物館（台湾では有史以前を史前と呼ぶ）の学芸部全員の方と話し合いを持って情報交換した時、別件でランユー島が今やすっかり変貌していて、昭和六十年に私が撮った写真が大変貴重なものになっていることを聞くにつけ、早速翌年ランユー島の日本との文化的関係において危機的状況を見届けるために二十年ぶりに渡ったが、二十年間の変貌ぶりには驚いた。【註4】

②京都舞妓の伝統的化粧

京都の舞妓さんの化粧は、何故か今でも黒、白、赤の三色しか使っていないという不思議な伝統を続けている。

第2章　品質で頂上に上り詰めた
吹屋ベンガラの栄光と挫折

1．吹屋ベンガラの発生と栄光の原点は吹屋銅山にある

もともと吹屋は銅山で栄えた歴史の方が、ベンガラで栄えた歴史より遥かに長い。吹屋に銅鉱山が開かれたのは、平安時代初期の大同二年（八〇七）である。それは鉱山師佐伯氏の家系でもあった空海が延暦二十三年（八〇四）に入唐し、青龍寺の高僧恵果に学び大同元年（八〇六）に帰朝した。そして吹屋の銅山が開発されたのは奇しくもその翌年でもあった。そうして平安時代に吹屋は銅山・銀山として栄えたと伝えられている。

室町時代には銅山としてさらに脚光を浴び、銅を吹く炉の煙は天を覆い、銅山に従事する人の建物は「大深千軒（おおぶかせんげん）」とうたわれるほど非常に賑わっていたという。

（1）吹屋の銅鉱山

ともあれ吹屋の本格的なベンガラの色の良さや、供給の安定性から、吹屋ベンガラは伊万里（有田）焼、九谷焼等の高級磁器用赤色顔料として九五％以上のシェアを獲得していった。

吹屋ではローハは手間暇かけて、樽による水簸脱酸は数十回も行った。江戸時代に

おいては、実にそれが何と一〇〇回も行われていたのである。飽くなき最高級品追求姿勢と吹屋ブランドの伝統を守る者の自負心と向上心から、これほど念入りな製造方法にこだわったものと思われる。

(2) 品質で名声を欲しいままに

それ以来吹屋ベンガラはベンガラ長者を生み出しながら、ベンガラといえば吹屋と呼ばれる程、その繁栄と名声を欲しいままにしてきたということだけは確かである。

2. 挫折

(1) 工芸の色と工業の色

しかし永久に繁栄すると思われていた吹屋ベンガラも、時代の波には勝てず、押し流されていった。近年の化学工業のさらなる発展により、必然的に有機顔料が次々と製造されていった。またベンガラそのものも酸化チタンやボーキサイト製造の副産物として造られるようになったり、硫酸ソーダ電解法などが発明されて、連続的にしかも安価に造れるようになるなどして転機を迎えた。時代の流れの底流にあったものはそれだけではない。もっと本質的なものが横たわっていたことを見逃してはならない。国内、国外を問わず、高度経済成長期にありがちな、何かを犠牲にしたとしても、新興のものが超一級品を安全や品質レベルではなく、安さだけで駆逐してしまう超優良品が突然、劣化溶融する「オーバーターンシンドローム」のはしりとして、何処にも負けない最高級品を生産していた吹屋ベンガラは格安ベンガラによって、昭和四十九年（一九七四）には息の根を止められその幕を閉じたのである。

　とことん手間暇かけた吹屋の伝統的なベンガラ造りに対して、電解法では実に沈殿物の加熱は五分間、脱酸は苛性ソーダによる瞬間的な強制中和で済むようになった。温度を上げれば製品回収率は上がるけれど肝心の色が悪くなるので、吹屋では燃焼温度を七〇〇℃という低温に抑えて、効率よりも、ゆっくり時間をかけて、見えないところへの手間暇を一切惜しまない方法を採ってきた。

　加熱は「五分間」で終了の電解法と吹屋の「三日間」の差、また脱酸は苛性ソーダの「瞬間」対谷間の清水「五〇回」の差という合理化に敗れたのである。工芸の色は工業と違って、色が命である。その場合はわずかの色の差が我慢できない場合もあるにもかかわらず、値段だけでリングに上っていたのである。

　芸術作品の顔料と工業製品の原料が同じであって良いはずがない。しかしそこのところの美意識や論議がないまま闘いは終わって、むなしく試合終了のゴングが鳴り響いていたのである。

私は医師の集まりでの講演で、カメラにせよ、ピアノにせよ日本人は世界一だと思っているけれど、博物館に写真撮影にやって来るカメラマンが日本製を持って来ることは皆無であることに気がつき、並河萬里さんという国際的に有名なプロカメラマンが文化財の撮影に来たとき、ついに理由を聞いたことがある。彼は故人となられたが、具体的にことを細かく教えてくれ、全て納得できるものであった。【註5】

ピアノに関しても、知り合いのピアノ店の人が、カタログを示して、スタインウェイと日本のメーカーでは、比較すると何をポリシーにして売ろうとしているのかがはっきり違うのだということを教えてくれた。例えば、スタインウェイのピアノが一台ずつ大半の部分を手で作った点を強調しているのに対して、日本製は置いた部屋の雰囲気を幸せ色にすることを強調しているのは何故であろうか。確かに日本のこうしたものは値段と機能のリンク性では群を抜いている。しかしこれは「そこそこ良い」の範疇である。それは「世界一良い」というのとは違うのである。

日本に世界に誇る名車がないというのも、借り物から始まり歴史がない分、安さで勝負する期間が長すぎて愛着や誇りを育てられなかったことも一因に違いない。

日本製はそこそこ良いが、まだプロカメラマンから絶対に信頼されているわけではない等の話を医師の会合でした時、ある医師が「医学の世界でも実は同じことがある」

と教えてくれたことがある。日本製のメスもあるが、名医は日本製を使わないという。スエーデン製のメスは日本製より二倍価格が高いけれど二〇％良く切れるという。ちょっとの切れ味の差が生命を左右したり、手術の手並みの善し悪しへの評価も変わるからである。世界一の刃物である備前刀を作っていた日本が、そこそこで惰眠（だみん）しているとするならば先人に笑われる。

いつの間にか、安物の現代の工業製ベンガラが「オーバーターンシンドローム」で名門吹屋ベンガラを安さを武器に市場から追い落とす側に立っている時代がやって来ているのである。【註6】

社会や文化全体が大きな見通しを失って、安い高いのという基準だけを持ち込み、国全体に根本的な緊張感がなくなると、絶対的勝者でもアッというまに敗者となってしまう。それで良いのか、そういう文化や芸術は本当に心豊かな人間を作っていけるのかが今問われている。

そう思って、日本人と赤色顔料の歴史、陶磁器顔料を始め、世界最高の赤をどのようにして造ったかをもう一度フィードバックして、「過去の終わってしまった稚拙な製造だ」と一蹴することのむなしさと、現代技術なら何でも絶対的に素晴らしいのかも考えながら、まずは吹屋の伝統的製造法と全工程を一通り見てほしい。その次に深く洞察してほしいことがある。

時代の先端である「現代」を生きる私たちは、現代が最も進んでいると思っている。まずそのことについて、それはそんなに簡単に肯定して良い話ではないことを少ししてみよう。

(2) 吹屋の銅山とベンガラは一心同体

両者は密接不離な関係にあったので、吹屋の銅山が吹屋のベンガラをトップの座に押し上げたし、また銅山の破綻がベンガラの命脈（めいみゃく）を奪ってしまった。

吹屋の磁硫化鉄鉱石は銅鉱石と隣接して産出することから、鉄鉱石の中に含まれた微量の銅成分が何処よりも美しい色を作ると思われるし、銅鉱石を採掘した際に同伴する少量の磁硫化鉄鉱の量で、単位重量では銅より遥かに貴重品であった吹屋のベンガラ造りはそれで賄（まかな）えたはずである。つまり鉄鉱石をわざわざ掘らなくても、銅鉱石と一緒に出てきたものの中から鉄鉱石を選別する手間だけで十分であった。しかし国際的な銅価格の暴落などで銅の採掘が中止となれば、一蓮托生（いちれんたくしょう）の運命になっていた。

3. 過去から現代を斬(き)る

(1) 具足の中に現代の危うさを考える (何が分かって、なお何が分からないまま秘められているのか)

時代がモノを作るというのは私の持論である。モノも文化も政治も結局は求める側の意図(声)が強くなって幅をきかせていく度合いに従って、本来直接手を下してモノを作る製作者の意図は弱くなり、細り、最後は人の言いなりとなって引っ張られる。結局求める側と作る側の駆け引きの力関係がその時代を動かせる力になってしまう。

文化的政治的リーダーが引っ張るリーディングカルチャーか、好き勝手にあっちこっちを向いたベクトルで文化的政治的光景を選択するかだけである。

危機の際には強い方向性がないと危機が乗り切れないばかりか、時代の勢いは失われてしまうのである。またそのような時代には良いモノは生まれないのである。

武士が登場した時の大鎧から始まって、胴丸、腹巻、具足というように変化してきた甲冑の歴史は、よく見ると結局これは甲冑師一人で作っていた意欲に満ちた時代から徐々に分業へと変化する歴史でもあった。一方、形式変化は戦闘方式の変化にも応じ、最後は江戸時代という戦争のない非実用の「具足」という総花的甲冑へと変化していった。ところが、戦争のない時代には、求める側は平和な時代を映して、過飾に走ってあれも付けてくれ、これも付けてくれと注文者の声ばかりが優先し、盛りだくさんに飾り立てた具足（装具足れりという意味）が生まれることになる。時代と共に進化するどころか、精神的には遙かに劣化した考えの産物となっていった。現代社会のクルマも購入者の購入意欲をそそるために、不必要なもので各メーカーはしのぎを削っている傾向がなくはない。【註7】

（2）時代と共にモノは進化していない

これも私の勝手な解釈かもしれないが、鎧の歴史はいうまでもなく、刀剣にしても、建築にしても、陶磁器にしても、ほとんどあらゆるもの全てに進化を日々続けるわけではなく、本質的には誕生時点が最も力があって、その後は劣化が見られるのではないか。全てが進化し続け、最前線にいる自分たちが、最も進んでいると錯覚しているのである。

平安末期、鎌倉初頭に貴族中心の律令制が崩れ、中世の到来は、貴族に代わって歴史の表舞台に武士を登場させた。武士は自分たちの手で時代を切り開くという使命感に溢れていた。武士の持ち物は単純明快に質実剛健の通り刀剣と甲冑であった。使命感という武士道が根底に貫かれていたためにそれ以外のものは必要としなかった。

そのために、彼らが最も必要とした武器武具を供給する側も、求めに呼応して武士にふさわしいものを作ったことは必然であった。日本で初めて日本刀が生まれ、その優秀性も形状も完璧に時代を画した。それは甲冑においても同様に、全く新しいスタイルで本格的で、重厚且つ美しいものが誕生した。

日本刀は最初期のものが最も素晴らしく、製鉄技術はその後どんどん進んでも、肝心の刀剣本体は時代と共に劣化している事実がある。

刀剣の場合、その原料を造る製鉄に関しても、決してハイレベルではなかったのに、手間暇と情熱をこれでもか、これでもかと注ぎ込んで、今までなかったものを作り上げたのである。重厚さと美しさは比べようがなかった。つまりモノは時代が作らせるのだ。もっと厳密にいえば、時代の境目が素晴らしいモノを作らせる鍵を握っているのだということを忘れてはならない。

その後、原料作りや、素材収集に関しては格段に進化し、あるいは広範囲から交易等の力で寄せ集めることが可能となっていったにも関わらず、胴丸へ、腹巻へ、具足へとどんどん「力」が失せていくという動かし難い事実を見ることになるのである。「具足の中に現代の危うさを見る」と指摘したように、力の失せた時代にはあらゆるものが本質的内容から形式的内容へ、さらに形骸化へ突き進んでいく宿命を持っているのである。

これから分かることとは、「何かを得たら、何かを失う」ということと「得るものの大きければ失うもの少なからず」という事実がそこに暗示されているのである。

時代と共にモノは進化しないことは「鎧櫃（よろいびつ）」にさえ端的に表れている。八百年前に作られた鎧櫃が、それ自身の耐久力においても、中に収めるものに対する保存性能においても、桁外れに優れているのである。

鎧櫃に使う一枚の板さえタテ挽き鋸がまだないために、簡単にはできない時代、道具も技術もない時代に生まれた「モノ」に対して、それらが全て揃っている後世のものが決して追いつけないでいるのをどの様に解釈するのか。

(3) 結局 技術では超えられないものがある（何が分かって、なお何が秘められているのか）

それは何故技術では超えられないのか。モノは時代が作るといったが、それには隠された二つの側面がある。その一つはモノは作家が作るものではなく、作家の後ろから時代という背後霊（はいごれい）のようなものが作家の手を取ってモノを作らせているということである。もう一つは、作家が本気でモノを作ろうと試みても、時代が勢いを失ってしまえば、それには勝てないのである。

もちろん現代も多くのものがピークを越えたところにある。ギリシャ人の哲学を超えられないローマ人の哲学、その他の学問を見れば、そのわけが少しは分かってもらえるであろうか。あるいはギリシャ時代の博物館のあり方とローマ時代の各都市に遍（あまね）

く博物館を作っていった結果ローマはどうなったかにも通じている。それは高度経済成長期以降わが国に沢山の博物館が誕生して、結果現代社会に派生した数多くの不具合と脈絡は同じではないかと思う。

国家が肥大化したり、ポリシーを失ったり、国民へのサービスに一方的闇雲に走ったりした時、文化は、国の勢いひいてはその時代に作られたモノはどの様になっていくかが良く現れている。そして甲冑の上には殊の外はっきりと「モノと時代の関係」が印象されている。決して技術では超えられないモノがあるということである。われわれ日本人も何処から来て、これから何処へ向かうのかということも考え、難しい選択を迫られる日は遠くない。

欧米人は歴史を学ぶ理由の最大のものとして、自分たちが何処から来て、何処へ向かっていくのかという鍵が歴史の中にあると確信しているのである。だからThinking Backするのである。日本人は島国であったがために歴史といえばもう済んでしまったこととして扱い、教育現場ではせいぜい歴史イコール暗記と思うようになっている。

歴史と文化を学ぶ理由とは、明日へ向けた選択を誤らない「鍵」が必ず歴史や文化の中にあるという、日本にはこれまでなかった新しい「歴史認識」をわれわれは持たなければならないということである。

各時代の「現代」に潜む緩み、そして受け継ぎ、送り渡すという真剣さや謙虚さの欠如からくる傲慢（ごうまん）さ。日本の文化行政からして、そこのところに重きが置かれていない山積の課題が迫っている。歴史と文化重視が試されている。しかしその前にちょっと本質を見れば文化へかけるお金の量が違うことを見て驚くであろう。これも歴史認識の欠如や甘さ以外何ものでもない。

国家予算の中で文化へかけるお金は凡そ一万分の一でしかない。これはフランスの百分の一である。しかしながら実は日本でも各時代の先人達は歴史とは別に一杯遺言を残しているのだ。そのようなことを遺言のように伝えるのが文化財である。文化財は決して嘘をつかない。われわれは嘘をつかない文化財に聞く耳を持つならば、歴史認識の甘さを十分に補完できるのである。それがせめてもの救いである。

建築にしても、日本は世界唯一全面解体し、完全復元する建築の技術と思想と腕を持っている。それが生まれたのは、時代と共に建築技術が劣化することを最も良く知っていたことと関係があるのである。そしてその劣化を最も恐れていた棟梁が、恐れていた先人が文化として取った手段でもある。

何百年も経た建築の修理に携わる事になった時の棟梁は、「自分の腕ならきっと何百年前の技術なんかに負けるはずがない」と踏んで、棟梁はみな意気込んで、勇ましく「サアー」とばかりに剥がして解体に取りかかってみたら、全く自分たちの技術は足下にも及ばないもので、とても歯が立たないことを思い知るのである。

どの棟梁も、何時の棟梁も、何処の棟梁も自負心を「ガツン」と打ち砕かれるのである。声を集合すると、これはもう元通りにしておくしか選択の余地はない。そういう体験だらけだったからこそ、日本中で全面解体、完全復元方式が定着していったに違いない。ついにはそうするのは世界で唯一の国になったのだと思う。根底には時代と共に人間が劣化することを業界全体で確認して、本当に負けない人間になることをせめて忘れない人間になろうとした先人の遺言なのである。

　日本の社会全体が高度経済成長時代を迎えると、コストカットによるますますの利益追求へとシフトして「オーバーターンシンドローム」に陥る。当然のこととして伝統産業やその良さは見かけ重視、安さ重視の嵐に席巻（せっけん）され、多くの大切なものが止めようもなく劣化溶融し続けた。急激に変わったモノは色々な矛盾を抱えて急激に壊れていくように思う。いや止めどもなく壊れている。

　ヤルタ会談でおなじみの英国のチャーチル首相が「時代の変化はゆっくりの方が良い。急激に変わるとろくなことはない」と言ったというが、全ての真理を突いている言葉である。その時、当時の日本のことが念頭にあったかもしれないし、つまり今日の日本のことさえ予見できていたのかもしれない。

　吹屋ベンガラの破綻は、日本の文化の根幹が危うくなっていくさきがけのようなものであった。

第3章　吹屋ベンガラの優秀性の秘密を鉱山から見る

1．吹屋ベンガラの原点は吹屋銅山にあり

（1）吹屋ベンガラは銅鉱山の邪魔物から生まれた

第2章 第2節 第2項（49頁）で少し触れたように、実は吹屋の銅山は銀も出れば、鉄も出るという鉱山であった。その鉄は主として磁硫化鉄鉱石で、あくまでもここでは銅山の副産物であった。それから鉄を取っても、硫黄を多量に含むので使い物にならないし、鉄に精錬しても採算に合わない「邪魔物」であった。しかしこのどうしようもない鉄こそが、思いもよらない最高級吹屋ベンガラに生まれ変わったのである。逆に銅鉱脈の中から取れる鉄には宿命的に銅成分も含まれており、この鉄からベンガラを造る際、これこそが美しい赤を発色する鍵を握っていたものと思われる。《★》

これを原料とする吹屋のベンガラは瓢箪から駒というか、出藍（しゅつらん）の誉（ほま）れというようなものであった。

（2）吹屋の銅鉱山

銅を生産するために必要な銅鉱石を掘り出すヤマが銅鉱山である。ベンガラの直接的原料はローハという硫酸鉄である。硫酸鉄は磁硫化鉄鉱石から造られる。磁硫化鉄

鉱石は銅山の中で銅とまだらに混ざった状態で出る場合もある。

しかし何故銅山の町吹屋において、ベンガラの原料であるローハが鉄を原料として生まれるようになったのか。

三代将軍徳川家光が島原の乱を制圧してから、参勤交代、鎖国令等を敷くなど各藩を引き締める政策をとった。そうした時代背景の中で吹屋は幕府の直轄となり「吉岡鉱山」と改められた。地元の大塚家がそれを請け負って運営した。吹屋の銅は大坂に送られて貨幣となって、全国に流通し日本の財政を支えていた。

明治六年（一八七三）から三菱合資会社の経営となり、最盛期には粗銅生産は月産一三〇ｔに及んだ。

しかしながら明治の官営方式から民間の新興企業によるグローバル化へのシフトが爆発的に進んだ大正時代には、未曾有の経済発展を遂げ「大正浪漫」を享受するが、反面必然的に銅資源の高騰、暴落といったこれまで日本が経験したこともないような乱高下する荒波は避けられなかったはずである。その大きな矛盾解決には戦争しかないという状況に追いつめられ、昭和は戦争の時代へと突入することになった。

結果的に満州事変が勃発した昭和六年（一九三一）には銅価格が暴落した。そして吹屋銅山は休山に追い込まれた。

ところがまた第二次世界大戦で復活し、連合国側の日本に対する経済封鎖の中で血眼になって貴重な資源を求めて昭和十七年（一九四二）から同二十年（一九四五）まで、ここ吹屋では帝国鉱発の手で操業が戦時下の三年間再開された。

また戦後になって昭和二十五年（一九五〇）から同四十七年（一九七二）五月まで吉岡鉱業（株）が再び操業を再開した。

しかしその間の昭和四十三年（一九六八）には、磁硫化鉄鉱が出る本山鉱山はひと足先に休山した。そして遂に昭和四十七年には全て休山となった。磁硫化鉄鉱石の新規生産は当然ながらこれでストップした。

遂に昭和四十九年(一九七四)には吹屋でのベンガラ生産も最終的に終了してしまった。これが吹屋の銅山の歴史である。吹屋はこうして銅山の歴史を最初から最後までたどってきたのである。

それに比べれば吹屋ベンガラは、生産額からすれば銅とは比較できないほど小さい。しかし希少的価値からすれば、国際的荒波をものともせず生き延びてきたのに、本山鉱山が破綻したことで、銅と鉄という吹屋のベンガラは母子関係にあるように、銅山でもあり、磁硫化鉄鉱という鉄山でもある本山鉱山が休山になってしまっては、原料供給が吹屋の自前の鉱山からは難しくなった。

本山鉱山はベンガラにとっては、銅と鉄の隣接混在した貴重な存在であったことこそが、他では真似のできない超一級の色となっていたことは間違いないと私は思っている。鉱山会社からすれば、いくら吹屋ベンガラが貴重といっても、銅鉱石に比べれば遥かに小規模で足りるベンガラ用の鉄鉱石を本山鉱山で継続採掘することは、閉山か小規模維持かを考えた時も、採算に合わない選択はしなかったと思われる。閉山以前に磁硫化鉄鉱石だけでも確保しておくべきではなかったか。ここにも採算という近代化の怪物が顔を出しているのである。【註8】

吹屋小学校は現役使用建物としては国内最古〈吹屋小学校設立は明治六年（一八七三）で、現在地に移転は明治三十二（一八九九）で、西校舎東校舎竣工は明治三十三年（一九〇〇）で、本館竣工は明治四十二年（一九〇九）〉であったが、児童数の減少から平成二十四年（二〇一二）三月末で閉校となった。平成二十七年度から解体し、五年計画で完全復元と活用を図っていくことになっている。

三菱は明治二十六年（一八九三）一月に精錬所を坂本寺畝に、同年三月に従来の本部事務所を坂本へ移転した。吹屋小学校は三菱の事業所事務所あとに明治三十三年に建てられたものである。その後明治四十二年に現在の校舎中央の本館玄関部分が作られた。

（3）本山鉱山でのローハ用原鉱石採掘

本山鉱山は坂本から県道三三号線を南へ一㎞ほど行ったところで、次に東側へ

当時の吹屋小学校

吹屋小学校の最後の姿

二〇〇ｍほど入ったところに位置している。二億五千万年から二億年程前、中生代の終わり頃の恐竜が出現した三畳紀頃に作られた岩石である。

砂岩と頁岩の互層が花崗岩類の迸入接触を受けてホルンフェルス化した岩石を母岩とする接触交代鉱床と鉱脈型鉱床からなっている。

鉱石は黄銅鉱を主とし、磁硫化鉄鉱や閃亜鉛鉱を伴なった鉱山である。脈石としてはヘデェンベルグ輝石、ザクロ石などのスカルン鉱物が見られる。この頃はまだ、地球に於ける大陸はパンゲア大陸が一つだけであった。

（4）銅山鉱床と磁硫化鉄鉱石鉱床が同一場所に併存

そのために、銅生産の技術はストレートに鉄鉱石採掘、焼成粉砕、溶解その他熱処理技法において共有できる部分が少なからずあったはずである。

（5）鉱山の各種技術が活かされている

例えば古代における製鉄溶解は、大きな鉄鉱石の塊のままでは、近代的なコークス高炉ならともかく、総社市の千引カナクロ谷製鉄遺跡を見れば分かるように、前処理としてキャラメル粒位の大きさに砕かれたものが出土しているように、小割りにしなければ溶解はできなかった。砂鉄製鉄では最初から砂粒であるからその必要はないが、日本の砂鉄製鉄は鉄鉱石製鉄の次の段階で登場する。そして中国や朝鮮半島には砂鉄製鉄技術はないのである。

鉱石製鉄、製銅ではまず採掘した鉱石を砕く技術が必要である。総社一帯にはそのような鉄鉱石粉砕炉と考えられる「八ツ目うなぎ型鉱石粉砕炉（焙焼炉）」遺構が多数出土している。そのやり方とベンガラ原料のローハを磁硫化鉄鉱石から造るには鉄鉱石を加熱して分解したり、変成させる焙焼を行う。さらに焼いたものを水で急冷させてさらに細かく砕くやり方は全く同じである。砕けば鉱石の表面積が増し、湯の中に含有成分が浸みだしやすくなる。その溶液を濃縮結晶させてローハを造った。

鉄鉱石を砕いたものは製鉄技術で鉄になり、磁硫化鉄鉱石を砕いたものはローハになる。磁硫化鉄鉱石からは鉄が取れても、硫黄が多過ぎて、余分に「沸(わ)かし」、「卸(おろ)し」処理をしなければ鉄器には向かない。

江戸時代などでは、磁硫化鉄鉱、黄鉄鉱等の風化したものが「天然ローハ」として使われていたはずである。本山鉱山開発以降には金女師(かなめし)が鉱石を製銅用、ベンガラ用、単なる廃棄岩石などに分別した。

ローハ用磁硫化鉄鉱石は焼成窯に積み上げて（窯といっても、天井や側面を囲った炉壁があるわけでは無く、一面だけが石垣でその他の面は鉄鉱石を積み上げただけのものである。積み上げて燃焼させるものなので「窯」と呼んでいた）、薪はもちろん

千引カナクロ谷製鉄遺跡（八ツ目うなぎ型）

磁硫化鉄鉱石

であるが、磁硫化鉄鉱石の中に多量に含まれる硫黄も燃料となって焼成し、水や湯を掛けて硫酸鉄分を水に一旦染み出させ、次にその溶液を煮詰めて濃縮した。さらにその飽和濃縮液を冷やして水色に結晶させたものが、真っ赤なベンガラの原料となる緑色を呈した「ローハ（緑礬）」なのである。

それが現代では、基本的には鉄に硫酸を加えた後に水分を蒸発させて造るとか、鉄粉を酸化させたりとか、ボーキサイトの精製過程等で造られたりするような効率志向の簡便な方法になっていったのである。

67頁の写真は当時の本山鉱山である。上部やや削平された所の左端にある建物が山神社（さんじんじゃ）、その右下の三日月形の黒い影の上の丸くて黒い部分が山神坑（さんじんこう）、中央の大きな建物が中山銅近（どうきん）小屋である。ちなみに「銅近」

結晶ローハ

とは、銅鉱石の近くに磁硫化鉄鉱が出るからそう呼ばれていた。鉱石焼成（焙焼）窯へ入れる鉱石の選別や準備をするところ。そのすぐ手前の小さな瓦屋根の建物が焼けた鉱石を水に投げ込んだりする水仕小屋で、一番下の建物が下山銅近小屋である。

68頁の下の写真の右が原鉱を落とす「スラシ」と呼ばれる掘った鉱石を下の選鉱場へ滑り落す場所。

吹屋ベンガラが持つ、得も言われぬ独特の美しさの秘密を握る一つの鍵は、鉄

本山鉱山全景（この鉱山は宝暦元年頃から始まった）

鉱石を採掘しても、鉱脈的に銅鉱石と接触しているために、鉄以外に銅など色を左右する微量鉱物成分が混入していることで何処にもない吹屋独特の美しさを生む鍵となっている。《★》

本山鉱山　背後で焼鉱窯が稼働している

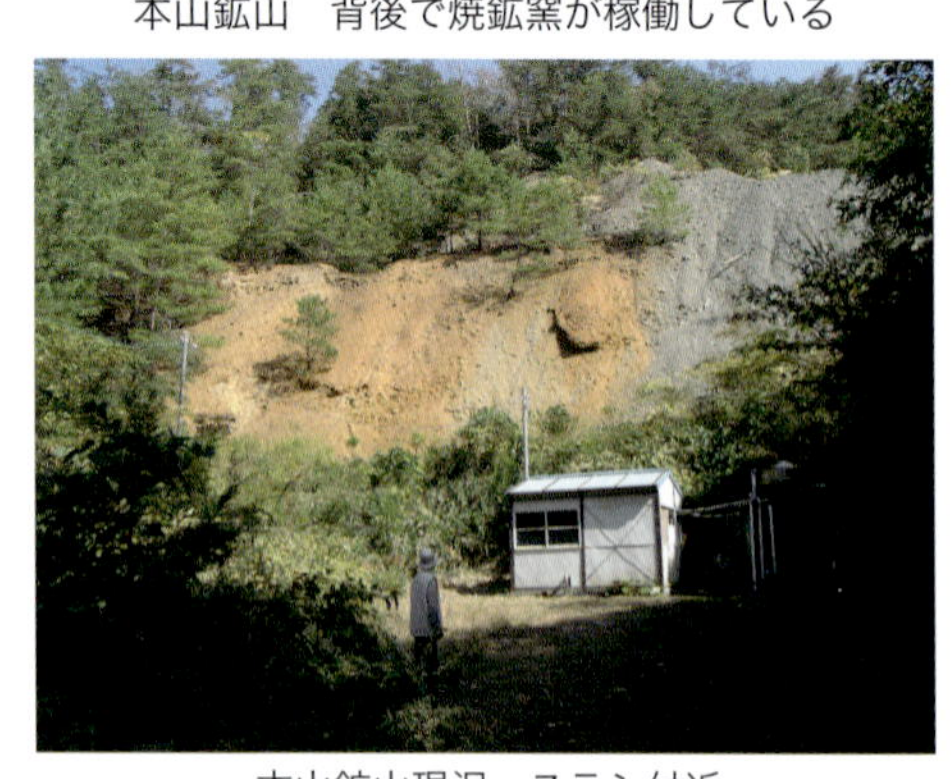

本山鉱山現況　スラシ付近

ローハの主原料である磁硫化鉄鉱石を採掘する中心的な場所が本山鉱山であった。

銅山の歴史は大変古い。しかし吹屋ベンガラの開始時期がはっきり分かっていない。今後もその究明は大変興味深い課題でありつづけるであろう。

宝永四年（一七〇七）頃から吹屋でベンガラ造りが伝えられているが、実はそれより古くから吹屋は吉岡鉱山として、銀や銅の産出で栄えていた。当然鉄も産出しており、その過程で使われないままの鉄を、何とか利用方法はないものかと先人は頭を結わえたことは間違いなかろう。それを利用したベンガラ生産と、技術が確立されて始められたとしても何ら不思議なことではない。

ただ一方で良質なベンガラの本格的な生産は、かなり膨大に埋蔵されている良質な磁硫化鉄鉱主体の露頭が宝暦元年（一七五一）三月に発見され、採掘されるのを待たねばならなかったかもしれない。

そのあたりから副業では無く、均一なローハ生産ができる

吉岡鉱山
昭和 25 年から昭和 47 年まで操業していた

ようになって、本格的に良質なベンガラを造り始めたのではなかろうか。

それ以前の赤色顔料は天然ローハが使われた時代というものもあったり、銅鉱石採掘で邪魔になった磁硫化鉄鉱石から何か使い道はないものかとの考えの上で、ベンガラも生産されるようになり、遂には鉄含有率も高く燃えやすい硫黄もたくさん含まれた磁硫化鉄鉱石露頭が見つかり、本格的なベンガラ造りに道が開けたのではないかと思っている。それが昭和まで続いた。

しかし宝永四年よりも前のベンガラ造りの歴史は大きな謎に包まれている。それを謎のままにしておくわけにはいかない。

さらに古い時代のベンガラの中には、鉱石とは違う原料も視野に置かなければならない。

赤土でも、水銀朱でもなくて、鮮明な赤が使われていた遺物例や、また漆で固めた赤色顔料の中に水生生物の「珪藻」の混入があるとするならば、弥生、古墳、奈良、平安時代では鉄バクテリアの焼成で赤色顔料を造ったということも考えられる。それよりさらに古い縄文時代などの赤色顔料は、朱以外では赤土（土朱）と呼ばれるものの中からより赤いものを選別して使用したものと思われる。

それはともかく、磁硫化鉄鉱石製ベンガラの初期状況がかなりはっきりしてきたので、次に、ベンガラはかく始まったという「言い伝え」と製造がはっきりしている「磁硫化鉄鉱石」によるベンガラ製造の始まりの部分を検討しておこう。

江戸時代に始まったとする吹屋ベンガラの言い伝えに話を戻そう。

坂本村の庄屋であった西江兵右衛門義道が膨大なる露頭に着目し、同村の豪農高畑磯次郎と相謀(はか)って長門国大津郡（現 下関市長府）の住人原弥八を招請して、この磁硫化鉄鉱を利用して初めてローハを人の手で結晶させることに成功したという事例の話である。

このように良質の磁硫化鉄鉱が見つかり、ローハ専門の生産の拠点が本山にできたことによって、吹屋はこの本山から、より良質のベンガラ原料としてのローハを大々的に安定供給が受けられることになった。

それが確立されることによって、吹屋は初めてベンガラ製造特化に突き進むことができたのである。ここから日本一美しいベンガラを目指し、やがて超一級品質が手中に収まったのであろう。

ベンガラ製造に欠かせない磁硫化鉄鉱を採掘した場所は本山鉱山であるが、地元資本の西江家、谷本家、広兼家といった民間経営で行われたのが特徴である。下山、中山、上山、野呂山の四ケ所にローハを造る釜場があった。大きな需要が生まれ、それに応えて信頼される色を供給していったことであろう。

中山の窯場は谷本家が経営していた。下山、上山は郷原の西江家（現 西江邸のこと）が経営し、野呂山は広兼家が経営していた。その中で西江家だけはローハだけでなく、ローハの滓としてのドベなど利用してベンガラも製造するにはしていた。その貴重なことを物語る原料見本として円錐形でワイングラスの脚のようなものが付いた昔の「サンプル瓶」に入ったものを西江家の展示資料室で見かけた。

　しかしながら昔日の感ありで、今では原弥八らの功績、足跡さえも埋もれかけようとしている。今では道もないし、だれ一人、訪ねてくる者もなく、山神社の横、緑礬山の上、緑礬山より相山、松木に通ずる道の傍らに、弥八の石碑が草の中で風雪に耐えかねてひっそりと横たわっていた。西江政市さん、谷本渉さんと私の三人はそれを立て直したが、胸が痛み、吹屋ベンガラの功労者とその歴史及び、近代化遺産としての一帯の風化が恐ろしかった。その碑銘には「右緑礬山　草分俗名弥八　宝暦元年（一七五一）」と書かれている。つまり、これは磁硫化鉄鉱の露頭が発見された年なのである。その磁硫化鉄鉱石で長門の原弥八がローハを造って見せたのか、その露頭現場には今でも天然ローハがかなり存在している。

　だからこれが「ローハ」であると教え、あるいはこれでベンガラまで造って見せたのか、そのいずれかであろう。

　露頭を見た時、これから、大々的に生産したかどうかは別として、緑礬山発見開発の草分けの人が弥八であること、弥八が活躍した時期とほぼ吹屋ベンガラの発祥の時期をかなり限定できる貴重な石碑記録である。

　また長門といえば、日本で最も早く銅が造られ、和同開珎（わどうかいちん）など皇朝（こうちょう）十二銭が和銅元年（七〇八）に鋳造された所でもある（下関市長府覚苑寺境内に鋳造場所があった）。またそこから少し北の秋吉台の南側に隣接した榧（かや）ケ葉（ば）山〈標高二五〇〜三〇〇ｍ〉の山頂に露天掘りの長登銅山（ながとどうざん）がある。その銅は東大寺の大仏にも使われたとされている。その鉱山では銅、銀、亜鉛、ヒ素、カルシウム、鉄、鉛、マグネシウム、アルミニウム等も採掘され、最終的には昭和の時代まで採掘された。

弥八の石碑
吹屋で初めてローハを教えた原弥八の墓標とされている石碑

鎌で茂みを伐採しながら道なき道を本当に親切に案内してくれた谷本渉さん

消えかかっているトロッコの簡易レールの残骸

炉から数メートル離れた所に設置され、地下煙道で結ばれているという。こうすることにより、直接煙突から炎が出る危険性は無かったのであろう

磁硫化鉄鉱露頭と露天掘り跡。深い所からは銅を産出し、銅の周りが磁硫化鉄鉱であったという

本山鉱山付近にある坑道入り口

実は吹屋の地下には磁硫化鉄鉱、銅鉱などを掘る坑道が蜘蛛の巣のように縦横無尽総延長でおよそ80キロメートルも掘り抜かれており、地震の際などは崩れているのか「ドーン、ドーン」と地鳴りのような音がすることがあるという

本山鉱山の本坑露頭入口

明治時代の山神坑口の高品位磁硫化鉄鉱露頭部分

第4章　ローハ製造の驚くべき技法とその工程

（1）江戸時代の最先端化学

一般的には江戸時代に科学（化学）は無いといわれるが、褐色の鉄鉱石を砕くのに、機械力的打撃粉砕でなく、火力を加えて高温にし、突然水で急冷させて強固な鉄鉱石もバラバラに砕いてしまい、同時に鉱石に含まれている鉄成分を水の中に溶け込ませ、その鉄の水溶液を濃縮して、全く似ても似つかぬ緑色に結晶させた。再び焼いて真っ赤なベンガラを造る手順は正に江戸時代の立派な化学である。《★》

（2）ローハ製造に最後まで従事していた生き証人 西江政市さんから託されたもの

大正九年（一九二〇）三月二十七日生まれの西江政市さんがいなかったら、当時のローハ造りの様子を知ることは全くできなかった。永遠に吹屋のベンガラ史からも消滅してしまうところだった。

ローハ製造に携わっていた、ただ一人の生き証人であった西江政市さんは磁硫化鉄鉱石を焙焼して砕くた

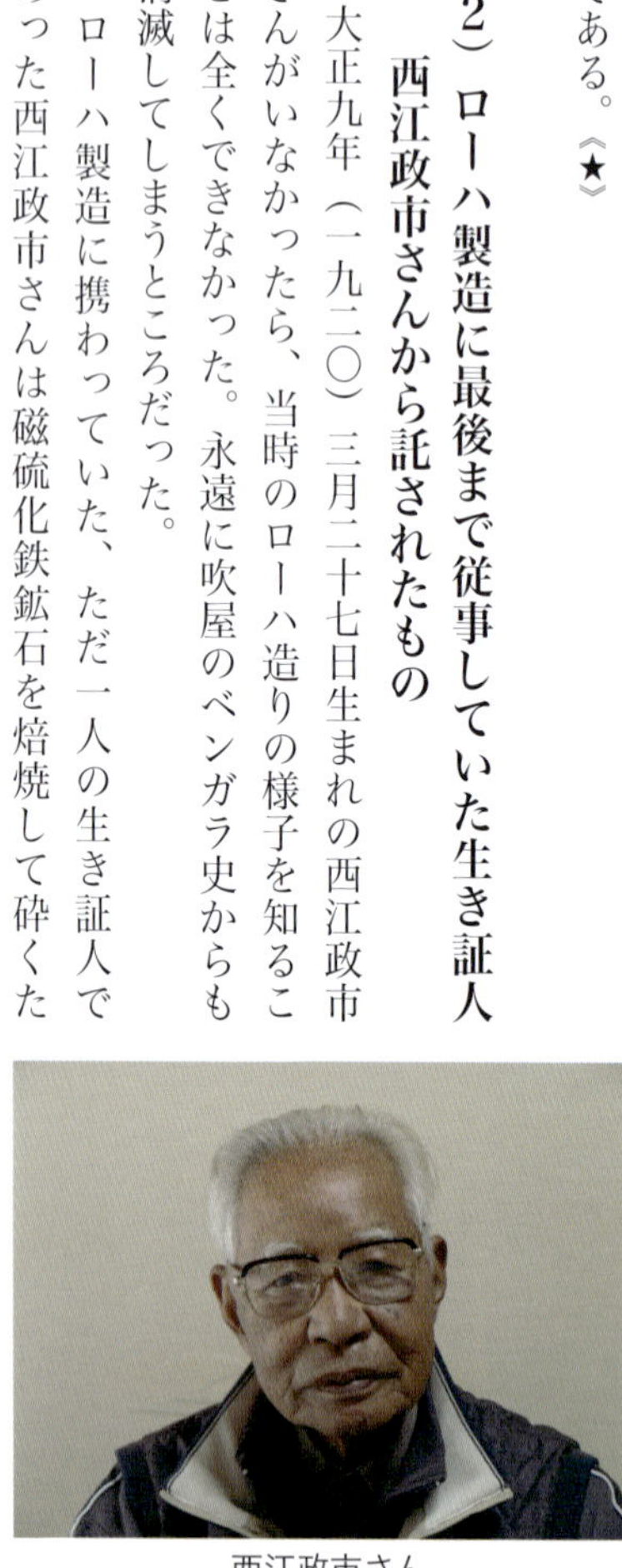

西江政市さん

めの焼鉱窯(焙焼炉)の構造や焼き方を含め、ありとあらゆることを私に教えてくれた。

① 焼鉱窯

まず西江政市さんから聞いた窯の構造を私が図化したものがこの図である。横長方向、右へ右へと窯を築いていくのである。向かって正面左側に一番目の火口(焚き口)を設置する。長さに応じて火口も複数個設置される。その複数の火口も左から順次追い焚きもする。

一次原料としての磁

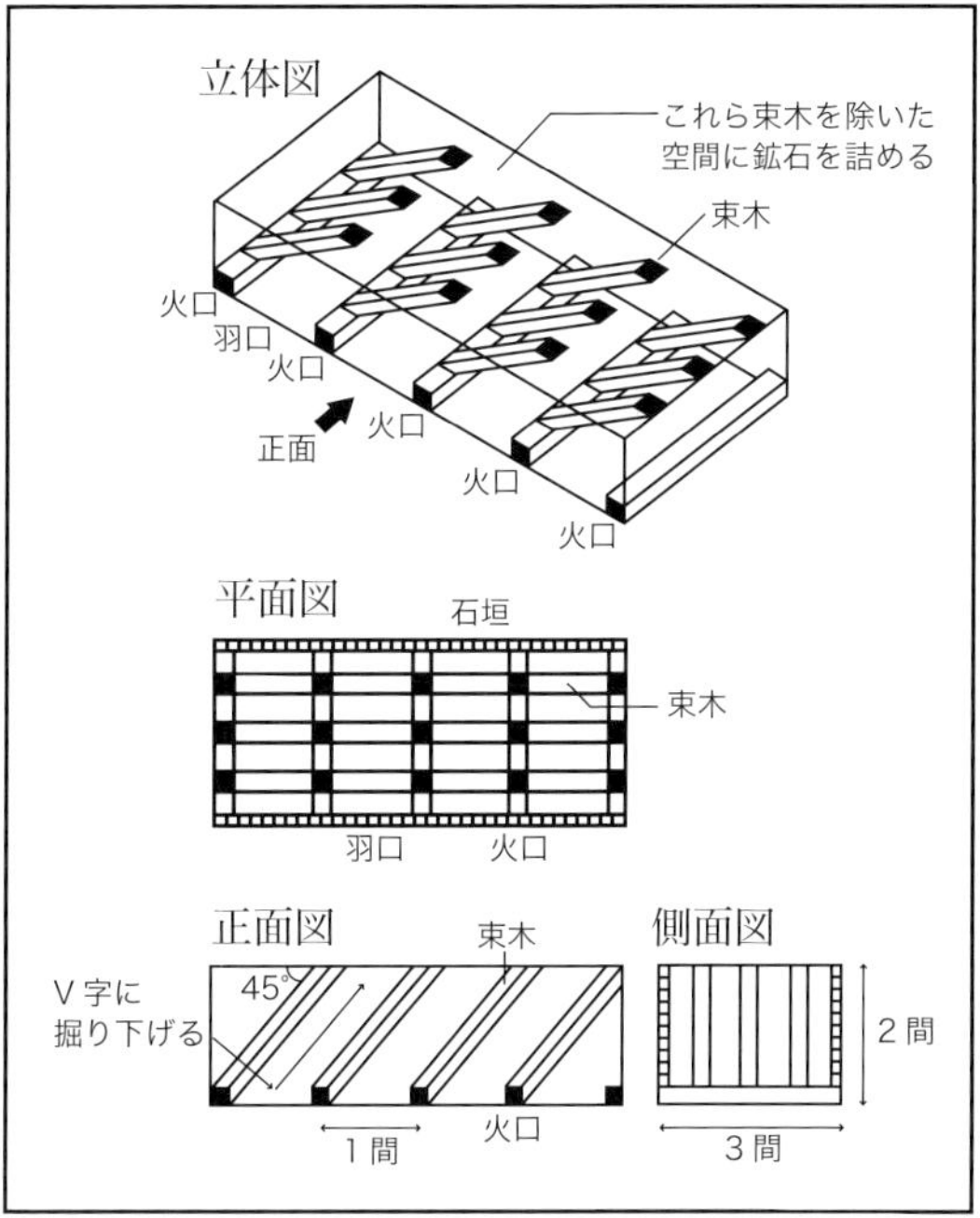

窯の構造図

硫化鉄鉱石は大半は薪と一緒に窯詰めされて焼かれるのであるが、窯といっても、鉱石と燃料を積み上げたようなものである。ここでは四辺と天井に囲まれたような窯ではない。向こうの石垣壁を残してほぼオープンなのである。

この窯の奥行きは、背後の山面（石垣壁）までの奥行きはどれもほとんど三間（約六m）、横幅は火口から火口まで一間として、三口でも六口でも幾らでも好きなだけ規模を大きくしようと思えば、建物の横長寸法に合わせて右手方向横へは自由に幾らでも延ばせばよい。

小さいもので四間（約八m）、大きいものは一〇間も一五間（約三〇m）もあったというから、山間部にこの巨大な窯は異様な光景であったに違いない。

手前の火口から奥行きが三間あるのであるが、その間に一抱えほどの大きさに束ねた束木を山際方向へ一直線上に置き、その上へ四十五度右へ傾けたままの角柱状の束木を等間隔で三本立てていく。

床からすれば二間（約四m）の高さまで、金女師という職種の女性が金属種類を分別したり、割れるものはハンマーで人間の拳大に割った鉱石を積み上げる。束木の長さは垂直に立てれば鉱石積み上げ高さなら二間でも、鉱石中へ四十五度傾斜して埋めているため、束木は三間ほどの長さとなる。

垂直に立てず、四十五度傾けて束木を埋設する理由は、一気に燃え過ぎてしまうの

ローハ焼鉱窯背面の石垣壁遺構

を防ぎ、鉱石全体をできるだけ均一に焼くためである。またこの束木が燃えた跡が空洞となって、火口から焚き上げる燃料で生じる炎の煙道ともなるはずである。もちろん鉱石同士間は隙間があるので、炎や熱が三十日間通り抜けて、鉱石をまんべんなく焼くことになる。その時積み上げられる鉱石は二〇万貫（七五〇t）～六〇万貫（二二五〇t）ほどにもなった。

正面側には原料鉱石に比べれば大きめの石を張り付けておく。崩れないために九十度（垂直）よりは奥側へ少し向倒（むこうだお）しに傾けておく。お城の石垣が崩れないようにするために裾を広くする築き方と同じ原理である。その鉱石より大きめの石を重ねた正面を空気が入るので、そこを

焼鉱窯
焼けた磁硫化鉄鉱を上からＶ字型に崩しているところで、前面の石垣を積んだような羽口も見える

「羽口(はぐち)」と呼ぶのも、隙間から自然に空気が供給されるようになっているためであろうか。

そうした火口と束木構造を、構築の際には同じように連続して左側へ左側へ築いていく。火を着ける時や、崩す際には右へ右へと火を着けたり、崩したりしていく。こうして鉱石と束木を詰めた、正面一間、奥行き三間、高さ二間という立方体のような構造が一つの袋としてでき上がる。その袋が連続するわけである。

② 焼鉱開始

焼鉱窯が完成すると一番左側

の火口から火入れを開始する。もちろん最初に詰めた薪だけではなく、火口からも燃料の薪を補給して燃やし続ける。鉱石はそれ自体が持っている硫黄分も燃料として燃えて燃焼を助ける。鉱石は燃焼すると真っ赤に焼けているという。燃焼時は亜硫酸ガスが発生し、三十日間も焼けば相当大変だったようで、近くでは木は大きく育たなかったという。工場閉鎖後も二十年くらいは木が生えなかったほど、環境に与える影響は大きかった。

③ この間の化学式

$2(S_2Fe) + 7O_2 + 2H_2O = 2FeSO_4 + 2H_2SO_4$

硫化鉄　＋酸素＋　水　＝　ローハ　＋　硫酸

④ 焼鉱順序

一番左の火口を燃やしても、二番目の火口の燃料にはまだ着火していないから、二番目の袋は高温になっていない。

二番目の火口の部位では一番目の袋の燃焼による伝導熱で、鉱石の乾燥と蓄熱が進行していくので最初の袋と二番目の袋の燃焼時間は違うし、最初からといえども、右へ右へと燃焼の袋が移動していくので、一気にしかも窯全体を三十日間加熱するわけではない。

つまり、三十日間焚く大型窯の焼鉱というのは、最初の袋から最後の袋まで焼き進むまでの期間のことであって、同じ場所の鉱石を三十日間焼くのではない。右へ右へと前線が三十日間進むということなのである。

次から次への焼鉱が進む過程で、同時並行して最初の火口（一番目の袋）の赤く焼けた磁硫化鉄鉱を熱いうちにいよいよ取り出すのであるが、まずは火口を閉じてある程度冷ます。

次々と右へ右へと着火させた袋を移動させていくのであるが、三十日経って最後の袋まで燃やせば修了というわけではない。焼鉱から取り出しまで全てを終了するまでには二、三ケ月がかかる。横幅サイズで規模が大きければ大きいほど焼鉱、取り出しという作業時間はかかる。

右端まで焼き進むと、左から右へ崩し、全部片付けてからまた右から左側へ窯を構築して、燃焼はまた左から始めるという具合で、一方向へのローテーションではなく、左右への振り子運動の動きである。「大体年中焼鉱と崩しの作業をやっていた」と、ローハ造りの最後の生き証人西江政市さんは言っていた。

⑤ 焼鉱完了と崩し

第3章 第1節 第5項（63頁）「鉱山の各種技術が活かされている」でも少し述べたが、実は焼鉱の技法のルーツは、古墳時代に存在する八ツ目うなぎ型鉱石焼鉱粉砕(焙)炉であったのではないかと私は思っている。【註9】

吹屋の磁硫化鉄鉱石を焼いて砕く方法が古墳時代の焙焼技法を引き継いでいるとすれば、長い時代を隔てての繋がりは正に驚きである。《★》

古墳時代までの刀剣は、ほぼ全て鉄鉱石由来の鉄でできていた。初めて砂鉄由来の鉄器（釘、小刀）が現れるのは、五世紀半ばやや早い時期の月輪古墳の出土物からである。砂鉄製鉄が全国に普及するのはずっと後のことである。

鉄鉱石自体は硬く凝固しており、簡単には細かく割れない。もちろん大きな塊のままでは現代の巨大溶鉱炉ならいざ知らず、古墳時代では溶かすことはできなかったはず。八ツ目うなぎ型炉を炭焼のための炉だとするこれまでのすべての論調には、どうやって鉄鉱石を溶解したかの検討が欠けている。それだけではなく他にも矛盾点がたくさんある。

当時の人は八ツ目うなぎ型鉱石焼鉱粉砕炉で細かくしたと思われる。それと吹屋のローハ造りのための鉱石焼鉱粉砕炉は原理的に同じである。

日本の刀剣は砂鉄製鉄が本格的に導入されて、初めて「折れず曲がらず切れて美しい」という大矛盾を解決して世界一になるが、そこには吹屋のベンガラの鉄鉱石焼鉱粉砕炉と古墳時代の八ツ目うなぎ型鉄鉱石焼鉱粉砕炉の運用の時代的な重なりが今の段階では、吹屋の銅生産が平安初期の大同二年（八〇七）であるから、六世紀の古墳時代の焙焼と九世紀初頭の平安時代の焙焼という長いスパンの間を埋める現物証拠が欲しいところである。そのうちその時代の銅精錬に引き続いて使われていた証拠が出てくるとありがたい。

ローハ造りに関しては、いきなり宝永四年（一七〇七）に発明されたというのも考え難い。鉄バクテリアの次のステージのローハは、長く天然バクテリアであった後に、宝永四年の登場なのか。その間のローハが天然か、それともどのように造られたのかもまだ謎なのだから…。でも何時かは分かる日が来るであろう。

左から一番目の火口と二番目の火口の中間真上から左右に、79頁の図面のようにV字形に掘り下げて崩していく。V字形の左側面、つまりすでに燃焼させた側の袋を崩し、燃え切らない一部の鉱石はV字形溝の右側へ再度重ねておけば、再燃焼するわけである。束木は四十五度傾斜しているので、右側の袋、つまりまだ燃焼していない袋の束木を掘り出してしまうことはない。それがV字型に掘り下げる意味である。完全に燃焼させるための素晴らしいアイディアだと思う。《★》

⑥ 水による粉砕と水溶液（古墳時代にあった技術か）

焼鉱窯のそば側に、板厚一〇㎝の栗の木でできた直径一・二m×高さ四〇㎝の巨大な盥風の「半切」という桶を設置し、水を張ったその桶に焼けた鉱石を投入して、余熱を利用した釜の熱湯を掛けて、前カキという鍬でかき混ぜる。

直径三〇㎝ほどの竹枠にカズラの網を張ったエブと呼ばれるザルに、砕けなかった鉱石滓を取り上げて、水分を切って、崩したすぐ右のこれから着火する袋の上の左側斜面となっている鉱石の上へ被せるように乗せておいて、再度の焼鉱（焙焼）を待つ。

半切の溶液をコガという直径一・二m×高さ一・五mの漆の木で作った桶・樽に入れて、粉末物を沈澱させる。この作業をする役割（人）を「水仕」と言い、二人一組で従事した。《★》

⑦ 水溶液の濃縮

焼けた磁硫化鉄鉱に湯を掛け、粉砕時に得た水溶液こそがベンガラの基本原料であるローハの元原料である。受け皿としてのコガという桶には比重を利用した沈殿選別のために上下三段の穴と栓が付けてある。鉱石泥を沈殿させ、飴色の上澄み液を栓を抜いてタゴ（担い桶）に入れて運び、濃縮釜（鍋）の中へ移す。しかし底に溜まったこの泥も実験してみて分かったことであるが、乾燥すれば黄土色の土である。しかし不思議にも焼成すれば見た目では遜色のない真っ赤なベンガラになるので、これも立派なローハである。そういえば、西江邸の資料館に展示しているサンプル瓶の中のローハは正しくこれである。

ローハといっても、翡翠のような透明な結晶から、薄緑の細粒から、白っぽいかすかなブルーの天然ローハ、黄土色まで幅が広い。ただ純粋であれば良いわけでもないところに奥深さがある。【註10】

その釜（鍋）は二つで一セットになっている。その鍋の内側面は石灰で塗り固められている。それは硫酸で鍋に穴が開くのを防ぐためである。岡山県南で昭和四十四年（一九六九）まで行われていた自然の風による海水濃縮を行っていた「枝条架式製塩」の最終工程で、鹹水（かんすい）（濃くなった塩か

濃縮釜（鍋）から湯気が出ている

らい水）を煮詰める時に使う鉄釜が、塩分で錆びて腐蝕してしまうのを防いだり、腐蝕穴を塞ぐのと全く同じやり方である。中世や近世では塩竈は石釜（直径二〇㎝くらいの平たい石を石灰で張り詰めて鍋にしていた）であった。

ローハ造りでは、釜焚きも「釜大工」と呼ばれる棟梁一人と、釜手子（てご）一人で一組となっていた。彼らには水溶液を移すだけではなく、硫酸で鍋に穴が開いた場合には穴塞ぎの仕事もある。同じように割れた鍋の鉄板を利用し、石灰を付けて張り付けるのも製塩釜の補修と同じである。

釜は常に一杯になるように水溶液を補給し続け、一日中沸騰させ続け、どんどん濃度を上げていく。この間火焚きもゆるめてはならない。《★》

⑧ 結晶化

煮詰めた濃縮液をタゴで、漆の木で作った二〇荷くらいの桶に移し入れる。桶材に漆の木を使う理由は、強い酸性の中でも漆の木は変化しないためである。昭和十年（一九三五）ころになるとコンクリート製の連続して一定の大きさで区切った水槽を使うようになった。それは一m四方で、深さが三〇㎝、二〇個ほどが一セットになっていた。そうした桶やタンクに柄杓（ひしゃく）で移す。タンクの場合は懸樋（かけひ）で連続的に移せた。

液は三、四日経つと淡い緑色に凝固する。

一、二週間程すると、ある程度まとまった量となる。その時を見計らって取り上げる。結晶しない余分の廃液は捨てる。結晶したものがベンガラの基本原料としてのローハである。桶にできた結晶を先の広がった金テコで削り取り、それをローハ置き場に収納する。ローハはベンガラだけに利用されただけではなく、伝染病などの消毒薬品や火薬原料などの用途もあったという。《★》

⑨ 歩留り

でき上る製品は優劣があって一定ではないが、原料と燃料と製品の量的関係はおおよそ次のようになる。

鉱石一〇貫目（三七・五kg）につき、ローハが約三貫目（一一・二五kg）できる。薪の量は鉱石一〇〇貫目（三七五kg）につき、一二〇貫から一八八貫目（七〇五kg）といわれているから、三十日も焼く割にしては意外に燃料が少ないとも思える。それは磁硫化鉄鉱石自身が含有している「硫黄」が燃料となっているためであろう。

鉱石の三分の一もローハになるという製品歩留まりにも驚きである。磁硫化鉄鉱には思わぬほどたくさんのローハ成分が凝縮されているらしい。

またそのローハの六〇ないし七〇％がベンガラになっていくというから、誰がこのような複雑かつ歩留まりの良い方法を発見し、産業としてここまで整えたのか。江

戸時代の化学もたいしたものである。《★》

⑩ ベンガラ工場へローハ運搬

明治時代の中心的なローハ製造業者は西江家、谷本家、広兼家であった。一袋一八貫目（六七・五kg）に計量しておき、それを二袋を一駄として送り状と共にローハ運びの馬方が牛馬で吹屋へ運んで行く。

本山鉱山で造られたローハは、険しくても直近の山坂ルートを通って荷駄で吹屋まで運んだ。牛馬が細道の崖（がけ）から転落することもあったようだ。その時は馬頭観音などの供養塔を建てて祀った時も

広兼邸石垣の全容

ローハを造っていたローハ長者広兼邸の城壁のような美しい「武者返し」という反りを持った石垣。現在の石垣は道路付け替えで裾がかなり埋もれているといわれているが、そのことはこの写真からもうなづける

あったらしく、それを物語る供養塔が残っている。

最後のころのローハ発送先としては、相山の片山家、田村家、長尾家のベンガラ工場。そしてまた舟鋪の仲田家のベンガラ工場、大深の長尾家のベンガラ工場が主な搬入先として決まっていた。

馬の供養碑

嘉永六年正月六日（1853）横畑梅平の銘あり

第5章　ベンガラ製造工程に見る手間暇

（1）ベンガラ製造工程の中にはもっと、天下を制した秘密を解く鍵、知られざるユニークな発想があるはず

やはりベンガラ製造工程の中にも、世界一の吹屋ベンガラの性能を引き出した工夫、そして隠れた秘密が必ずあると考えている。ここで工程説明のみならず、その秘密を探ることも大きな目的である。これまで誰も立ち入らなかったその部分において秘密を発見するということに重点を置いて話を進めてみよう。

素晴らしいものを素晴らしいと論じるだけでなく、素晴らしいものには、必ずそれなりの根拠があるはずである。それを明らかにするのが文化を見る時の私の流儀である。

この製造工程は時代によって、多少の違いはあると思うが、これから順次細かく考察していくものは、長尾家の五巻仕立ての長巻「弁柄製造之図」に沿っている。全巻合わせてほぼ全行程の五十四場面が描かれて

「弁柄製造之図」全五巻

おり、これより詳しいものを私はまだ見たことがない。
先の河合栗邨筆の一枚ものに仕立てられた「ベンガラ造りの図」も工程を網羅しているが、長巻では省いている工程が一切無い。本当にこれほどのものをよく描き残してくれたものである。

道具の種類や全作業の手順や、見逃して欲しくない部分部分が非常に詳細に描かれているので、長巻の「弁柄製造之図」は工程図としては正確無比である。ここに描かれ各工程五十四コマを入念に考察すれば必ず吹屋ベンガラが何故世界に誇れる一級品になったかの鍵を見つけることができると確信している。そして最後には、さらにそれが持つ現代的意味を要約しておこうと思っている。

(2) 工程

① ローハの持ち込み

本山鉱山の磁硫化鉄鉱石から、「江戸時代の化学」ともいうべき魅力的な方法で生まれたローハは牛馬の背に振り

① 持ち込み

② 荷下ろし

分け荷駄として吹屋へ運ばれる。

② 馬の背によって吹屋に運ばれたローハの荷下ろし作業

③ 早速俵詰めで運び込まれたローハを干場へ運ぶ作業

本山鉱山のローハ工場で造られたローハは、ベストコンディションで焼結するために、まず最初に行う準備が菰(こも)にローハを移し広げて、良く天日乾燥するための準備から始まる。乾燥度合いの違いは色合いを左右しかねず、ベンガラ製造業者に任せた方が良かったのであろう。その作業場にある作業道具としてはユリノコ、エブリ、鍬(くわ)、菰、筵(むしろ)が用意され準備万端整えられて作業開始を待っている。

④ 俵から菰の上に移されたローハを天日乾燥させるために次は筵へ移し広げる工程

ローハを完全に乾燥させるために、まず最初に行う準備が筵に広げて、よく天日乾燥させることである。

③　干場へ運ぶ

④　筵に広げる

⑤ 竹で編んだザルで小分けして干せる分量を感覚で計りながら筵へ移す作業工程

ちゃんと菰と筵が描き分けられているのが分かる。このような細かい違いはなかなか描き分けられるものではない。

⑥ エブリで筵の上にローハを広げて乾燥しやすくする作業工程

エブリで山谷（やまたに）の筋目をつけて表面積を多くして空気に良く触れて均等に乾くように広げている様子が分かる。

⑦ ローハを焙烙（ほうろく）へ盛る作業工程

乾燥が完了したローハは一旦小屋の中へストックしておき、次にそのローハをホウ葉を敷いた焙烙へ盛っている。ホウ葉はベンガラの焙烙へのこびり付きを防ぐためのものなのか、それとも葉に含まれる灰やアルミ等々の微量成分が、鉄と反応してベンガラをより美しくするためのものなのか。備

⑤　ザルで小分け

⑥　エブリで広げる

前焼の緋襷（ひだすき）は焼物同士の溶着を防ぐために使ったものであるが、実はそれ以上の効果を発揮したのである。稲藁の灰の中のカリ成分と粘土の中の鉄分が化合して美しい赤に発色する備前焼緋襷と理屈は同じであるかもしれない。

もし後者であるとするならばそれはそれで面白い。またホウの木は植生として吹屋一帯から県北にかけては普通にあるが、葉は採集したものはその日に使わないと乾燥と共にカールしひどく縮れてしまって「盛る」ことは難しい。ならばストックして準備しておくわけにはいかない。当日採集してまでも使用するのであれば、相当な手間である。重要な意味がないとそこまで手間なことはしないと思う。

そして昭和四十九年頃は、もうホウ葉は使用していなかった。だったらこびり付き防止目的ということはあり得ないし、実際に実験して見てもこびり付くようなことは一切なかった。やはりユニークな発想と、手間暇を最大限かけてこそ、一級品が生まれるという鍵がここにもありそうである。また吹屋で使う焙烙（ほうろく）は、熱が穏やかに伝わる凝灰岩製粘土で作られた大原焼きと決まっていた。第一次焼成に向けた準備工程でもある。湿気を吸わないように焙烙は図のように常に棚の上にストックしている。先

⑦　焙烙へ盛る

人の経験と知恵が詰まっている。《★》

⑧ 窯詰作業

ローハを盛った焙烙の窯詰め作業。この窯は天井のない筒形のロストル窯である。窯の底には燃料を燃やす火床より三〇cmほど上部空中に支えられた「サナ」がある。サナは焙烙に載せたローハを置くベースと薪を燃やす燃焼室を分離する役目も果たしている。そのサナには炎が抜ける多数の丸い穴が空いている。

ローハを入れた焙烙を下から順番に詰めていく。焙烙同士は真上に重ね置きすることはなく、焙烙の縁と縁の間に置いたり、ネコという焼物の窯道具に似たものを使って隙間を作って浮かしている。これら全てがムラのない美しいベンガラを造る工夫であった。《★》

⑨ 第一次焼成が終わり、焙烙に入ったベンガラを一旦窯から外へ取り出す作業工程

⑧ 窯詰め

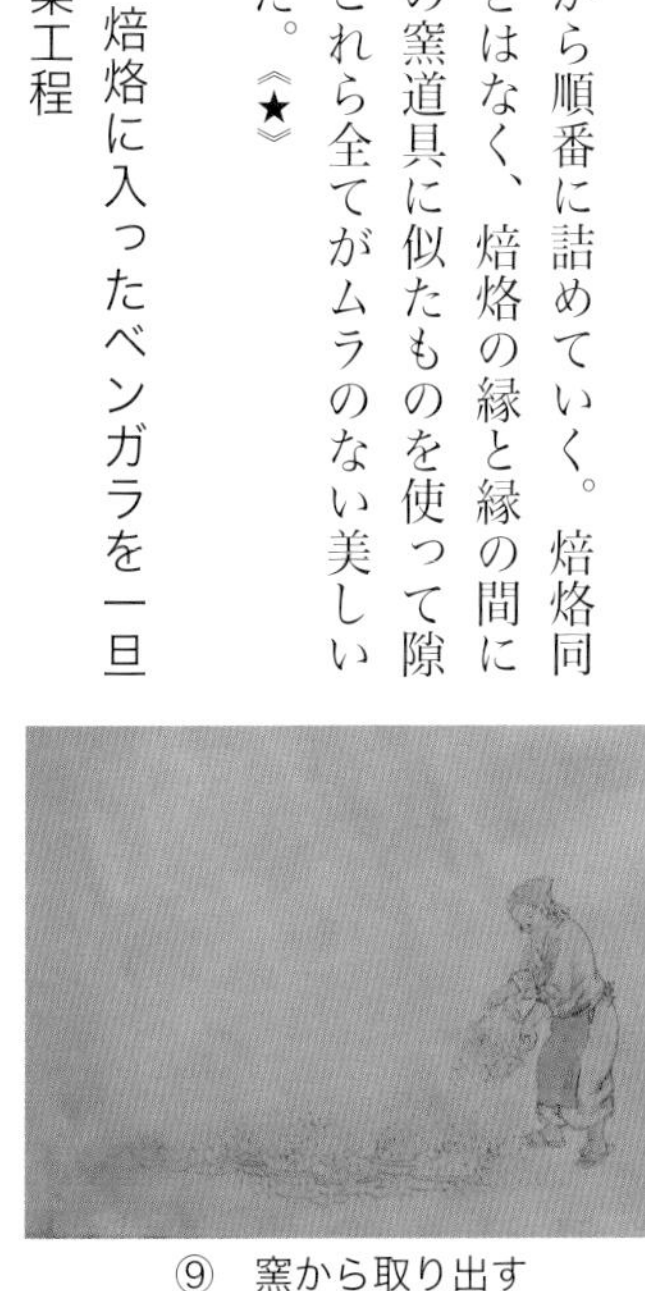

⑨ 窯から取り出す

ローハはまだ真っ赤でないことが、絵師の色使いの差としてよく示されている。一般の人から見ればそれほど差はないのに、絵師は如何に現場の、現実の色を良く観察して表現しているかが分かる。兎に角一気に赤くしないのである。スピード優先でコストカットするのではなく、深みのある色を出すために初めから二回焼きを前提としているのである。《★》

⑩ 取り出されたものに水をかけながらかき混ぜる作業工程

一次焼成が終わって取り出されたものは、半ベンガラ半ローハ状態である。この少し赤くなった程度の半ベンガラに水を掛けてかき回す。ここでもベンガラの品質の良さや均一化を目指している。《★》

⑪ 焼結したローハケーキの誕生

少し赤くなる程度に軽く焼いたローハを取り出して広げ

⑩　水を掛け混ぜる

⑪　ローハケーキ

て、水を掛けると直径一m位のかなり大きな円盤状に固まったローハケーキができ上がる。

⑫ 第二次焼成

ローハケーキを瓦煎餅くらいの大きさに砕いて再度窯入れする。この時、焙烙は使わず、直にロストル式の窯に入れる。数多くの破片状に砕いて、置き場所をランダムに替えることによって最終製品にムラのないベンガラが生まれる。

⑬ 赤味を増して本来のベンガラに近づいているが、それを窯から取り出す工程

二次焼成では、ローハケーキ

⑫　第二次焼成

⑬　窯から取り出す

の色はさらに赤くベンガラ色になって、砕いたものを入れた状態のままの形状を維持している。窯冷却後に固まったままのものを取り出す。

⑭ 第二次粉砕（こなし）作業

固形ベンガラを餅つき杵のようなもので砕いて細かくする「こなし」作業。

⑮ 固形ベンガラを小さく砕き、ザル状の篩（ふるい）で粒子選別する作業

桶には、きめの細かいベンガラが溜まる。粒子の粗いものはザルや、かますや、箱に一旦入れられ、暫（しば）し次の工程を待つ。

⑯ 粗いものはもう一度焙烙に入れて再度焼成へ廻す作業

この時、焙烙の中心部を避けて周辺部に乗せられる。それは焙烙の中心部は急激な熱変化でも割れないように周辺

⑭　第二次粉砕

⑮　粒子選別

より粘土厚を薄くしてある。温度が一部分だけ高くなれば発色は暗くなるのであろう、それを避けるためと思われる。

⑰ 第三次焼成工程

大ネコ、小ネコといった小さなカマセをかませた焙烙を二〇〇枚ほど重ねて、三日間低温で焚き続ける。一日目はローハを完全に無水状態にする。低温で焚くほど良い等級のベンガラが生まれる。

本焼きも二日焼、三日焼という回数があったと田村教之さんは言っている。その回数でも等級が決まったし、窯の中の温度や焙烙の位置によっても色合いが微妙に違うので、それぞれ選別されて次の工程へ送られることになる。

屋根のない円筒形のロストル窯は、そのサナの下の燃焼室で燃えた炎が丸い穴を抜けて窯内に立ち上がる。そのサナの無数の穴で分炎拡散させれば、窯全体の温度の均一化が図られる。とはいえ炎が直接焙烙に当たれば、八〇〇℃や九〇〇℃にすぐなってしまう。そのために、粗く砕かれた状態であるこの段階のベンガラといえども、炎による不均一な温度変化を防ぐために、粘土厚の薄い底中心部を避けて厚い周辺部に

⑯ 再度焼成へ廻す

材料を置くのは、緩やかでより一定温を保てるように工夫しているのであろう。

　こうすれば間接炎や緩衝効果が得られ、加熱し過ぎる部分も無い。こうして穏やかなベンガラになるためには考えられる限りの知恵の関門を幾つも設けたものと思われる。《★》

　これを三日間、火を止めては焙烙を上下差し替え、場所替えしながら、冷却したり加熱したり、またランダムに燃焼回毎に、微妙なマーブル模様的で波状攻撃的に加熱を被せていく。

　こうすることが、ムラのない、それでいて均質過ぎる組成でもない、いわばこれこそがミクロのレベルで波状的、マーブル的熱のかけ方で、干渉現象効果が作り出す生きた深みの記憶の誕生である。考え得る限りの手間暇の中から高品位のベンガラが魔法のように生まれていたのかもしれないと思うのは穿ち過ぎた考えであろうか。人間の考えで作りだした魔法の仕掛けである。

　かつての自動車の後輪を支える板バネの焼入れにも、それと似たような魔法の技術があったのである。第二次世界大戦後まで、悪路を走る日本の自動車の板バネはどうして

⑰　第三次焼成

も、折れる危険性を皆無にはできていなかったのである。

戦後になって、フォードの板バネの製作技術を見学して日本人はアッと驚いたという。それは焼き入れ直前にパチンコ玉のような鋼球をバネ鉄板面にランダムに撃ち込むと当った部位が干渉現象を起こして複雑な組成となって板バネが折れなくなったという魔法の理屈と似ている。

板バネの外観から回析現象は観察することは決してできない。見えるものだけが全てではないことを知るべきである。時には見えない魔法が必要なのである。見えないものを大切にしたモノ作り、人作りは安心が違うのである。

真珠が得も言われぬ魅惑的な美しさを持っているのは、幾重にも幾重にも薄い膜でできており、これが光が差し込んで反射する時、光の回析現象で魔法の輝きを放つのである。人のオーラもその人が持つオールマイティーな輝きが回析現象的に輝くのかもしれない。

吹屋ベンガラの味わい深さの秘密というのは、何回も何回も温度や場所を変えながら焼くということなどを通して、見えないミクロの仕掛けや仕業がどうもあるように思えてならない。こんなことは数値として出てくるようなものではない。工程の複雑さを知れば知るほど先人の思いの深さと美しさの関係の理由が見えてくる。《★》

⑱第三次焼成は三日間ずっと焚き続けるわけではなく、焚いては冷ましを繰り返しながら、その都度焙烙の上下と水平に入れ替えを行い、燃焼完了後に取り出すまでの一連の工程

ローハを焼く窯は二〇〇枚の焙烙に入れて、二日焼き、三日焼きという手間と製品のランク分けがあったのである。《★》

⑱　第三次焼成

⑲　ストックする

⑳　一時的収納

⑲ 取り出したベンガラはカマスや木箱にストックするまでの一連の作業工程

⑳ 一時的収納工程

㉑ 第二次粉砕、ストックベンガラを三人がかりで唐臼にかける工程

踏み子は男女で、前の女性は天井から下がった綱で体重を加えたり、減じたりの拍子を取りながらの足踏み、男性は手木を持っている。もう一人が木の櫂を使って臼の中のベンガラを満遍なくこねていく。いわゆるつき臼による乾式のこなしである。次にそれをかごに入れて、四角な水簸箱へ運び込む。

㉒ 唐臼で粉砕した後は水簸工程へ移る

前図の木製櫂や両手持ち木製すくい器の他に、鍬、鋤簾、攪拌道具など次の水槽作業に用いられるものが用意

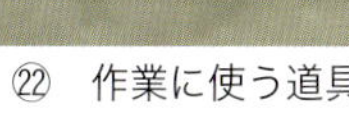

㉒ 作業に使う道具

㉑ 第二次粉砕

されている。その他ベンガラ製造工程で使われる道具としてはエブリ、木槌(きづち)、カキコミ、コサゲエブリ、ヘラ、箒(ほうき)、バチベラ、臼(うす)テコ、柄杓(ひしゃく)、楔(くさび)、櫂(かい)、分け樋、乾燥板、トンコのようなものがあるが、ほとんど木製である。鉄製では錆という酸化鉄が曲者(くせもの)である、サビの欠片一つでも、巨大湿式石臼で超微粒子にしてしまうと、影響被害は大きい。やはり同じ酸化鉄であるベンガラの色に鉄気(かなけ)による色の変化を恐れていたのである。《★》

㉓第一次水簸、ベンガラを水槽へ入れて粒子・比重選別のための水簸をする工程
石臼で砕いたものを木製水槽へ運び入れて、かき混ぜ、大まかな比重選別。脱酸もする。三段ほど少しずつずらせて重ねた四角な水簸箱にはそれぞれの三段階の穴と木栓が設けられている。

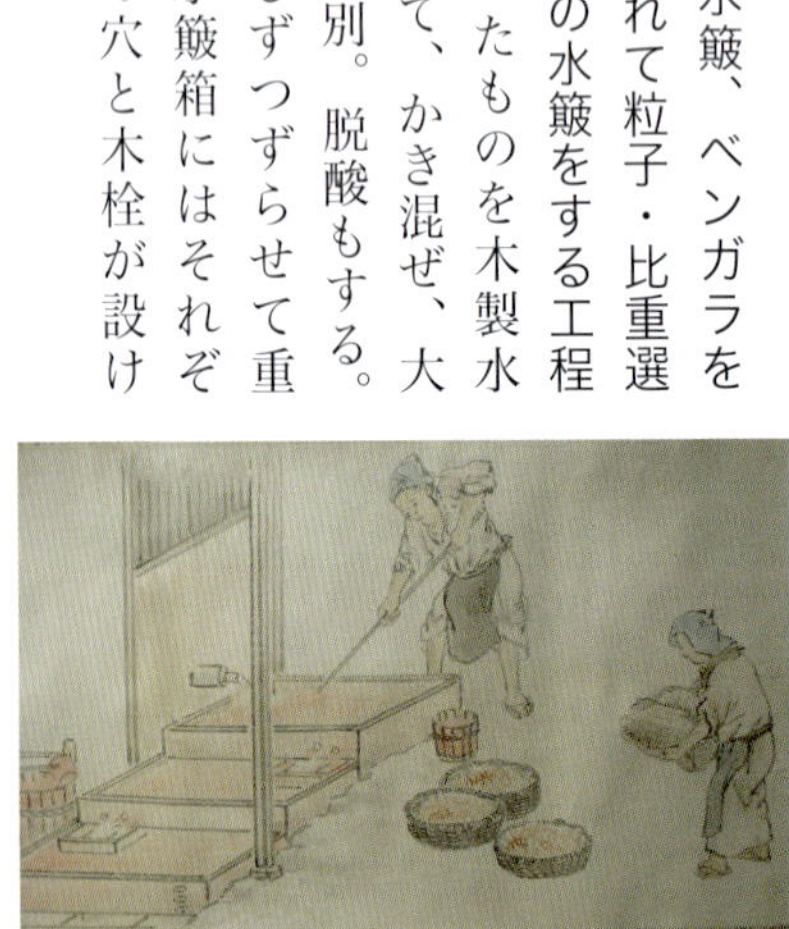

㉓　第一次水簸

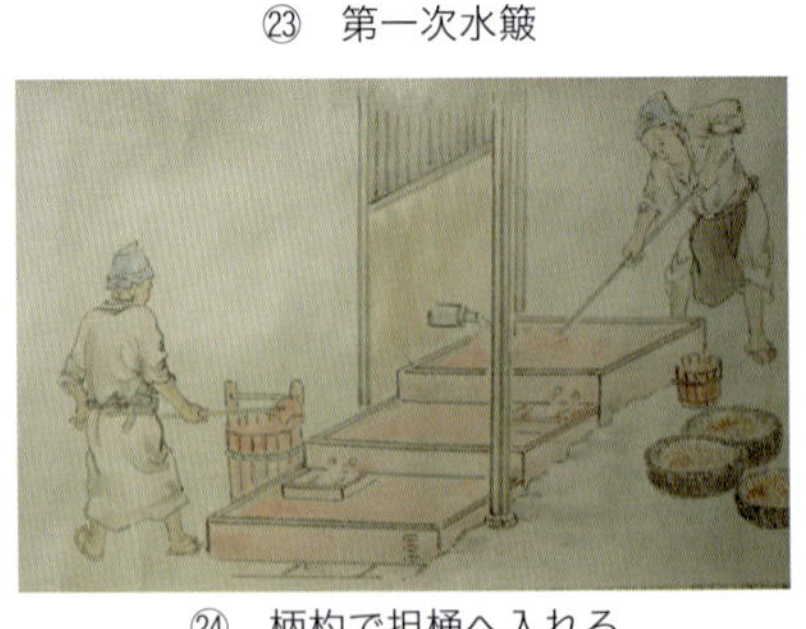

㉔　柄杓で担桶へ入れる

最上部から最初に取り出されるものは沈殿が遅い分だけ軽い。軽い分だけ非常に細かい粒子になって、明るい発色のベンガラになる。あまり砕かれていなければ、また早く沈む。また最下段から出てくるものは再攪拌（さいかくはん）を繰り返して、粒度調整選別、脱酸、最終的には再度石臼へ入れて砕く。

㉔ 十分水簸したものを、次の工程のために柄杓を使って担桶（たご）へ入れている

三番水槽まで達したものは比重が軽く粒子も大体小さい。色々な成分と粒子と比重の相互関係で、下流へコロイド状態のように浮遊して流れていく。

㉕ 担桶が一杯になったら、二人で石臼粉砕工程へ廻す

㉖ 石臼部屋の動力源は水車である

木の歯車が見える。石臼にも木の歯車が付いたものが転がっているが、これらが連動するようになる。立てかけた

㉕ 石臼粉砕工程へ廻す

㉖ 石臼部屋の歯車

石臼と歯車

棒が見えるが、それは良く見ると先に鉤の付いた紐が棒の中央に固定されている。つまりこれは紐付き天秤棒であり、石臼を二人で担いで取り外したり、接触面を定期的に石屋が研ぎ直し調整の時入れ替えたり、設置したりする時に使うものと思われる。

㉗第三次粉砕は湿式巨大石臼で行われるここに天下を制して、手間暇をいとわず最高級ベンガラを生み出す最大の秘密がある。湿式石臼粉砕には人力曳きと水車式があるが、いずれも大きくて重い。一般の石臼には必ずある筋目（おろし目）がない。筋目のない石臼など普通では絶対にあり得ないだけに、この石臼はとてもユニークなものである。

本来筋目の役割は潰すことと同時に粉砕

された物を外へ外へと送り出すためにある。でもこの溝があると、細粒子化するための限界も併せ持っている。一般の石臼は摺り面は水平にレベルが保たれているために、刻まれた筋目がなければ外へ外へと粉砕物が強制的に運ばれることはない。

ところがこの筋目そのものが吹屋ベンガラの石臼にもともとないのだ。液体のベンガラは筋目がなくても、石臼の外へ、自然の重力の法則に従って流下しやすいように

上石臼上面側

下石臼上面側

手前左側は上石臼の下面側

凸面鏡の如く中央部を高くしている。そこから周辺に向けて緩いカーブを描いている。上側の石臼は逆に凹面鏡のように中心へ向かって凹んでいるわけである。

その上下二個の石臼が完全密着し、筋目もなく、鏡のようにピタリと擦り合わせができているのが超細粒化の最大の特徴である。全面での自然流下と毛細管現象とのせめぎ合いの中を流下しているものと思われる。超微粒子にすればするほど明るいおだやかな色になる。もちろん超微粒子にすると、水簸してもなかなか沈殿しない。しかし色は朱色へ近づいて明るく美しくなる。

また乾式では摺り潰し圧力で熱を蓄積するために、微妙なものでは、色が濃くなるなど、成分変化を起こすが、湿式はベンガラ造りにはその心配も全くないという最高位の理想形の石臼なのである。

超重量級であるため、超微粒子を造るにもこの上ない。いくら低温で焼成しても、ここで温度を上げたら台無しになるという気の遣い方である。湿式は理論的に一〇〇℃以上は上がることは絶対にない。

また乾式製粉だと、強固に付着するなどして臼がスムーズに回らなくなったり、熱

㉗　第三次粉砕

変化を起こし微妙に色が変わる恐れはもちろん、真っ赤な微粉末が飛散したらこれまた大変でもある。液体粉砕では決して飛散することはない。下に受けているのは液状ベンガラを受けるハンボウ（盥（たらい））である。

この溝の無い湿式自然流下方式の巨大石臼こそは、機械ミルではできない超微粒子を含むヘテロ（異種混合）の状態を維持し、さらになお電動モーター式と違って、水車という自然動力、木の歯車という、ゆっくりとコミカルに粉砕し毛細管現象を僅かに超えて流下する神業のような方式である。鉄製歯車よりはこの方が、複雑な粒子を造る上では勝っているものと思われる。他の追従を許さない吹屋ベンガラの超高級品としての秘密はこのようなところにも隠されていたのである。他では見られないこのようなユニークな特徴があったからこそ、吹屋ベンガラは世界を制していたものと思われる。そのユニークな発想の大切さを決して忘れてはならない。《★》

手桶に入れられている水簸したベンガラはこの巨大な、筋目の無いユニークな石臼に液状のまま、上臼の中央に設けられた木製漏斗（ろうと）に入れられてドラマチックな粉砕が始まる。

ちなみに風味を大切にする抹茶製造する京都など本場の製茶屋さんは、動力源は電動ではあっても、低速を心がけてはいるが、抹茶を湿式でするわけにはいかないという宿命は超えられない。

水平に作られる一般の石臼に比較して、凹と凸面鏡型の石臼面を作ることは擦り合わせから考えても、極めて手間のかかる石工の高度な加工技術が求められることはいうまでもない。

この石臼は片側だけで七五kgはありそうな巨大石臼の重力で粉砕するわけだから、どのような機械ミル、例えばボールミルよりも断然細かい。

そしてなお厳密にいうと粗細多段階混在のヘテロな粒子だということがもっと重要な意味を持っている。結果として何よりも巨大な石臼による湿式液状粉砕は、人間の手ででき得る極限の知恵と技で、小さい粒子から、粗の粒子までヘテロ状に混在しながら仕上げられている。これこそが手間暇かけた水簸と相まって吹屋ベンガラの粒子の違いによる混ざりと絡(から)みからくる顔料としての接着の強さと、色の温かみと穏やかさ、深みのある美しさの秘密なのである。他の追従を全く許さなかった吹屋ベンガラを造る秘密を解く鍵はこのようなところにも隠されていたのである。《★》

㉘ 人力石臼も使われる

水車は力が強くてコストのかからない動力というメリッ

㉘　人力石臼

トはあるが、渇水期にはお手上げとなる。そうした時のためなのか、小口生産用なのか、実験用なのか、人力用石臼も備えている。また人力だと回転が一定速度にはならないために、ヘテロになりやすく、ホモと違って微妙に温かい赤色になるのかもしれない。

㉙第二次水簸脱酸（比重選別と脱酸中和）工程

石臼で摺りつぶした超微粒子ベンガラの入った樽に、谷川の綺麗な水を引き込んで注いでいる。それを竹箒（たけぼうき）で攪拌（かくはん）して比重選別しながら、脱酸すなわちベンガラの入った桶の水を何十回も入れ替えて酸性を中和して洗うという水簸脱酸工程である。

水車動力の石臼で碾（ひ）いた液体のベンガラは四斗樽に入れられる。それから水を注いではかき混ぜるという比重選別は、脱酸以外にも発色の邪魔になるものを流したり、沈殿させたりで除去するのである。

しかしながらベンガラは姿を変えた鉄であるので、水に比べれば比重が大きく攪拌しても粒子の大小等で差はあるにしてもやがて沈殿する。沈殿したら上澄（うわず）み液を捨

㉙　第二次水簸脱酸

てる。その過程で将来酸性分が悪さ（酸性が強いと絵画であれば紙や布の生地を傷めたり、空気に触れて酸化に向かうこともある）をさせないために酸化鉄のアク抜きをするのである。それが本来の水簸である。

桶には二つの穴と木栓が付き、竹箒でかき混ぜては適宜上澄みをその穴から捨てる。こうしたことは昭和四十九年（一九七四）まで行われていたものでは五〇回から六〇回の水簸脱酸がなされていたと聞いたが、江戸時代ではそれが何と一〇〇回も行われていたのである。超微粒子だと実験では一回の攪拌で、沈殿に二日ほどかかるのである。

このように注水、攪拌、沈殿、排水、また注水から排水へ至る工程を繰り返す水簸脱酸工程が品質を大きく左右するのである。

色合いの美しい、そして如何なるものとも化合しにくく、永久に変色しないベンガラを造るために、水簸工程で水の中に遊離していく微量の酸性成分を徹底的に谷川の清水で流し去る工程は手が抜けないのである。

見た目にはほとんど変わらないのに「見えないもの」への手間暇の傾け具合の見本のようなものである。こうしておけば、どのように厳しい評価に晒されようとも、必ず放っておいても「絶対信頼」という結果は努力の後から付いてくる。

最盛期の吹屋ベンガラがたどり着いた製法は、このように「どこにもないユニークさとこんかぎりの手間暇を惜しまずかけた手法」でなされていた。

吹屋ベンガラが岡山文化のエッセンスでもあるというのは、正にそこにある。岡山の全国制覇した名だたる文化財を見ていると、ほとんど全てそういう作り方で生まれていたことを忘れないで欲しい。《★》

しかし突然時代の合理化の波に洗われ、ベンガラ造りは五〇～一〇〇回の水簸脱酸工程を、瞬時にやってしまう技術の挑戦を受けた。新技術はその時は絶賛され、古い技術は嘲笑に晒されるように滅んだ。だが長い目で見れば、一時の賞賛、一時の嘲笑に過ぎないことを知っておかなければならない。

しかしそれは本当に「手抜き製法」が勝利したのであろうか。今になってみれば、それを良しとしたベンガラという商品も「今のベンガラは江戸時代のベンガラに負けている」と外国から指摘されて、失ったものの大きさに気づいても後の祭りだったのであるから、工業製ベンガラは進化どころか劣化していったのである。これはダーウィンの進化論では説明できるものではない。進化論とは生命体には起こっても、無機質の機械工業的生産の中で生まれた文化には存在しないのかもしれない。そうでないと千年前のものに勝てないものが多すぎることなど説明できない。

また今でいえば公害の対策、地球への負荷の軽減としての「無駄をしない」ということさえ吹屋のベンガラは当たり前にしていた。全ての排水はいったん沈殿池へ導かれていた。表紙の河合栗邨の絵から分かるように、その最終末池の底にたまったベンガラの様子が見てとれる。
定期的に、池底に溜まったベンガラをすくい上げて再生利用工程に回していた。建築外壁等に使う一級品でないベンガラがそこから回収していた。田村家などにあるこの沈殿池の石垣は今でも赤く染まっている。

㉚ 第二次脱酸最終工程

谷川の水を引き入れる木製箱形懸樋(かけひ)は、吐出口を右左へと自由に動かすことでどの桶にも簡単に配水ができた。現代の水道ホースの役割をハンドフリーにしたような優れものである。

最終的にベンガラが沈殿すると、それより少し上にある樽の最下段の排水栓を抜いて、一定の液と共にベンガラは底に残した。その最下段の排水栓レベル以下のベンガラ水溶液は、モロブタへ移して天日乾燥する際に、柄杓で一杯分をくみ上げた時、原液の量と濃度および乾燥速度において自動的に一定量におさまるようになっているのである。

㉚ 第二次脱酸最終

排水栓の位置はそのように決められているものと思われる。

㉛ 干し場への液状ベンガラの運搬

水簸脱酸を終えたベンガラを桶に移して、その桶をそのまま干し場までこぼさないように、二人で松の幹を輪切りにして作った車輪を付けた木製台車に乗せて干し場に運ぶ。

㉛　干し場へ運搬

㉜ 浅い縁の付いたモロブタへ液状ベンガラを柄杓で移す

液（泥）状ベンガラを運搬桶から定量（柄杓一杯分）を掬って縁の付いた四角な木製皿（モロブタ）に注ぐ。

㉝ 干し場でモロブタを何百枚と並べて、太陽光を浴びさせての自然乾燥工程

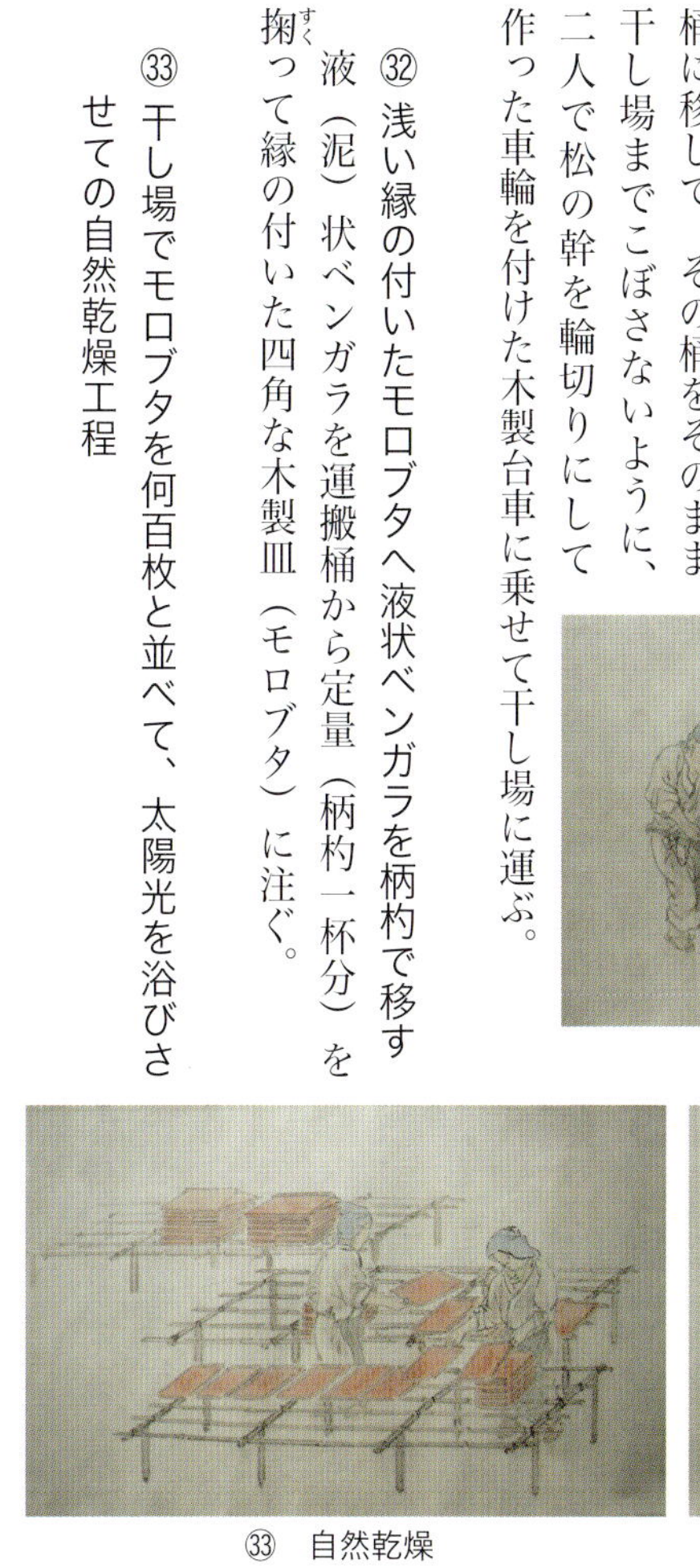

㉝　自然乾燥

㉜　モロブタへ移す

ベンガラの仕上げは、まるで大自然の力の源である太陽の赤を吸い込ませるかのように直射日光で乾燥させる。

しかし夕立がやって来たらさあ大変、蜘蛛の子を散らしたように大慌てでモロブタを一〇枚ほどずつひと重ねにして、その上へ小さなトタン張り木製屋根で覆う。

㉞ 乾燥ベンガラの取り込み

乾燥が終わると、台車に載せた手付き木箱を干し場まで横付けし、その中へモロブタのベンガラを掻き込みエブリで刮げ落としたり、バチで叩いたりしながら取り込んでいく。そしてベンガラは次の篩い工程へ回される。

㉟ 篩場に乾燥ベンガラが運ばれる

ベンガラの飛散を最小限に食い止めるためか、とても狭い篩場の一角に置かれている蓋付篩に適量をいれて蓋を閉める。

㉞ 取り込み

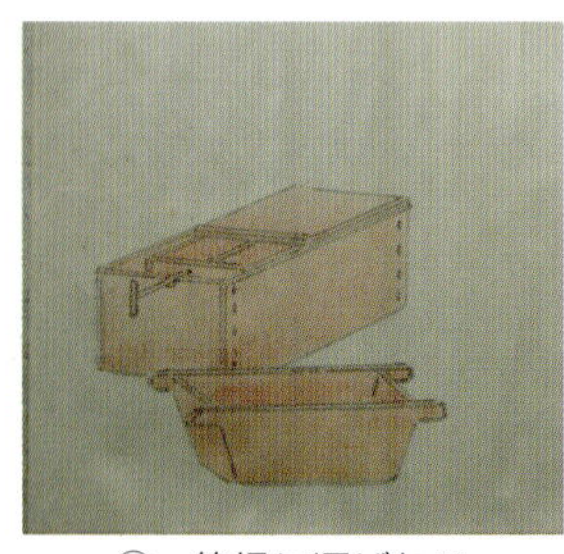
㉟ 篩場に運ばれる

㊱トンコと呼ばれる篩を使った篩い工程

「トンコ」と呼ばれる篩器で干したベンガラを粉体にする。微粒子になった軽いベンガラは篩にかけると飛散してそこら中が真っ赤に染まるので、赤いベンガラが飛散しないために密閉した箱の中で篩が動くように工夫されている。鞴（ふいご）のハンドルのように往復運動させる時、トンコトンコと音がすることからこの道具をトンコと呼んでいる。その構造はNo.㉟図を見ると良く分かる。

㊲天井から吊り下げられた篩で再度篩うこともある

急ぎとか、実験用、トンコの無い時代の名残か吊り下げ篩も描かれている。小さな乾燥したベンガラ塊同士が衝突して粉になる。トウシという篩に乗っているベンガラは少し粗く描き分けられているのが憎い。

㊳規格外として残ったもの等の再生

ランク外になって残ったものは、どのような再生方策を

㊱　トンコと呼ばれる篩

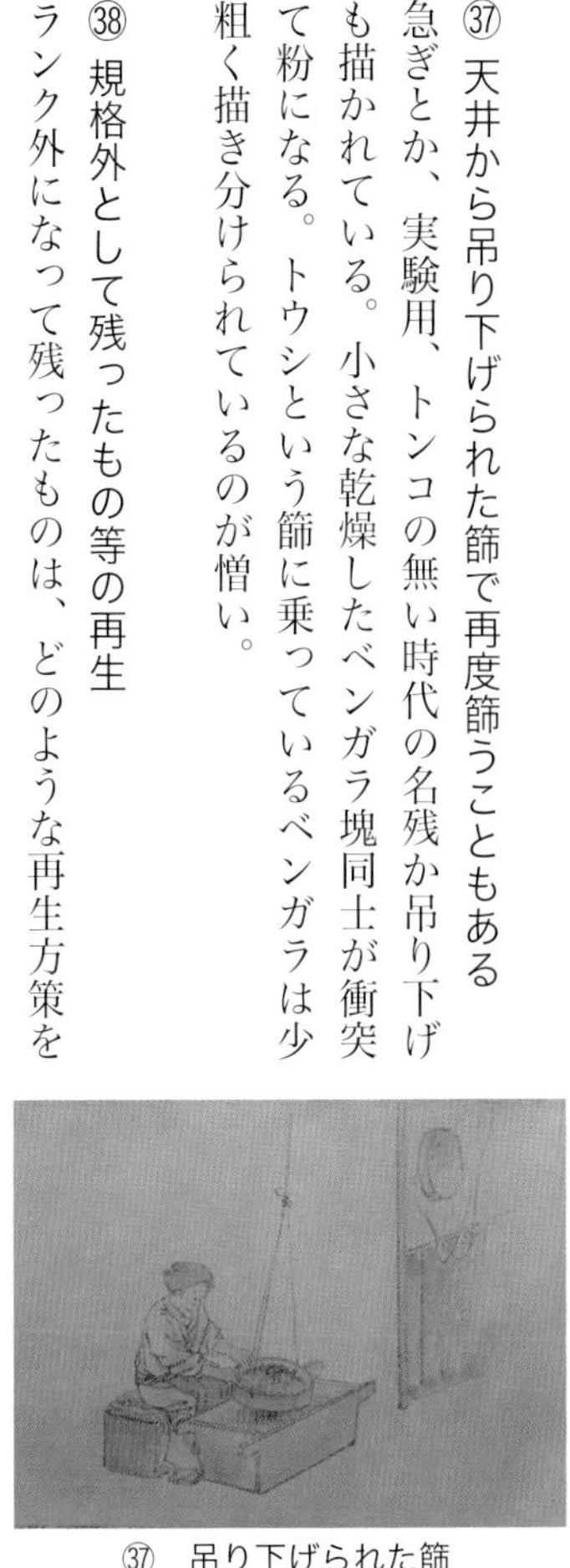

㊲　吊り下げられた篩

とるのであろうか。例えば干し板、トンコ隅にたまったものなど、混ざりけのある格外品も捨てはしない。当時から再生を図っていたようだ。時々かき集めて「泥団子」と呼ばれるものを作ってからもう一度焼成して混ざりものを焼いて飛ばし、建築用等に回すのであろう。

㊳ 規格外を再生

㊴ 規格に外れたベンガラは決められたストック場所へ天秤棒で担がれていく

この運んでいる人の身なりは、ベンガラ工場で働く使用人の身なりをしているので、販売に出かけているとは考えられない。とすれば再生工程と考えてよい。

㊵ 屋外に設けられている板で囲まれた集荷場所

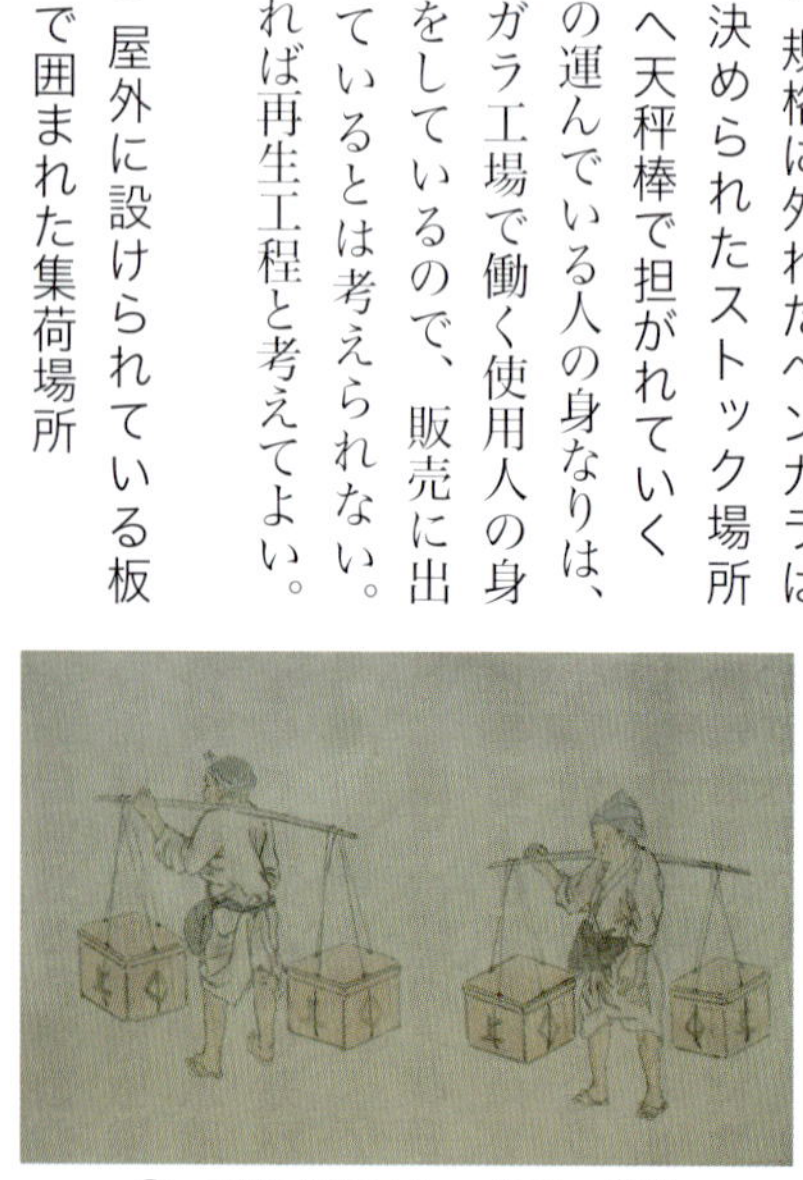

㊴ 規格外をストック場へ移動

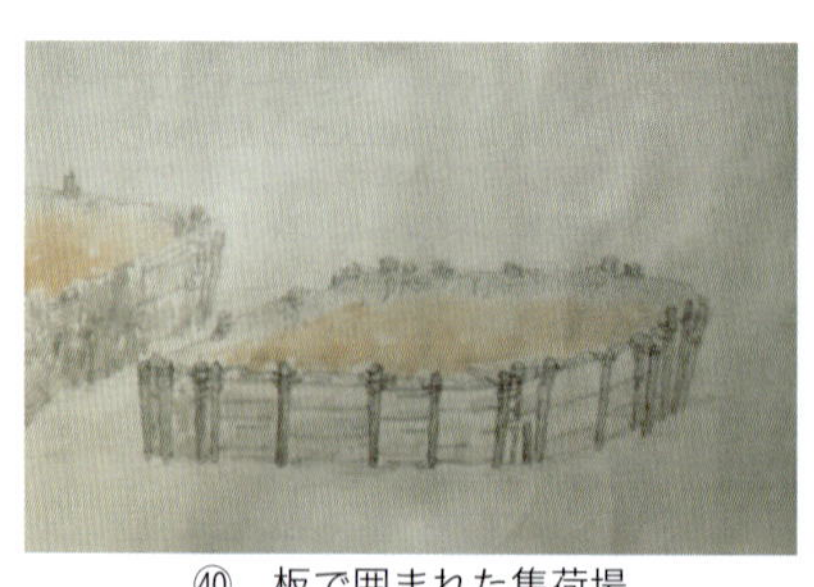

㊵ 板で囲まれた集荷場

この集荷場所でも、さらに上品とランク外品がありそうである。板で囲まれている場所のものは赤みを帯びている。昭和のベンガラ造りでも、いろいろな工程で零（こぼ）れたり、飛散したり、水簸工程で流されたものは終末処理場的に集める池があった。何年か毎にこの池を浚（さら）えると、二級品のベンガラが回収できたと、昭和五十年当時田村家当主の田村教之さんから教えられた。

㊶ 屋外に設けられている土嚢で囲まれたものもある

絵巻のこの部分のベンガラ描写を見ると、彩色は朱色から明らかに区別されて赤褐色になっているので、最終末回収池から集めたものや、石臼での微粒化過程や、屋内水簸工場の床などから集めたものも加わっているのであろう。一級品でなくても十分に使える建築用、錆び止め用など等外品ベンガラを造ったのであろう。

㊶　土嚢で囲まれた集荷場

㊷ 再生ベンガラ造りの始動

屋外に積まれたアウトレットベンガラを取り出して鍬や足で練る。地面は浅く掘り下げられており、その底から泥が入り込まないように筵（むしろ）を敷いているのが絵の中に表現されている。実に細部まで正確に描かれた工程図である。だからこの絵巻は微に入り細に入り極めて正確に描かれており、失ってしまった過去の工程の中の秘密を解くのに、これ以上のものはないのである。《★》

㊸ おはぎのように丸めた団子を作る

㊷　再生ベンガラ造り

㊸　団子作り

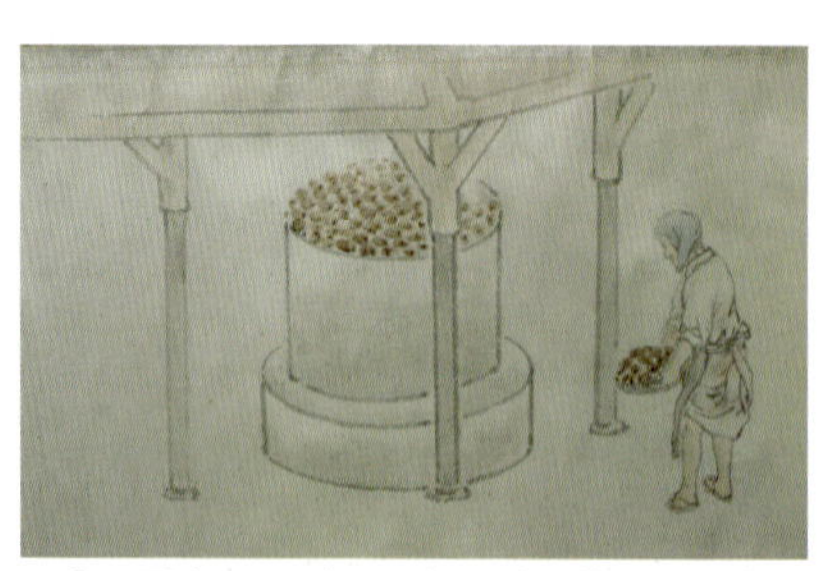
㊹　再生ベンガラを窯に詰め第四次焼成

㊹ 再生用ベンガラ団子を窯に詰めて、番外第四次焼成

以上No.㊳から㊹までの七工程だけは、再生ベンガラのためめの手順である。この再生のための焼成も含めれば四度目の窯焚きとなる。以下は再び高級ベンガラの最終段階の袋詰め工程の行方へ戻る。《★》

㊺ 袋詰め

面白いのは、計量した後すぐに袋詰めという順序ではないのである。さらに面白いのは金網の籠の中には紙風船のようにふくらませた紙袋がまず初めに用意されて、ベンガラが入れられるのを待っている。それはいちいちその場でふくらませると、どうしてもベンガラの近くでは微粉末が飛散しやすいが、初めから紙風船のようにふくらませておけば、ベンガラを連続してスムーズに手際よく入れやすくなるためと思われる。

㊺ 袋詰め

㊻ 計量

㊻ 計量

次に秤(はかり)に乗せた袋に適量を入れて、正確な量の調整は匙加減一つで簡単にできたものと思われる。

㊼ 封印

封印してしまえば、袋を手で押さえるなどして、外箱などへピッチリ納めることができる。

㊽ 袋の大きさの違いが描かれている

銘柄やランクの違い、大口、小口用等によるものだと思われる。超高級品は小さな袋で、精密な天秤ばかりを使っている。小さい袋は一〇〇匁（三七五g）。何故か秤のあるところでは、頭巾を被っている。超高級品であろうか、髪一本も混入しないように、かなりの気遣いがそこに窺(うかが)われる。

㊾ 木箱詰め

㊽ 袋分け

㊼ 封印

ここではまた少し大きめの袋詰めをしている。しかもここでもまた興味深い詰め方をしていることが分かる。それはちょっと粋（いき）で、大切かつピタッと綺麗に木箱に詰めるための凄い工夫の様子が分かる。

林檎箱ほどの木箱に入れる時、箱を正位置に置いて、上から下へタテに落し込むのではなく、箱を縦長に据え、しかもベンガラの入った紙袋は横向き方向に柔らかく重ねるようにそっと挿入している。こうして袋を入れ終わった後で木箱を正位置に起すというものである。大切に扱われているその心配りが憎いというほかはない。空間を全く作らないでぴしっと無理やり押し込めば紙袋は破れるが、この方法であれば全く破れることなく綺麗に納まる唯一の優れた方法だと思われる。最上品は桐箱に入れられることもあったという。《★》

㊿ 特大の袋は上から入れる

㊾ 木箱詰め

㊿ 特大の袋は上から

⑤1 木箱の菰巻梱包

以上のような方法で隙間なく硬目にピシッと箱詰めして、次に厳重な菰巻きにする。こうすると、もうこれは全国どこまで送っても紙袋が破れることは無かったであろう。貴重品輸送のための梱包の秘伝と思われる。思いついた秘伝もさることながら、よくそこまでを描いた絵師にも脱帽である。

⑤2 梱包材料、送り状、梱包途中状況のもの

木箱が壊れないように縄で何重にもぐるぐる巻きにしている。No.⑤1の中央の梱包途中の状態を見ると、林檎箱サイズの木箱が歪んだり、ばらけないようにぐるぐる何重にも括っている様子が見える。

⑤3 ベンカラ製造業者名と送り先の宛名を書いた木の荷札を最後に付ける

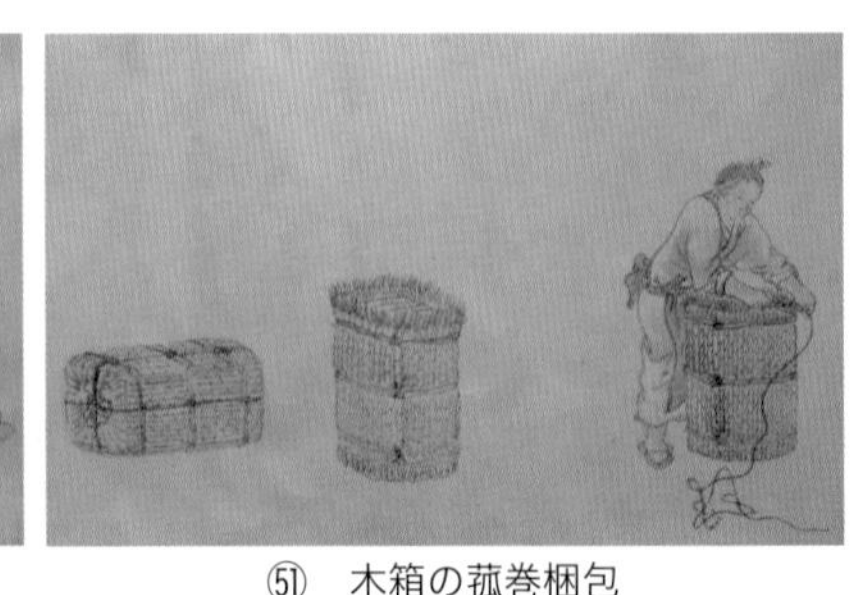

⑤1 木箱の菰巻梱包

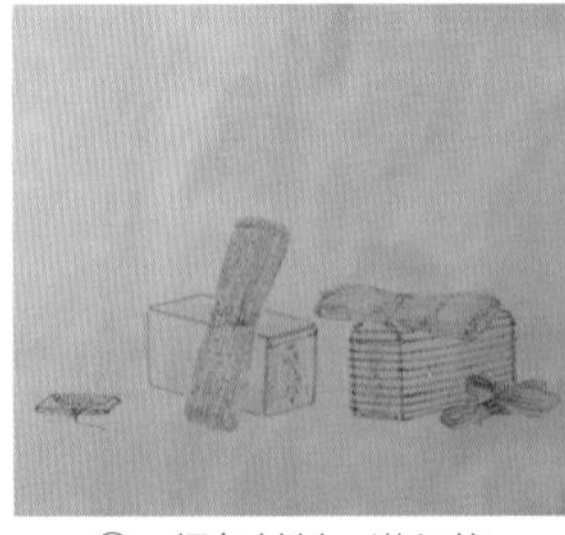

⑤2 梱包材料、送り状

㊺ 出荷（旅立ち）

車力（大八車）という荷車に、完全梱包されたベンガラを乗せ、それを牛に牽かせて成羽まで運び、そこで高瀬舟に積み直して船穂運河（高瀬通し）経由で玉島港へ届ける。そこから船で大阪、京都、奈良、金沢、江戸、佐賀等全国の需要地へ出荷していった。

江戸時代には、吹屋ベンガラの大半は、高級磁器の伊万里（有田）、色鍋島、九谷へ渇望されて行き、そこでは高級磁器顔料としての吹屋ベンガラの赤絵をまとって、海外まで伊万里港から出島経由で、セラミックロードを通ってはるばる世界へ旅立って行った。

明治期のベンガラ製造業者は片山浅次郎（胡屋）、長尾佐助（長尾屋）、長尾市三郎（東長尾屋）、仲田男松（川野屋）、田村弥太郎（福岡屋）、広兼家であった。

吹屋最後のベンガラ御三家は長尾隆、片山浅次郎、田村教之の三家であるが、昭和四十九年（一九七四）まで製造していたのは田村家だけである。その前に片山家が操業を

㊸ 木の荷札付け

㊺ 出荷

止め、またその前の昭和三年（一九二八）には長尾家が止めている。

片山家の建築は「旧片山家住宅」として平成十八年（二〇〇六）十二月十九日に重要文化財に指定された。思えばそれは私が最初に吹屋を訪れた時からは四十年の歳月が流れている。この片山邸において吹屋ベンガラを使った九谷焼、有田焼の名品を当時の当主であった片山浅次郎さん、しずかさん夫妻から見せてもらったことがある。

その時の感動をまだ鮮明に覚えている。昼下がりの緑陰を通り抜けたような芳しき緑の風が静かに通り抜けていく座敷の中央に大深鉢は置かれた。

往時（おうじ）九谷焼へ最高級のベンガラを送り、九谷からはそのベンガラに応えるものとして、自慢の仕掛けを施した立派な大深鉢は輿入れするようにはるばるやって来たのであろう。

その大深鉢の内面には金魚と水草が描かれていた。

座敷に置かれたその大鉢にゆっくり水を入れてくれた。水が揺らぎ、まるで藻もそれにつれてゆっくり、なよとくねり、朱色の金魚は水を得て嬉しそうにゆっくりと藻の間を泳いでいるように見えたのが昨日のことのようである。

手水鉢として使えば、毎日毎回、使う人には泳ぎを楽しむことができる。何と粋で贅沢な大深鉢であろうか。外側には美しいベンガラを全面に使った赤絵模様が描かれていた。若き学芸員であった私は「吹屋という別世界」は「日本のシャングリラ」であって、ここ吹屋には贅沢過ぎる時間のあることを心にしまったものである。

袋詰め作業

計　量

梱包作業

ベンガラを運搬する馬

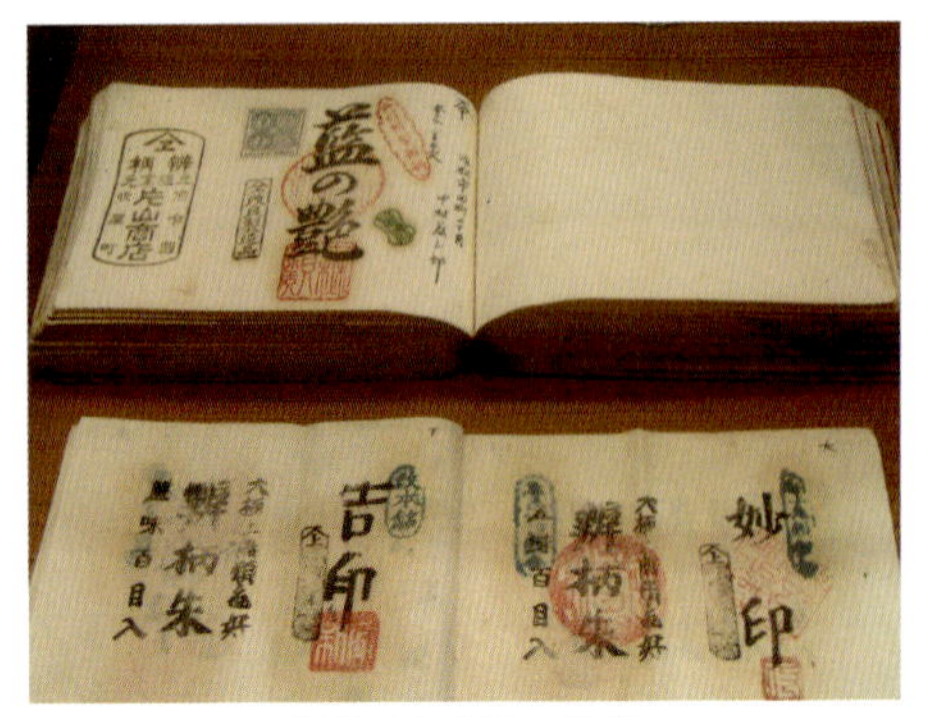

高級ベンガラ一覧表

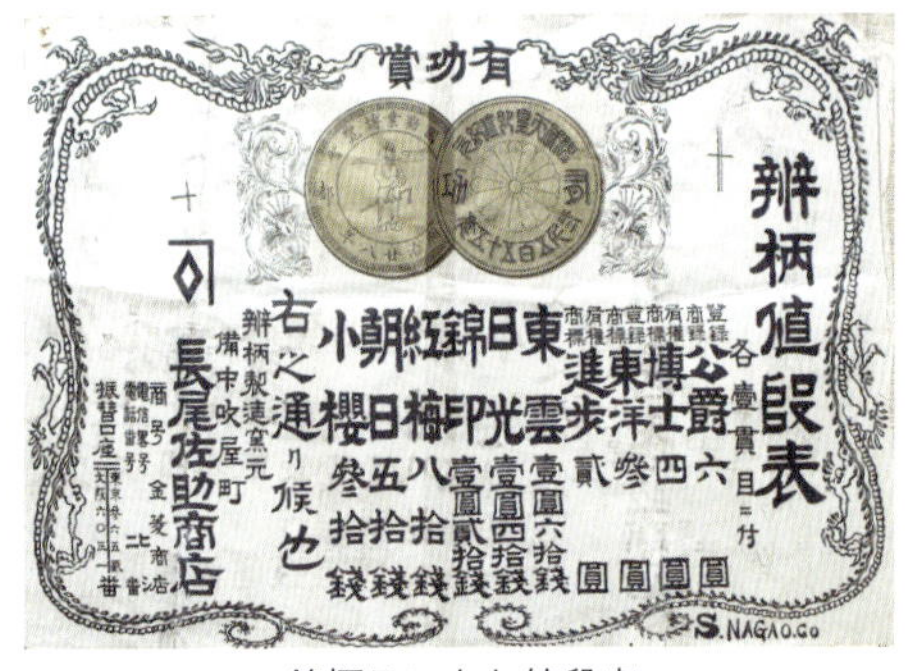

銘柄ランクと値段表

第6章　吹屋ベンガラからのメッセージ

（吹屋ベンガラは警告する）

1. 吹屋ベンガラの終焉（しゅうえん）

世界最高級品として君臨していたはずの吹屋ベンガラの最後の命脈も昭和四十九年（一九七四）秋に尽きてしまった。

2. 岡山文化のエッセンスとしての吹屋ベンガラの光芒（こうぼう）

手間暇を全く惜しまないで作る「モノ作り」の見本の様なもので、しかもそれは自らより他を輝かせるためにそうしてきた。

吹屋ベンガラは一つの文化や文化財としての役割は終えたかもしれないが、「さあこれからもう一働きするぞ」と立ち上がる時が今まさに来ている。それはわれわれに忘れてはならない重要なことを思い出させるために輝いて、もうひと働きする顔である。原点に返って岡山の文化のエッセンスを光り輝かせてくれる顔でもある。

吹屋ベンガラは、ユニークな発想を駆使し、手間暇を全く惜しまないことで、最高級品を作ってきた。そのベンガラとベンガラ造りに隠された秘密から、そのエッセンスをより鮮明に洗い出すことができるならば、「現代」が最も忘れており、今最も必要なこととして、この混乱の時代に一閃（いっせん）の光芒（こうぼう）を誰もがそこに見るだろう。

（何処にもないユニークさと手間暇を惜しまない見本でもある。その原点を洗い出すと《★》印は工程だけでも随所に二十三個所もある。これこそが世界最高級の赤色顔料を生んだ源泉である）

私は岡山のあらゆる文化財を見てきた上で、岡山の文化の特質を一言で現すならば、何処にもない「独創的な発想」と「見えないところへ手間暇かけた文化」ということにたどり着いた。

それが吹屋ベンガラを見ることによって「何処にもないユニークな発想とは、ああこれだったのか。手間暇かけるとはこのことなのか」とフィードバックしてうなづけるところが、吹屋ベンガラの最大の魅力である。それは吹屋ベンガラという小さい領域だから魅力も意味も隅々まで手に取るように分かる点にある。

しかも吹屋ベンガラは岡山の生んだ、赤色顔料の世界トップブランドに上り詰めた実力は万人を納得させる力を持っている。吹屋ベンガラが、美しく磨き抜かれ、世界中から愛され続けたのは、他の岡山の優れた伝統工芸品のほとんど全てがそうであったように、ユニークな手法で見えないところへ考え得る限りの手間暇をかけていたためであるというようなことは言うに及ばない。このように小さな山間の伝統産業がこのような偉業を成し遂げたのには、必ずセオリーがあるはずである。

吹屋は小さいが故に、岡山の文化的エッセンスを理解する時、誰にも分かるように、見せてくれている。その世界一の吹屋ベンガラ生産が時代の波で破綻した。日本のこれからはどうなるのかという時、吹屋と岡山は何をそこで物語るのであろうか。

付近で採掘される磁硫化鉄鉱石を焼いて、再結晶される原料のローハを朴(ほお)の葉に乗せ、それをゆっくりと熱を伝える凝灰岩製の焙烙で焼く。それは遠炎炉で間接的に、しかも低温でゆっくり三日間かけて、炉内の場所もローテーションさせ、しかも最終的には幾度も幾度も焼いた。

焼くことで、真っ赤になったものを谷川の綺麗な水で水簸し、筋目の無い、上下で一五〇kgはあろうかという独特の石臼の重力で、液状のまま、自然流下と水冷式という、超発想で誰もできないような超微粒子に到達した。これはいかなる機械より細かい。

とはいえ、この石臼は細かいだけではなくて、超微粒子のもとでも細粒から粗の粒子までヘテロに混ざって全域微妙に絡(から)み合いのある状態を造るのに、これ以外の方法は無いという程適している。そのベンガラはさらに日本文化の美を支えるために気の遠くなるような、中和へ向けた水簸脱酸を繰り返して生まれた。

それに対して工業製ベンガラでは、酸化鉄純度を一〇〇%に近づけて粒子を均一に整えても、決して吹屋のものを品質で超えることはなく、のっぺりした色を見るばかりであった。原料に対する製品回収率を良くするという効率主義に走れば、焼成温度を上げ、短時間で造るために色はどんどん悪くなる宿命を持っていてもである。「何かを得たら、何かを失う」という自明の理を忘れてはならない。

酸化鉄由来のベンガラゆえの脱酸工程も、吹屋のものは谷間の清水を使って、五〇回、六〇回と念入りに水槽で水簸しながらゆっくりと脱酸する。現在の工業製ベンガラは苛性ソーダで瞬間的に強制中和させる。

この工業製と吹屋の二つの製法の違いは、臼でついた餅(もち)と機械でついた餅の違いにも似ている。粒子が小さく整っている機械つきの餅は一見なめらかで美しい。しかし鍋の中にちょっと置き過ぎると湯の中に溶けてしまう。しかし臼でついた餅は絡み合いが強いため、腰がしっかりしている。そのために時間が経っても溶けず、歯ごたえ十分で力があることは、誰でも経験で知っていると思う。

また建物や家具で木製のものが金属や石でできたものに比べて、見ても触れても温かく感じられるのは何故か。木は触れてもその人から熱を奪わないが、金属等は強烈に奪っていくのは何故か。

金属や石は密度が高くて均質である。人工的にあるいは火山活動で溶解し、均質になって固められているからである。

木はゆっくりとしたその土地の空気と水と土壌という環境の中で、あらゆる自然のリズムを受け入れて、硬いものと柔らかいもの、機能細胞の大きさや膜の存在を含めて極めて複合的かつ複雑に成長しているために、その空間を持つ細胞があるが故に温かいのである。

学校教育の観点からいっても、「均質化」や「高密度化」と「効率化」は優しさのない危うい部分を持っている。まず均質化の弊害から述べてみよう。

姫路の安川さんという瓦師さんがわが家に来て曰く、「なあ臼井さん、最近の文化財修理に使う瓦はブレンド瓦しか売れないいんですよ。ブレンド瓦は何処の地域(環境)でも使える便利で安いオールマイティーな瓦なんですが、何処でも使えるというのは、結局は何処にも合っていないのです」と言うではありませんか。

考えるまでもなく、日本中同じ地理的環境や気候風土は何処を探しても絶対に一ケ所も無いし、文化も、習慣も違っている。雨の多いところもあれば少ないところもあるし、暑いところもあれば豪雪地帯もあり、海岸地帯もあれば、山岳地帯もある。盆地もあれば海浜地帯もあるという風に千差万別である。

屋根瓦だってその土地その土地の気候環境に合わせなければ本当の住みよくて長持ちする快適な家はできないのである。

例えば、日本では築後何年もして松脂が出てくる米松は嫌われているが、これをアメリカで建築に使う場合は全く問題が無いという。その地域で育ったもの、作ったものは馴染みやすいということでもある。

これも教育に当てはめるとどうなるか。なおさらきめ細かい配慮が無ければ、それぞれの児童生徒が持っている能力を伸ばすことはできないばかりかドロップアウトしやすい。

日本中歴史や文化の違いから来る社会環境も、位置や地形から来る自然環境も、一つとして同じところはないのに、北海道から沖縄まで同じ教科書を使うことはブレンド瓦の教育になっているということである。生物の多様性の必要という論理と対応させても、どの様に整合性を持たせるのであろうか。

早く先進国に追いつけという明治の時世ならともかく、もうそういう時代ではない。世界中が同じ考えやグローバルスタンダードで行き詰まりつつある。この先が恐ろしい。

色々な環境や歴史を背負って、色々な考えが多様にあるのが自然であるが、多量生産多量消費の方がグローバル下の経済では都合がよい。しかし困った時の知恵は明らかに多様化社会の方が出やすいのは決まり切っている。

日本は失われた十年、十五年、二十年といわれてきたが、今や平成二十八年で二十三年目となっている。同じ教育を受けた人間ばかりが集まった状態では、ユニークな発想をすることもできないけれど、反対に色々な考えを有する教育では、「うちではこうして成果を上げた」という事例があっちこっちで打開策が出て、とうの昔に日本は閉塞の「失われた二十年」から脱出できていたはずである。

次に、教育の効率化についても例を挙げて考えてみよう。例えば、成績の良い児童生徒のクラスと、そうでないクラスを分離することがしばしば行われている。分離せずにクラスをまとめていくのは、とても手間暇がかかり、担任はへとへとと汗だくに疲れる。ところが手間暇の数だけ子どもは伸びるのである。

しかし卒業後も、ずっと生徒達の繋がりが続くのは、色々取り混ぜ、あっちを向いたりこっちへ向いたりしているようなヘテロのクラスの方であることはいうまでもない。

もちろん先生はてんやわんやの忙しさでも、手を抜くなどとてもできない。便利さとか最少の努力で最大の効果を得ることとかは、児童生徒を日々変化成長するものとして見ていないから、何処かでまた同じだけ大切なものを失っているということにいずれ気づくことになるが、大抵その時それは取り返しがつかない事態となっており、足掻(あが)いてもあとの祭りになっていることが多い。

以上のような身近な例からも、物凄い手間暇をかけて造られた結果、そこから得られた吹屋ベンガラの色の「温かみと穏やかさ、深みのある美しさ」は、効率主義で造られた「無表情で関わりに欠けた単調なもの」と比較して本質的に違うのだという意味が少し分かって頂けたと思う。

近年の化学工業の発展で、効率化は至る所で飛躍的に成し遂げられている。ベンガラだって例外ではない。それもそのはずベンガラが副産物としてあっという間に、しかも安く造られるようになってきたのである。こうなると吹屋の手間暇かけた伝統的製法は、効率という美名の前に、全国で最も古い歴史と圧倒的なシェアを持ちながら、温かみも深みも安らぎもない無機質でのっぺりした安物の工業製ベンガラの赤に叩き潰されるように、昭和四十九年（一九七四）秋には息の根を止められてしまったのである。何と皮肉なことか。

でも本当に美術工芸品に使うベンガラと、船底塗料などの工業製品に使うものとが同じ造り方で良いのであろうか。

それに加えて、果たして文化や美術工芸品はもちろん、それを支える素材も時代と共に本当に進化しているのであろうか。

しかしながら日々文化財の調査研究を生業とする私の目から観ると、残念なことではあるが、それらのほとんどのものは退化しているとしかいえないのである。

実は、技術が進めば進むほど、作品のレベルは落ちていく法則があると私は思っている。それは生産技術が進めば楽ができ、ますます手が抜けることと関係している。

手を抜き、他人や機械に任せ、楽をして何かを手に入れようなどは、心得違いも甚だしい。

見えるものから見えないものまで、多くのものが退化していくことに、誰もが今気づかなければ取り返しがつかなくなるし、後の時代の人に昭和や平成の時代のモノや文化を作った人間が笑われるのは必定である。

素晴らしいもの、情熱と時間と労力を惜しみなく注いで作った最高級のものには英知が詰まって力がある。それに寄り添えば、生きていくことへの確信的道連れを得るようなものである。直ぐ壊れる商品などにはない、作る者が込めた隠された力のことである。

だからベンガラの消滅は一つの地方産業がなくなったというだけでなく、連鎖的に、それを使う伝統工芸の世界が永遠に計りしれないダメージを受けているということはいうまでもない。

効率至上主義の日本の浅はかな経済が、かつて表面的には世界一の金持ちに押し上げ、そして国際化を果たしたのと期を一にして、今吹屋ベンガラの色は、磁器の世界では完全に幻の色となってしまっている。得るものの大きければ失うものまた少なからずである。

そして、なおおかしなことに、効率主義でしっかりお金をもうけたはずなのに、今や国家も地方も世界一の負債大国となり、財政破綻（はたん）寸前へと近づきつつある。世界から信頼されている国から、軽くあしらわれる国へと苦しんでいる。健全な国家とは、まともなものを常に正当に扱うゆとりの哲学をもった国のことをいうはずである。貧すれば鈍するで、瞬く間に破綻した国際経済システムの地獄の修羅場の中で、人間がだまし合い、傷つけることを恥ともしない、それはとうていこのまま許すことはできない。そんな荒廃が続いている。外国からたしなめられるまで分からない、意識を失った日本になっているのである。これほど失ったものが大きくても、自分では気がつかないでいる。気がつかないのであるから、立て直せるなどあり得ない。

吹屋ベンガラが破綻したのは昭和四十九年（一九七四）秋であったが、一体それはこの次に起こる何かの予兆であったのではなかろうか。それが確かめられればわれわれは将来に備えることができるのではないだろうか。

その前後の現代経済史を振り返ってみると、ベンガラに関して起こった結果というものに対する予兆が大体二十年前に現れているように思う。しかし誰もこれから何が起こってくるかは、ただただ忙し過ぎていては気づかない。

つまり吹屋ベンガラが破綻した時、世間一般では「不況など何のこと」といわんばかりの中にあったのである。それからきっかり二十年後に何が起こったのであろうか。少し順を追って少し前から説明しよう。

昭和二十九年（一九五四）日本の好景気が始まるのである。それは前年の昭和二十八年の朝鮮戦争（動乱）の終結が大きく関係していることは間違いないだろう。神武景気、岩戸景気、いざなぎ景気と矢継ぎ早に命名され、わが国は好景気に沸いた。

そのような中で、この先の日本不安の予兆があった。それこそが昭和四十九年、世界一美しい赤色顔料を造り、絶対に敗れるはずのない、最高級の物である「吹屋ベンガラ」が効率主義に真っ先に敗れて破綻した意味であり、その国の生き方の根幹に関わるあるものをないがしろにしていると、結果はこうなるということの予兆であった。

予兆は何時も小さな心配事で始まる。小さいから「種」のようなものでもある。

そしてまた、誰も二十年後に、日本の好景気のバブルがまさか破裂するなどとはその時は誰も思い遣らなかったわけである。しかし確実に、近代化の繁栄はある何か不吉なものが内包されて、やがて本体をだめにしてしまうなどとは、誰も気づいてはいなかった。

ちょうど二十年後の平成五年（一九九三）に日本経済のバブルは崩壊した。誰がそれを予測できたか。しかもその不況がその後二十年も続くとは、誰も全く思ってもいなかった。

それからちょうど二十年後の平成二十五年（二〇一三）は失われた二十年と呼ばれているキリの年である。今この国にすでに「起こっているはず」のことを、二十年後に起ることとの「種」としての「予兆」に目を向けた時、この先二十年目に起こる大きなでき事が見えてくる。たいていの人は浮かれてどんなことが襲いかかるか気づかないが、「襲いかかる」ような不都合が二十年後に現実になるとしたら、正に「何かが起こるその予兆とは何か」を今見逃してはならないだろう。

再び「教育問題」をベンガラを通して見ると、それがいかなる事態なのかがなお一層よく分かる。

われわれは効率偏重のみならず、視覚的にも目先偏重になっており、その目先の見えるものが全てだと錯覚していることが多い。それが染み込んでいくと、全体の半分しかものが見えなくなっていくのである。

薄っぺらな指標で優劣を計ったり、数字だけで管理できると思えてくるようになったりしていると、ついには国家全体が人間の優しさと温かみのある美しさまで見えない国に成り下がってしまうような気がする。

効率主義からいえば、手間暇は最も対極にあると思われがちで、そのためにそれを避けることこそがゴールへの近道と考え、失敗したり、寄り道さえも寄せつけないようなマニュアルが制定されがちである。

それが人作りの根幹である教育においてさえ、まかり通っていないであろうか。

手を抜くためには一般的にはどうしても、一つ一つの、一人一人の働きや性質よりも、表面的に揃えることが優先される。それでは、それぞれの場所と環境下で個性が輝かしい仕事を果たす前に、どうしても個性は排除されてしまう。

それは手を抜いているつもりはなくても、例えば児童生徒に対しての一つずつのカルテを作るより、一つの（ブレンド瓦的な）カルテで済ませる方が煩わしくなく、楽だからという蜜の香りがするからである。

それはあたかも温室の中の野菜のように、姿が揃って一見きれいに見えるが、実は何時も同じ環境が不変に続くという前提なので、今全員を揃えておけば安泰であると錯覚してしまうのである。この先も、取りまく環境は絶対に幾度も変わる。

それはひ弱で、失敗を恐れ、冒険心を萎縮させ、あってもその場の空威張りだけで、今日の自然環境、経済環境の激変等々が忘れた頃に、突然怒濤のように思ってもいなかったような想定外のことが襲いかかって来た時何ができるのであろうか。激動の時代というのはその波の大きさも頻度も増すばかりである。

そうした際、いざという時にはマニュアル以外には応用を利かせられない人たちが幾らいても、何の役にも立たない。

実は「その失ったものが最も尊いものだった」ことを、岡山流儀のモノ作りで作った吹屋ベンガラは、滅亡の間際に「遺言」として伝えたかったに違いないと思う。

今時代は大きく変わりつつある。そのような中で、この「吹屋ベンガラ」を書き上げるにあたり、ローハやベンガラと共に生きてきた故西江政市さん、田村教之さん、長尾有子さん、谷本渉さん、細川寿美雄さんらに色々と教えて頂いた。それ以前からの恩人として故長尾隆ご夫妻、故片山浅次郎ご夫妻を含めた方々から色々と御教授頂いたことはいうに及ばず、感謝にたえない。

こうした親切がなかったならば吹屋ベンガラの決定版を目指そうなどとは、思うこともできることも決してなかったと思う。思えば私は昭和五十年（一九七五）に岡山県立博物館の学芸員となった初年度の特別展の中で初めて吹屋ベンガラを担当した。以来ベンガラの不思議さの虜になり、四十年が経過し、この著書を書き、いま岡山文化のエッセンスとして取りまとめることができることになったのを嬉しく思っている。

それは吹屋ベンガラの美しい色とその歴史を岡山の永遠の宝として、岡山の誇りとして岡山県民として共に心に刻んでおきたいと強く念願している。

3. 遺伝子としてはまだ生きている

もう一つ、吹屋のベンガラは破綻と共に確かに幻の色となってしまったが、ちょっと視点を変えてみると、「ベンガラ」そのものが、この世から全く必要とされなくなったわけではない。これだけ本気で日本人と共に歩み、世界の人々をあっと驚かせたものであるだけに、まだまだ遺伝子のように残って日本文化の中に影響をもたらせている話もしておかなければならない。岡山文化のエッセンスとして「吹屋のベンガラ」が残してくれたモノには、これからも何を生み出すか分からない可能性という宝石も持っていたのである。

（1）現代社会を驚くほど多面的に支えているベンガラ

気づき難いことではあるが、ベンガラそのものは意外に多くの分野で、今もなお社会を支えているのである。ちょっとその用途を見てみよう。

レンズ、鏡、宝石、板ガラスや各種金属の研磨剤として。漆器や焼物の着色顔料として。建築、家具の塗料として。皮革ラッカー、繊維染料の下染め、一般塗料として。制動力を高めるためのアスファルト添加剤として。印刷のにじみを防ぐための紙質調整剤に。滑らない床材としてのリノリュームに。光による内容物の酸化を防ぐものとして例えばビール瓶やドリンク剤の着色剤に。セメント、ゴム、インク、プラスチックの着色剤に。橋梁、ビル鉄骨、船底、自動車の防錆(ぼうせい)塗料に。自動車タイヤの摩滅防止剤として。コンピューター、VTR、テープレコーダー、フロッピーディスク、自動改札用磁気切符、世間におびただしく出回っているカードの情報記録磁性体として。

スピーカーをはじめあらゆるボタン磁石として広範囲に使われている。

いずれも粒子が細かく、硬く、着色力が大きく、日光、空気、水分、熱にも安定しており、アルカリ、酸、硫黄にも変色せず、磁性とその配列コントロールが容易な上に、油とも化合しない点で利用範囲はなお拡大し続けているところは実に皮肉なことである。

(2) 時代の最先端においても役立っているベンガラ

国内国外を問わず、今や世界中のビジネスや教育、学術分野はもちろん家庭でもプリンターやコピー機はますますパーソナルな必需品として広がっていることはいうを待たない。プリンターインクやコピートナーにも磁石原料となるフェライト粉として、ベンガラが大きく関わっていることはあまり知られていない。

フェライト粉というのは工業用ベンガラ(粉状の酸化鉄)に炭酸バリュウムなどを混ぜ、焼成や粉砕といった工程を経て生成されたもので、フェライト粉は日本から世界に輸出されている。

例えば岡山県の美咲町にある日本弁柄工業(株)はプラスチック磁石用のフェライト粉で世界の六割というシェアを押さえている。プリンターやコピー機のカートリッジトナーだけではなく、エアコン内部のモーターなどにも使われている。

さらなる展開として、今社会問題化しつつある電磁波の吸収剤用に新商品も研究されていて、全方位で期待されている。

こうして縄文時代から日本人に利用されてきた酸化鉄由来としてのベンガラは、伝統の地岡山で、用途こそ昔とは違っても宇宙通信情報化時代においてもなくてはならない物質として、頼もしく命脈を保って生き続けていることは唯一の救いである。

意外で新たなベンガラの活用方法もある。【註11】

4. 時代に物申す吹屋ベンガラ

(1) 文化に「進化論」は通用するのか (世界最強の吹屋ベンガラ破綻)

世界一美しいといわれていたにも関わらず、吹屋ベンガラは何故滅んでしまったのか。最高レベルのものが滅びるというのは、「優勝劣敗」を標榜するダーウィンの進化論からいっても説明ができない。

人間社会が持つ経済原理は自然界に比較すると、明らかに違うものが一つ介在する。同じように見えるものであれば、「安い方」を選択するという「選択基準」がある。それは動物の心理にはない基準である。

人間は欲深いのに何故安い物を選ぶのか。実はその差額で別の物が余分に手に入り楽しめるという「おまけのチャンスが増える」と考えるからである。安い物を選択するのは決して謙譲や慈悲ではない。暫し我慢して次のことを考えているからであり、もう一つ安い値段でリッチな気分を一日でも早く味わえるからでもある。「それさえも」はさらに欲深い証なのである。もう一つ、安い物しか買えない現実の前に「我慢」を働かせて妥協する。

結局安い商品は広く行き渡り、高い物を買うより広範な買い手層を持っているので、販売総額的には高額な物を少人数に売るより利益になる。そうするとマーケット的には安いものを作って売ろうとする。そこでは買い手と売り手の思惑が一致する。

高くて良い物を作って、少ないチャンスを待ち続けるより確かにある意味有利になる。こうして安価な物が市場を支配する。

けれども安価な物には、仕方なく我慢するという「落とし穴」がある。ベンガラならば色を我慢する、電気製品や日用雑貨なら、壊れることも、元が安いのだから仕方がないと我慢する。

かくして安い物が市場を後ろめたく席巻する。そして高い物が破綻する。そして動物にないもう一つの真実が明暗を決めてしまう。

動物と人間社会を比較すると、動物は地球上何処まで行ってもライオンはライオンである。しかし人間はニューヨークに住む者と発展途上国に住む者では、労働賃金はその価値が全く違うのではないかと錯覚させる程、大きく違うのである。低賃金国では、生産価格というものが極端に安く設定される。少々違うだけの商品なら、競争力で勝るのである。

先進国が途上国へ行って、工場を建設すれば、一層競争力は勝るのである。現代社会では大抵これで勝負しているために、先進国も資本家はこれに加担しているので、結構互角に戦うことになるので、いわゆる先進国が途上国に負けることがあり得るのである。

こうなると、良いものを作って高い利益を上げようとする戦略はだんだん厳しくなる。一円、二円の利潤で、情報機器を使って世界中の需要を探した方が勝ちになるというパターンが今の世界経済の実情であろうと思う。

これからは「良い物」という意味が、「ほどほどに良い物」か「絶対的に良い物」かの差がどう認識されるかにかかってくる。

それはもう生産物レベルの僅かな差を評価、それをどう認めさせるかが大切になってくる。第2章 第2節 第1項でも述べたようなスエーデン製のメスと日本製のメスのような例…。またドイツ製のカメラと日本製のカメラの例も同じである。

両者に「差がない」とする人もいれば、「ちょっとの差こそが実は大事なんだ」という人もいる。そのことをカメラを例にとって他面から見てみよう。例えば中古品ではあるはっきりした現象がある。ドイツ製カメラは中古品市場でも、新品市場でも宝石のような値段が付いているのに対して、日本製は中古市場では二束三文である。

それは日本メーカーが目指すところが、「そこそこ安くてそこそこ良い」という戦法で安い物を大量に国内メーカー同士が競争して売っている商法をそのままでなお展開してあえいでいる姿なのだ。

このままだと早晩追いかける後発国の商品に太刀打するのは難しくなる。戦術はあっても戦略がない。自動車でも今現在はまだ中古車でも、トルコやギリシャなどで見ると日本車は韓国車に比較しても倍はすると教えられた。新車価格は両国でそれほど変わらなくても、現実の中古車はこのようになっている。だから金持ちは日本車の新車を買う。動機は中古になっても韓国車より二倍高く売れるからである。しかし何時までもこのままの状態が続くとは考えられない。サムスン電子、LG電子のテレビは初期には日本製より遥かに安かった。しかし今やアメリカでは販売店の中央の展示スペースは韓国勢で占められ、日本製は隅に追いやられているという。値段においても今は全く差がないという。あらゆるものにおいてレベルの差がなくなってきた時が正念場である。

クルマでは中国など世界中のメーカーが現地生産をしたり、折半出資の現地会社はやがて一〇〇%国産車を作って攻勢を仕掛けてくる。市場が日本の一〇倍もあるので、改良に改良を重ねるチャンスも多い。造船王国日本が三十年程前、韓国にその座を渡し、今や中国が世界の造船王国となっているように、常に一歩先を行くか、「良いとする価値基準」を別なところへ置かねばならないかの決断を迫られよう。

広範な現実社会で超優秀なものが、突然破綻するようなことがあっちでもこっちでも起こってきている現状と展望は以上のように捉えられる。

また、モノが劣化している今の時代状況中で、人だけが劣化していないということなどあり得るのであろうか。

時代と共にモノも人間とその美意識も、それでもなお本当に進化論的進化をしているのであろうか。それとも劣化しているのであろうか。何とも不可思議な、そして放ってはおけない現象ではある。

日々起こる耳を疑うような新手の詐欺(さぎ)、欺瞞(ぎまん)、偽証(ぎしょう)、殺人事件を見ても、人間が劣化していないとどうしていえようか。時代とモノの関係を長い歴史のインターバルの中で概観すれば、モノも、ある意味人もまた、時代を映して進化も退化もしてきた。

動かしがたい事実として吹屋ベンガラは破綻し、今や完全に幻の色となってしまった。私はずっと吹屋ベンガラが素晴らしいのに、破綻した本当の理由を解き明かしたいと思い続けてきた。

そして私は導き出した一つの結果を、『吹屋ベンガラ』という著書の「はじめに」で、〝吹屋ベンガラからのメッセージを聞いて欲しい理由(わけ)〟を凝縮して暗示しているつもりである。

この著書に書かれている「超優良品オーバーターンシンドローム」という新たな現象は、実は日本や世界の至る所で起こっている。

そのことから、進化論は果たして文化に関して当てはまるのか否かに強い関心を抱いてきた。

造船王国日本も、知らぬ間に王座を奪われて久しい。ソニー神話も終わり、日本のICの花形だったPCで利益を上げている企業は二社になったといわれていたが、二〇一五年の株主総会でT社は決算書偽装が発覚して、PCも赤字だったことが曝露された。ここまで日本の技術は凹んできているのである。世間のみんなが使っているPCの心臓部であるCPUはほとんどが米国製、部品もほとんどアジア中心の外国製品。ソフトもキャッチアップ。S社のTVの液晶パネル、太陽電池パネルは世界で初めて実用化を果たし、圧倒的に世界をリードして来た。しかしその座をあっという間に滑り落ち、今や会社の存亡にさえ黄信号が出ている。【註12】

結局のところ、広範に本当に良いものが、そうでないモノに駆逐されることが起こっているわけである。

比べるものの無い程美しい吹屋ベンガラとして、江戸時代から伊万里（有田）焼、九谷焼の赤色顔料として九五％という圧倒的シェアを持ち、ヨーロッパにまで名声は鳴り響いていた。長期間にわたって圧倒的に支持されて来たにも関わらず、昭和四十九年（一九七四）に完全に操業停止してしまった。

吹屋ベンガラは国内での圧倒的シェアを失い、そして破綻したが、今や日本の先端産業がグローバルな場で同様の追い落としの憂き目を味わいつつあるのである。

そのような中で、ヨーロッパの声を元に有田焼の窯元から復興して欲しいとのラブコールが聞こえ、県内のノスタルジアチックなあこがれはあってもそれに応える気配もない。ままならないことにやきもきしている人は少なくない。

そもそも文化財や当時それを支えた伝統技術や、人と神、人々の和を繋ぐ上で不可欠な伝統芸能にしても、一旦失われてしまうと、それを取り戻すのは難しい。【註13】

吹屋ベンガラも、ベンガラ長者御三家（片山、長尾、田村）のうち、最後まで生産していた田村教之さんが操業を終えてから今年（二〇一六年）でもう四十四年の歳月が流れている。

時代が激しく移りゆく中で、人はかけがえのない最高のものをゆっくりと失って行く場合、油断して素晴らしいものだということに気づかない。そうなれば、回りまわって、遂に自分に悔悟が降りかかってくるなどしても、その時は事の重大さに気がつかず、気がついた時は後の祭りになっているのが普通である。こうして大切な文化は常に取り返しのきかない彼方へ消えていくのである。

とりわけ吹屋ベンガラは絶対的勝者が破綻したわけであるから、文化に関して果たして進化論は通用するものなのか否か。あるいはダーウィンの進化論とは全く別の、生物も文化も含めて通用するもっと大きな進化論を考える必要があるのかもしれない。せめてもながら、美しく価値の高い「吹屋ベンガラの破綻」を将来に向けて、学術的にも最大限生かさねばならない。過去の栄光、利用形態、品質に憧れるだけでは、この破綻は活きてこないということなのである。

われわれは吹屋ベンガラが持つ意味の大きさをもっと知って、それは今の日本の経済や社会、自分自身のこれからを考える際、避けては通れないし、極めて重要なことの喪失や警告と捉えなければならない。少なくとも、その失ったものの本質的価値の大きさを認識し直さなければ、失ったものの穴埋めなどできない。

近代化を享受してきた現代人には二つの視点がある。

一、現代イコール最先端で、最高のものと考える視点である。

二、長いインターバルで考えれば、頂点に立つものは必ず滅びるという視点も間違いなく存在する。

（2）道具が進化すれば、人間もモノも劣化するという一つの真実

これからの進化論には文化との関係を取り入れる必要がある。さもないとダーウィンの進化論は早晩破綻する。十万年前からその兆候は現れている。人類は七百万年前に類人猿から別れ、脳容積は当時の五〇〇ccから現代人の一五〇〇ccに増えている。いや正確には増えていると思っていたのであるが、それは今から十万年前の人類がピークで、現代人へ向かって少し減少していることが分ってきつつある。その原因はやはり道具利用で人の体は進化する必要が減少したものと考えられる。モノだけでなく人間もトータルには進化どころか退化している。

それはそうであろう、マンモスに立ち向かうにも、槍や石鏃という飛び道具があれば、身の危険を冒さずとも、遠くから離れて狩ができるし、超スピードで走って逃げる必要も脚力を進化させる必要もなくなるからである。

現代では暑ければ冷房、寒ければ暖房と、これまたひ弱になることはあっても、体が強健に進化することはないだろう。

5. 吹屋ベンガラの滅びから学ぶ・・・《その技術と哲学》

顔料供給元が遠隔地であろうとも、本物の工芸家たちは最高級のベンガラを希求し、生産地吹屋はそれに応じてきた。結局素晴らしいものを造らせたのは最終的に感覚に優れた芸術家であり、そして壊したのも感覚の鈍った時代の芸術家であった。何事も「可能性」と「破綻」という両極が常に含まれている。

生物の世界においてはそれが非常にはっきりしている。今から四億年~三億年前のデボン紀の「板皮魚類(ばんぴぎょるい)(ダンクルオステウス)」と呼ばれる巨大な肉食魚で、小さな魚は、小枝の下などで隠れて暮らす有様だった。板皮魚類は、圧倒的な力を持っていた。やりたい放題に捕食していた。体は無制限に大きくなった。しかし何事も「永久」とか「無限」はないのである。

当時の海は板皮魚類に支配されており、全ての魚の七五~八五%を占めていたことが化石から分かるという。オオサンショウウオのような手を発生させることが、板皮魚類から逃れる日々の中、蘆木(ろぼく)の葉や枝が落ちて絡まった小枝をかき分け陸へ進出するために役だった。オオサンショウウオのような人間の祖先が海から川へ向かって行かざるを得なかったのは、板皮類に脅かされたからだといわれている。三億年以上かかって、その手が人の手になったわけである。

奢れる強者は絶滅する。

パリの国立自然史博物館には三億六千万年前、「板皮魚類」と呼ばれる魚が展示されている。強烈なナイフのような上下のあごはあるが歯はない。板皮魚類は奇妙な骨格をしており、現在のどの魚とも違っていた。身体の前半分は鎧のように硬い骨の甲羅で覆われている。この無敵の魚は巨大化し、なんと五〜一〇mもあり、正に生き物の王者である。

ところがこの後、板皮魚類に異変が起こったのである。海の中がかなりの範囲で地球規模の変動（地下二千九百㎞のマントルと外殻の摩擦で起こる巨大なマグマ溜まりの塊が地表に吹き出すスーパープルーム）で、海水の酸素不足という環境変化で、一匹残らず死に絶えた。追われていた魚も危機的状況は同様に起きるが、特別な呼吸器官である「肺」を作った。それによって生き延びられた。結局は地球規模の変動で手足を獲得して川の上流へ逃がれた。

一方板皮魚類はエラを使っており、予期できなかった酸欠で滅んだのである。板皮類がいなくなると、小さな弱い魚は再び海へ戻るものもいた。その時肺は浮き袋になっていった。彼らは内陸の湿地帯からの子孫であった。

肺を持たない板皮魚類は王者ゆえに、もともと逃げ惑うこともないから進化する必要も全く無かった。今の人間にその驕りはないか。そのような構えのない状況下では進化のチャンスというものがないのである。安住の地位が崩れる時、いとも簡単に滅びるのである。進化を忘れた生物の頂点にいたものが栄え過ぎている時は、残されていたものもチャンスはなかった。現代も人間のために多くの希少生物が姿を消しているのではないか。

人間は今最も栄えているかもしれない。頂点に立つと当事者は誰でも絶対だと思っている。自然環境が大きく変わり、襲いかかる大変化に遭遇したら、豊かな餌をこれまでと同じように食べまくることは難しく、変化に適応することは難しいために板皮魚類や恐竜のように滅んでいくしかなかった。

地球上の生物の中で、人間は歪なほど勢力を持っている。何不自由なく生きている人間は遺伝子の中で、もう劇的変化は起こらないだろうといわれているのもゆえなきことではない。今の人間はかつての王者板皮魚類の絶滅前とあまりにもよく似ている。

勝手気ままに捕食ができて、図体は無制限に巨大化し、絶対的強者の立場にあった板皮魚類は環境が突然変われば、敗者になってしまったことを忘れてはならない。

人間の祖先が海から川へ行かざるを得なかったのは、板皮魚類に脅かされた弱者であったからだといわれている。それが進化を誘発したのである。

王者にはもともと逃げ惑うこともないから進化する必要もないし、それが進化のチャンスもなくしていった。現代人の脳容積が増えていないのはそのためである。安住の地位が崩れる時が滅びの時である。トップのものが栄え過ぎて、傲慢さに満ちたもの、進化を忘れたものには絶滅が待っていた。

人間は動物の中で今最も栄えている。栄え過ぎて「経済モンスター」を仲間にしてさらに信じられないほど傲慢になっている。物事が全て利益中心のお金儲けで展開しているのかもしれない。だから「効率主義が天下を取れば、名品は滅びる」のである。

何億年の話ではなく、人類誕生のこの七百万年の長い歴史を概観するだけでも、物凄く強烈な環境の激変が、絶対的強者ではなかった人間を、間違いなく進化させたことが分かる。ただそれよりもっと長い何億年単位の生物全体の歴史からすれば（人間が頂点に立ったのはせいぜい七百万年の歴史しかない）、板皮魚類、恐竜など、「奢れるもの久しからず」との例え通り、食べ物の不自由もなく、敵もなく、さらに巨大さこそが最強の力であるとする中で、頂点に立った生物は必ず絶滅している。

今頂点に立っているのは明らかに人間である。今や一人の人間が一匹のゾウの三〇〇倍ものエネルギー消費を臆面もなく続けており、肥大モンスターとなっている。果たして将来何が待ち受けているのであろうか。

進化推進のファクターは①道具なのか。②環境の激変なのか（進化も絶滅もそれらが握っている）。それとも③進化は必ずもう一方に変化しないファクターを併せ持って、担保させる仕組を持っている方が最後は勝者なのか。

バクテリアを見ても、人間とゴリラを見ても、イネの栽培種と野生種を見ても（栽培種は急転直下のミラクルな成果を生んでも、効き目がなくなるのも早い。そして野生種は何時まで経っても野生種）、先頭ランナーが倒れた時初めて担保の効力をするのであろう。しかし日本の「御初穂」のように自然の摂理の中で、少しずつ、知らず知らずのうちに、結果的に選別され、変化した進化は長持ちするのも事実である。緩（ゆる）いが確かな進化かもしれない。

大輪の文化の花が咲くのも環境激変と同じで、衝撃を受け傲慢と反対に自分は何も知らなかったという「無知の知」を知ることから生れ直せる。進化を手にすることができる。

ただ、それ以前に戦国時代のような激しい体験があれば、次の桃山時代に物凄い花が咲くけれど、その桃山も三十年を経過すると、つまり担い手が世代交代すると、作風は実体験からの創造がないので迫力がなくなる。こうしてどの様に立派なモノも劣化し、やがて力を失って滅びるという法則もあるように思う。劇的進化もゆっくり進化も結局得るものと失うもののトータルは同じであるということかもしれない。人間はたかだか三百年程の資本主義経済の進展の中で、コマネズミと化したのである。ただそれだけかもしれない。もっと別な生き方もあったのかもしれない。

技術が進めば、手を抜いてモノを作るようになり、心を込めることがなくなって、やがてモノの質は劣化する法則もまた間違いなくある。

あらゆる「破滅のケース」を理解しているので、現代人はそれを教訓にこの先を生きることはできる。そこのところを忘れてはならないのだ。

吹屋ベンガラを敗北に追いやった張本人は、色合いを犠牲にした効率主義の促成安価ベンガラであった。

しかしまたそれが現代社会そのものの劣化現象となっている。板皮魚類、恐竜、人間と、地球上の主人公は常に交替している。終始絶対優位を守り通した生物は一つもいない。それが「現実」である。大腸菌でさえ、生存への担保を確実に持っているのに、人間はどうか。

人間をそこに当てはめて考えるならば、人間が永遠に首座に君臨することも、進化し続けることもなかなかできないのである。完全滅亡へは大腸菌より近いところにいる。

万物は流転するのである。大阪大学医学部の実験では、強い大腸菌と弱い大腸菌をビーカーへ半々で混ぜると、予想に反して強い大腸菌が弱い大腸菌を食べ尽くして完全勝利することとは絶対になく、必ず一〇%は担保して残るという。人間とは対極のような、つまり生き物の原点として、細菌の世界でも、弱い大腸菌も環境が変われば、「自分の出番」が来る可能性もあり、大腸菌全体が破綻するのを免れる知恵として、強い大腸菌の正反対の「弱い」大腸菌を温存するという知恵ともいえるシステムを持っているのである。

もはや進化論は「優勝劣敗」という単純なことでは済まされないのだ。この地球での環境は常に変動する。果たして、それを知っているはずの人間の世界ではどうか。

結局吹屋のベンガラを破綻させたのは、工芸家、芸術家、美術家の美意識の変化、企業家の利益優先指向。目先しか見ないとどうなるとか、絶滅した生物は「忍び寄る劣化に気づかないこと」が原因だったことを学ばなければ、時代に耐えうる本当の文化を打ち立てることはできない。

(1) 現代は最小の努力で最大の効果という美名に酔ったまま流れている

現代社会は「最小の努力と最短の時間で最大の効果を得る」という合理化、効率主義という美名に踊らされているに過ぎない不完全な文化でしかないかもしれない。

吹屋ベンガラの明治までの製作工程をつぶさに見ていくと、信じられないほどの手間暇をかけてギザギザをまーるくしていたことが良く分かる。そこら中かき乱すような文化は疲れるもとである。まーるくすることこそが人間ができる滅びないための担保なのである。

試験管の中に試薬を入れると瞬間的に反応して結果が色として出てくるが、現代人はそのように直ぐ結果が出てくるようなものに対してしか、興味を示さない傾向と危ない時代に待ち伏せされている。この結果を直ぐ求める傾向は、好きかきらいかで判断することと同じである。恋愛にしてもスタンダールの『恋愛論』ではないが、「クリスタリゼーション」という、宝石が少しずつゆっくりとしか結晶化が起こらないことと似ていることを説いている。真珠が薄い膜を幾重にも生成して複雑な回折現象で輝かせるのも同じである。短絡的な愛だ恋では美しい結晶はなかなか生まれっこないのである。ベンガラが何故、手間暇かけてゆっくりと熱したり、水簸脱酸しなければならないのかということと非常に良く似ている。

昨今の異常気象にしても、一方の地球環境から見れば、中和という安定に向かって行く動きに過ぎない。要は人間活動が極端に大きくなっているから、地球上の気圧や気温差が極端に大きくなり、なかなか中和が間に合っていない。

自分の身体といえども、ストレスは病気と安穏をごちゃ混ぜにかき混ぜているし、はたまた工芸の「手間」にしても、短時間中和から物凄い手間を要する中和まである。常に何事も中和に向けた現象と思えば、見えないものが見えてくる。中和はゆっくりである程、害がないし、癒しのように、人に受け入れられるようになってゆくものかもしれない。

吹屋のベンガラ造りで、今の工業製ベンガラは完成間際の酸化鉄を中和させるのに、苛性ソーダで瞬間中和させることは先に述べたとおりである。

それに対して吹屋の伝統的製法では、水簸中和の工程が昭和時代でも五〇～六〇回行っていた。江戸時代では、それを一〇〇回も行っていた。この非常に少しずつ少しずつ無理をせずに中和へ向かう工程こそ、宝石がゆっくりとクリスタリゼーション(結晶化)して輝きを増していくのと同じであるような気がする。それが名品への道ではないか。対極にある過激なゲリラ豪雨の昨今は、それ自体がストレスをあっちこっちに振りまくことになっている。もしこれが教育に起こっていたら、取り返しのつかないことをしていることになる。クリスタリゼーション社会を取り戻そう。【註14】

(2) 自己感情表現

使用顔料等には超高級品を求めていた工芸家、美術家が自己感情表現こそを第一義と捉えれば、知らず知らずのうちに、材料や技法の基礎の善し悪しの見分け方の基本的学習に要する時間や努力より、時代の流れるスピード感にあおられていく。

そうなれば本質を見抜くことが基本の芸術家が浮き足立って、自己感情表現中心に走る方が大切で、利益にもなると考えた時に、何が起こるのか。こういう文化芸術は結局落ち着かない。

（3）奢（おご）れるもの久しからず

奢れるもの久しからずで、頂点に立ったものが、さらなる高みと生き残り策への努力を忘れていなかったかと問えば、否とはいえない。

頂点に立つものは、環境の大異変に直面した時、真っ先に絶滅する。デボン紀の板皮魚類の「ダンクルオステウス」（甲冑魚）がそれであった。恐竜が隕石の衝突で破滅したのも同様である。

平家物語の冒頭にある「祇園精舎の鐘の声、諸行無常の響き有り、沙羅双樹の花の色、盛者必衰の理をあらわす」ではないが、頂点に立つものは必ず滅びるのである。滅びないためにさらに凄いベンガラを探求する方向、方策もあったと思う。現実には先人の行っていたベンガラ造りから、一見無駄に思える部分をカットしていたのも確かである。それは新たなる工業製ベンガラに太刀打ちするには、もうそれしか無いと思ったものと思われる。今のＩＴ産業があえいでいるのも、実はほとんどそれである。

だから吹屋ベンガラを破綻させたのは、（1）、（2）、（3）の三要素全ての喪失ではなかったか。それをしない企業は残るだろうし、それをしない国家、それをしない教育には将来がある。残念ながら、今の日本の国家も、国民も、教育もそれを忘れている。

とにもかくにも、吹屋ベンガラが効率主義ベンガラに敗北した。しかしそれが現代社会の破綻へとつながっていることを忘れてはいけない。吹屋ベンガラはそれを忘れないシンボルカラーなのだ。

主人公は常に入れ替わっていくのかもしれない。絶対優位というものはないというのが真実中の真実なのだ。特に油断していると早く駄目になるのであろう。

逆に、弱者といえども、万物は流転するの例えのように、「弱い大腸菌」のようにチャンスは必ずめぐってくるのである。

永久に頂点に立つことはできないことを生物の繁栄と絶滅はよく示している。そしてまた誰にもチャンスはやってくる。努力しておれば、その到来は早晩必ずやってくる。

例えば、弱肉強食で弱いものが生き延びる静かなる使命を持っているのだということもこれからの進化論の中では大切なのだ。【註15】

おわりに

結局、吹屋のベンガラのような最高級なものを破綻させたのは、効率主義に振り回され、穏やかさの大切さを失っていく人間の劣化。そして、最高級のものを求めてきた工芸家や美術家の「初心」を忘れた美意識の劣化。また人間は進化し続けるという奢(おご)った錯覚から来る劣化。

そして奢れるもの久しからずの理の通り、六億年の昔から全ての生き物に頂点に立つものは必ず亡びるという動かしがたい事実。怖いのは劣化の連鎖と劣化意識の麻痺と忘却である。

忘れてほしくないのは、見えないものへも考え得る限りの手間暇（努力）を惜しまず注いでおけば「絶対信頼という結果は後から必ずついてくる」ということを、吹屋のベンガラも、優れた文化財もわれわれに存分に指し示している。

岡山の文化は見えないところへ最大限の努力を注いできたから、見えないものの中に本質を見抜く力を養えたのである。だから時代が混沌としてきた時に、先人たちは常に本質を提示してきたのではないだろうか。

最後に一つだけ付け加えておこう。それは今もなお吹屋ベンガラへの熱い思いから導き出した「未来への発想の転換的小さな希望の芽生え」のことでもある。

生産原料、生産方法はこれまでの吹屋ベンガラ製法とは全く違う。いや弥生時代のテクノロジーをリバイバルさせようという壮大な実験を伴うという、かつての技法を今別な形で蘇らせて、発展的に活かせないものかと、少しの希望と期待として素晴らしいことが起こるかもしれないということについてである。

製造に際して公害もゼロ。黙々と日夜休まず、音も出さずにベンガラを微生物が造ってくれる上、製造のための熱エネルギーも格段に消費は少なくて済む画期的方法がある。それは人間と鉄バクテリアによるベンガラ製造である。

残された課題は何処まで磁硫化鉄鉱製ベンガラの色に近づけるかだけである。吹屋

鉄バクテリアを乾燥させた状態

鉄バクテリアを焼いて造ったベンガラ

鉄バクテリアを焼いてベンガラにし，３度水簸した状態

超高級ベンガラ破綻のあかつきに何事も必ず復活するという事実と希望が混ざった夢のような現代に残された最後の一手である。そしてそれは弥生時代から江戸時代までの謎の空白を現代が解いて見せてくれるという壮大なロマンでもある。

扉の説明

伊万里には四様式がある。

1. **初期伊万里様式**　染付（青花）が中心。絵付けが伸びやかで斬新さと勢いがあり、呉須の落ち着いた発色が特徴的である。

2. **古伊万里様式**　わが国産の陶磁器の海外貿易は実に古伊万里様式が最初。図柄はヨーロッパから見たエキゾチックな日本の風俗かヨーロッパ人がオーダーしたヨーロッパ感覚のものが多い。

3. **柿右衛門様式**　わが国の赤絵磁器の開創である柿右衛門を始祖としている。原則細い墨で縁取りした中に彩色を施している。

4. **色鍋島様式**　御用窯で焼かせたデザイン力に優れ、粋（いき）なものが多い。その製品は将軍家及び諸侯への贈答品に当てられた。

この「色絵紋章文皿」は本格的に伊万里が海外へ進出していった頃の古伊万里様式の代表的なもので、ヨーロッパの王侯貴族の注文品である。

【註】

【註1】 当時の特殊器台という特殊で重要な意味を持つ赤く塗られた特殊器台を復刻する場合、そのベンガラも復刻するとより一層意味合いが増したと思う。現代のベンガラを塗ったのでは、その時代の造り方をした赤色顔料ではないし文化的に正確な復元といえない。まずはその時代にどのように赤色顔料を造っていたのかを究明するともっと意義深いものになったと思う。「平成24・25年度吉備特殊器台復刻プロジェクト報告書」(吉備特殊器台復刻プロジェクト実行委員会　2014)

【註2】 ヨーロッパ中世のフレスコ画の元になるものはギリシャやローマにある。またギリシャの褐色と黒の焼物顔料固着方法はほぼフレスコ画の原理が使われている。弥生時代末期の特殊器台も、雄町遺跡から出土した他のものとは異質なほど際立って明るい橙赤色の渦巻き「彩色文様脚付壺」も同様ではないか。それらは生乾きの時、顔料を塗って焼くという技法である。

【註3】 その時の記録は「特殊器台の透かし文様とその起源に関する研究」(吉備国際大学文化財総合研究センター研究紀要第4号　2007・3・31)参照。台湾ビーズについては「謎を秘めた古代ビーズ再現」(吉備人出版　2007・3・25)に少し収録している。

【註4】 「ランユー島の変貌」(国際社会学研究所紀要14号　2007・3・31)参照。

【註5】 彼の作品は主に(財)島根県並河萬里写真財団が所蔵。

【註6】　世界一の液晶テレビ、太陽電池パネルを生産していた日本のS社も今や韓国のサムスン電子に追い越されただけでなく、会社の存続さえ赤信号が点滅するようになっている。サムスンも今度は中国に追い上げられている。

【註7】　国宝　赤糸威胴丸鎧の染織は世界最高といわれたドイツの染料を凌駕したのである。
　愛媛県大三島の大山祇神社には日本の国宝重要文化財のほぼ七割が存在している。そしてその中で最も素晴らしいものは義経が奉納したという国宝赤糸威胴丸鎧である。数十年前、威糸の絹が傷んでいるためにやり替えることになった。世界一といわれるドイツの染色技術で色合わせをして修復したというが、残念ながら茜色は現在はほぼ真っ白といえるほど退色してしまっている。何かの参考になるだろうと元の威糸の色を肩と腰の一部分をそのまま残した。驚くことにその部分だけが今なお鮮やかなまま残っている。
　八百年前の染色をしたのは多分女性であろう。彼女たちが八百年も保つとは知らなかったかもしれない。彼女たちが化学式を知っていたとは思えない。しかし草木染めで考え得る限りの手間暇かけて作ったものは、これが世界一だという化学染料による染色を遥かに超えているのである。

【註8】　ただ、今でも鉱山は坑道封印、公害対策等の事後処理のため、破産といえども依然として残務処理は続けられているという話をローハ製造に携わっていた最後の生き証人西江政市さんから聞いた時は、驚きを禁じ得なかった。鉱山というのは、鉱毒、崩落、そして補償がつきまとうためであろう。そうした後始末の管理という仕事が履行されない限り、鉱山会

社は完全解散させてくれないのだそうである。

【註9】臼井洋輔（「古代製鉄炉に関する一考察」『備前刀研究』6号　備前刀学会　1992）にさらに詳しく論じている。

【註10】ブドーの殺菌や予防に使われる農薬で、ボルドー液というのがある。それは綺麗な濃いブルーの結晶と生石灰を混ぜて作っていたのを覚えている。あの硫酸銅に近いローハ結晶を吹屋で見せて貰ったことがある。

【註11】（朝日新聞記事：2008・4・18　環境テクノ最前線　土壌スピード浄化　酸化鉄粒子有害物分解　NASAで実証　以下記事全文

ビデオテープなどの表面に使われる酸化鉄で、土壌に含まれる有害物質を素早く無害化する技術を、酸化鉄の国内最大手、戸田工業〈広島県大竹市〉が開発した。工業跡地の浄化などで実績をあげており、海外からも注目が集まっている。

戸田工業が土壌浄化向け酸化鉄の開発を始めたのは九十九年。米航空宇宙局〈NASA〉の依頼がきっかけだった。

酸化鉄は有害物質を吸着、分解して無害化する特性を持つ。NASAはその特性を生かし、ロケットの洗浄剤で汚染が進むケネディ宇宙センターの土壌を浄化しようと考えた。戸田工業は当時から、酸化鉄の特性をナノレベルで調整し、量産できる世界でも数少ない企業だった。米の大学などの協力も得て開発した製品は、鉄の周りを酸化鉄の膜で覆った粒子で、直径は七〇ナノメートル〈一ナノは一〇億分の一〉。「ナノ鉄」と呼ばれ、土壌浄化にそれまで使われていた鉄粉と比べ、大きさは一〇〇分の一程度。表面積の総計が大きくなるため、浄化効率が高かった。

ＮＡＳＡは〇二年、ナノ鉄に浄化試験を実施。洗浄剤に含まれる有害な揮発性有機化合物、トリクロロエチレンを無害化できることを確かめた。試験結果はＮＡＳＡのサイトで紹介され、戸田工業には米企業から注文が相次いだ。〇三年に高性能ナノ鉄複合粒子「ＲＮＩＰ〈アールニップ〉」という名で発売し、土壌の浄化事業も始めた。

売りは、「急速浄化」。有害な揮発性有機化合物に覆われた鉄が反応。有機化合物を構成する塩素と炭素の結合を分断し、素早く無害化する。

それまで使われていた粒子の大きな鉄粉は浄化力が弱くジクロロエチレンなど新たな有害物質を生成してしまう。それも徐々に無害化されるが、完全な浄化まで時間がかかった。ＲＮＩＰは、そうした過程を経ず、従来品の一〇〇倍の速度で浄化できる。さらに重金属は吸着し、酸化鉄の膜の中に封じ込め無害化。石のように固めてしまう。

十一万ヘクタールの「需要」

戸田工業の酸化鉄生成技術は「湿式合成法」と呼ばれ、鉄の原子を含んだ水溶液を化学反応させて酸化鉄を造り出す（ローハ水溶液か？）。昔は製鉄所から出る廃棄物の「硫酸鉄」を焼いてつくったが、生成過程で出る亜硫酸ガスが公害問題になったため、同社が六十五年、京都大学と「湿式」を共同開発した。

この合成法の登場により、大きさ、形状などの面で酸化鉄の生成技術は飛躍的に向上。七十年代以降、戸田はオーディオ・ビデオテープ用の磁気記録材料の世界トップレベルメーカーとして躍進した。近年はＤＶＤなどの普及で苦境だが、テープ向けに代わる新用途の酸化鉄の開発を強化。ＲＮＩＰはその柱のひとつだ。すでにＲＮＩＰで国内約四〇カ所、米国では約一〇カ所の工場跡地などの汚染土壌を浄化した。〇七年夏からはドイツの州外郭団体による実証試験が始まり、今後は欧州全域に事業を広げていく計画だ。

環境省によると、汚染の可能性のある土地は全国で約十一万ヘクタール。全て浄化するには約十七兆円という試算もある。〇三年施行の土壌汚染対策法は法施行後に有害物の取り扱いをやめた工場などに土壌調査と浄化を義務づけたが、法施行前に取り扱いを止めていた工場にも適用を拡大する方向で、近く規制強化される見通し。それに伴い土壌浄化の市場は拡大が見込まれている。

ただ工場汚染の発見が増えると、資産価値が落ちて、遊休地のままさらしになる土地が増える懸念もある。同社の戸田哲郎執行役員は「米国では、土地の浄化に国が主体的にかかわる仕組みが確立している。民間まかせの日本も、制度整備を考える時ではないか」と話す。）

（堀田浩一）


酸化鉄を生成する湿式合成法とは、鉄の原子などを含む溶液に上からパイプでアルカリを入れ、下横から空気を送り込んでやれば、下から酸化鉄が出てくる仕組み。

酸化鉄による土壌汚染除去は酸化鉄注入機で地下に押し込む。

有害化合物分解は、酸化鉄膜で覆われた鉄が有害物と接触することにより、分解、無害化しエチレンとエタンになる。

重金属吸着では、酸化鉄膜で覆われた鉄は六価クロム、ヒ素、鉛、ウラン、カドミウムを吸着し膜の中に取り込み固体化し無害化するとなっている。ここで私はあるヒントを思いついた。原発汚染水の放射能や天然ウランを海水から吸着、あるいは濃縮できるのではないかと。

【註12】あるいは最近のニュースでも取り上げられた、創業が西暦一七五二年、二百六十三年も前の江戸時代に始まる「たち吉」という「陶磁器小売り」の大手が、会社更生法を申請。最盛期には二〇〇億円の売り上げがあったが、昨年は四六億円に落ち込んでいた。ただ「ニューホライゾンキャピタル」という投資ファンドが名乗りを上げているらしい。この破綻の理由は、「海外の安物の流入」、「最近の人口減少と和食の後退」で、五客セットのものから、人口減少、結婚しない人の増加現象等も関係するのか、単品ものしか売れなくなっている傾向も原因とされている。

【註13】復元が成功した希な例から考えて、牛窓弘法寺練り供養復興がどれだけ苦労と時間を要したのかは、その復興努力と過程を見れば一目瞭然である。

県下では二つしかなかった練り供養の一つを擁していた弘法寺は昭和四十二年（一九六七）の暮れも押し迫った十二月三十日に焼失し、併せてその行事も当然のようになくなった。練り供養は、釈迦入滅の際、菩薩が現れて極楽浄土へ導く有様を、現世の中にスペクタクルに見せる伝統芸能の色彩の濃い仏教行事である。

全国的で今日まで残っているのは、奈良県葛城市当麻寺、瀬戸内市牛窓弘法寺、岡山県久米南町誕生寺、京都の泉涌寺、知恩寺、光明寺、大阪市大念佛寺、和歌山県有田市得生寺、神戸市の太山寺位である。吉備津神社にも平安後期の練り供養に使われた行道面が残っているが、行事そのものは今は絶えている。古代から全国の津々浦々まであったと思われるが、消えていったのである。

弘法寺の場合は、当事者の復興に向けての地域の人々の並々ならぬ熱意があった。それでも復興までに非常に時間を要したのである。被災衣装の残欠を手がかりに忠実に染織を復元するなど苦労は並大抵では無かった。平成九年五月五日にやっと、衣装のみならず練り供養行事まで奇跡の復元を成し遂げた例である。その間実に「三十年」という歳月が流れていた。並のことでは元には戻らないというのが、復興に、行政的立場から携わってみての実感である。三十年といえば一世代というインターバルである。

【註14】 ベンガラとコバルト、呉須（ごす）は天然物で、深みと柔らかさ（優しさ、深み）があるが、コバルトは刺すようなギラギラ感があるのと同じである。

当初発明したばかりのＣＤを最初に耳にする時、全く雑音の無いクリアーな音はどんなに素晴らしいものかと凄い期待で聞いた。意に反して心に響かないものであることに驚いたと、発明者から直接聞いた。どうもその二つのような違いであると思えば良いのではないか。砂糖とサッカリンの違い、穀物酢と酢酸を薄めた合成酢の違い、自然塩と食塩（アサリの砂出しをするために、その二つの水溶液を準備すると、一方は元気よく水をそこら中に噴水のように振りまくが、食塩の方はほとんどそうした動きが無い）と同じである。いわゆる味も、色も心も全て穏やかな中和は「ギザギザ」に尖っていないのである。現代人は急ぎ過ぎて大きな損をしているようだ。吹屋のベンガラは手間暇かけたゆっくりの産物の傑作なのである。

【註15】 強いとか弱いとかはある環境下でいえても、環境の変化が起こると板皮魚類や大型恐竜が絶滅した時のように何時の時代でも絶対が続くわけではないのである。自然の摂理では、強弱全てが絶滅してしまっては生命が保存できないので、弱いものでも時代が変われば出番が到来するようにできているのである。遺伝子の中に何時かは出番が来ることを待つように

インプットされているのである。蓄れる者はその遺伝子の声を時には聞いてみると良い。

板皮魚類や恐竜だけではない。実は人間も七百万年程前地球が高温乾燥化に向かっていた時、アフリカのジャングルはだんだん狭められ、強いサルがテリトリーを守り弱いサルは樹上から草原に追い出された。当時人間の先祖もゴリラやチンパンジーも脳容積は五〇〇ccであったが、二足歩行をきっかけにして七百万年で人間はの脳は一五〇〇ccになった。強いサルは今もサルをやっている。草原では二足歩行でないと草むらに潜む猛獣から身を守れず、遠くが見渡せないために二本足で立った。自由な手で石器を始め色々な道具を作り、石を投げることもできた。

著者略歴

臼井　洋輔（うすい・ようすけ）

１９４２年岡山県玉野市生まれ。岡山大学法文学部卒業、岡山大学大学院博士課程修了（文学博士)。高等学校教諭、岡山県立博物館学芸員、岡山県教育庁文化課課長代理、岡山県立博物館副館長を経て２００３年４月１日～２０１３年３月まで吉備国際大学教授。またこれまで岡山大学、岡山県立大学、倉敷芸術科学大学、福山大学等非常勤講師、吉備国際大学文化財総合研究センター長、吉備国際大学図書館館長など歴任。現在備前市立備前焼ミュージアム館長。

単行本著書は『岡山の甲冑』、『逸見東洋の世界』、『備前刀』、『正阿弥勝義の世界』、『バタン漂流記』、『時代の変転が工芸に及ぼす影響についての研究』、『岡山の文化財』、『岡山の宝箱』、『謎を秘めた古代ビーズ再現』、『文化探検岡山の甲冑』『おかやまの文化財Ⅰ〈工芸・史跡〉』等１７冊。

共著本は、『文化誌日本・岡山県』、『角川日本地名大辞典』、『人作り風土記・岡山県』、『岡山県大百科事典』、『岡山県歴史人物事典』、『図説岡山県の歴史』、『日本陶磁大辞典』、『吉備の歴史と文化』、『備前焼の深層に秘められたＤＮＡ』等約３６冊。

論文は『甲冑における鉄小札の配列についての一考察』、『水の子岩海底出土棒状石材についての一考察』、『備前焼三石入大甕の時代的特徴』、『岡山県の古代製鉄と刀剣』、『原始古代のゴンドラ型カヌーの源流に関する一考察』、『赤韋威大鎧の研究』、『鹿田庄の故地についての一考察』、『漂流人口書』、『岡山県指定重要文化財妙覚寺世界図屏風の研究』、『岡山県指定重要文化財餘慶寺梵鐘に関する一考察』、『古代鋳造ビーズ製作技法の研究』、『マヤの遺跡からインカのように黄金が出土しないのは何故か』、『特殊器台の透かし文様の起源に関する研究』、『ランユー島の変貌』、『インカ、マヤ、アステカの知られざる技術』、『一遍上人聖絵（福岡の市）解析』、『施帯文石展開図作成と考察』、『安養寺所蔵岡山県指定重要文化財陣太鼓の基本的・時代的特徴と文様復元』、『女木島（鬼ヶ島）洞窟の石切技法と年代考察』、『津田永忠がわれわれに託したメッセージを閑谷学校と後楽園から読み解く』『河原修平、坂田一男との出会いと、その影響についての一考察』『見えないものが見え始めた時、時代は変わる』『備前焼の知られざる本質』等１００編以上。

岡山文庫　300　吹屋ベンガラ　—それは岡山文化のエッセンス—

平成 28（2016）年 2 月 24 日　初版発行
令和 3（2021）年 4 月 3 日　再版発行

著　者　臼　井　洋　輔
発行者　塩　見　千　秋
印刷所　株式会社三門印刷所

発行所　岡山市北区伊島町一丁目 4-23　日本文教出版株式会社

電話岡山（086）252-3175（代）　振替 01210-5-4180（〒 700-0016）
http://www.n-bun.com/

ISBN978-4-8212-5300-5

＊本書の無断転載を禁じます。

© Yosuke Usui, 2016　Printed in Japan

視覚障害その他の理由で活字のままでこの本を利用できない人のために，営利を目的とする場合を除き「録音図書」「点字図書」「拡大写本」等の制作をすることを認めます。その際は著作権者，または出版社まで御連絡ください。

● 岡山県の百科事典

二百万人の

岡山文庫

○数字は品切れ

(1.) 岡山の植物・西原礼之助
(2.) 岡山の祭と踊・神野力
(3.)○ 岡山の焼物・桂又三郎
(4.)○ 岡山の古墳・鎌木義昌
(5.) 岡山の民家・鶴藤鹿忠
(6.) 岡山の文学碑・山本遺太郎
(7.) 岡山の仏たち・脇田秀太郎
(8.) 岡山の動物・松本邦夫
(9.) 岡山の鳥・杉鮫太郎
(10.) 大原美術館・藤田慎一郎
(11.) 岡山後楽園・宗定克則・杉鮫太郎
(12.) 岡山歳時記・吉岡三平
(13.) 岡山の建築・巌津政右衛門
(14.)○ 瀬戸内海・緑川洋一
(15.) 岡山の民芸・外村吉之介
(16.)○ 吉備路・神野力
(17.) 岡山の魚・青木五郎
(18.) 岡山の昆虫・倉敷昆虫同好会
(19.) 岡山の城と城址・藤井駿・市川俊介
(20.)○ 岡山の果物・三宅忠一
(21.) 岡山の風物・岡山県広報協会
(22.) 吉備の女性・吉岡三平
(23.)○ 岡山の伝説・立石憲利
(24.) 岡山の酒・小出巌・西原礼之助
(25.)○ 岡山の街道・山陽新聞社
(26.)○ 岡山の絵画・脇田秀太郎・巌津政右衛門
(27.)○ 水島臨海工業地帯・平方与平
(28.)○ 岡山の旅・岡山県観光連盟
(29.) 蒜山高原・二若・富国・徳山
(30.) 岡山の歌謡・英玲二
(31.)○ 岡山の遺跡めぐり・間壁忠彦・葭子
(32.)○ 備前焼・小山富士夫・藤原雄・中村昭夫
(33.) 岡山文学風土記・大岩徳二
(34.)○ 美作路・小山健三
(35.) 岡山の俳句・塩尻青笳・島津青沙
(36.) 岡山音楽夜話・保田太郎
(37.) 閑谷学校・巌津政右衛門・坂本一夫
(38.) 岡山の川柳・弓削川柳社
(39.) 岡山の民話・岡山民話の会
(40.)○ 岡山の刀剣・小林種次
(41.) 岡山の短歌・杉鮫太郎・藤原幾太
(42.) 岡山の医学・中山沃
(43.) 岡山の藺草・鈴木尚夫・中村昭夫
(44.)○ 岡山の人物・黒崎秀明
(45.)○ 岡山の駅・難波数丸
(46.) 岡山の現代詩・坂本明子
(47.) 岡山の交通・藤沢晋
(48.)○ 岡山の教育・秋山和夫
(49.)○ 備中神楽・山根堅一・坂本一夫
(50.) 岡山の民具・鶴藤鹿忠
(51.)○ 岡山の宗教・長光徳和
(52.) 吉備津神社・藤井駿・坂本一夫
(53.) 岡山の貨幣・原三正
(54.)○ 岡山の古戦場・多和和彦
(55.) 岡山の石造美術・巌津政右衛門
(56.)○ 岡山の方言・十河直樹
(57.) 岡山の歴史・柴田一
(58.) 岡山事物起源・吉岡三平
(59.)○ 高梁川・宗田克巳
(60.)○ 岡山の干拓・吉岡三平・進昌三
(61.) 岡山の電信電話・萩野秀
(62.) 吉備高原・宗田克巳
(63.) 岡山のおもちゃ・吉永義光
(64.) 吉井川・宗田克巳
(65.) 岡山の港・巌津政右衛門
(66.) 岡山の絵馬と扁額・脇田秀太郎
(67.)○ 旭川・宗田克巳
(68.) 岡山の温泉・石井猛・圓堂稔
(69.) 岡山の県政史・蓬郷巌
(70.) 岡山の道しるべ・巌津政右衛門
(71.) 岡山の笑い話・稲田浩二・和子
(72.) 美作の歌舞伎芝居・二宮朔山
(73.)○ 岡山の民間信仰・三浦秀宥
(74.)○ 岡山の奇人変人・蓬郷巌
(75.) 岡山の食習俗・鶴藤鹿忠
(76.) 岡山の明治洋風建築・中力昭
(77.) 山陽路の地理散歩・宗田克巳
(78.)○ 岡山の風俗・蓬郷巌
(79.) 岡山の海藻・大森長朗
(80.)○ 岡山の書・佐藤英夫
(81.) 岡山浮世噺・岡長平
(82.) 岡山の神社仏閣・市川俊介
(83.) 中国山地・三浦秀宥・竹内平吉郎
(84.)○ 岡山の島・巌津政右衛門
(85.) 岡山の山と峠・宗田克巳
(86.) 吉備の石ぶみ・井上雄風
(87.)○ 岡山の怪談・佐藤米司
(88.) 岡山の自然公園・山陽カメラクラブ
(89.) 岡山の漁業・西川太
(90.) 岡山の天文気象・石田五郎・佐橋謙
(91.) 岡山の郵便・萩野秀
(92.)○ 岡山の鉱物・沼野忠之
(93.) 岡山のふるさと村・巌津政右衛門
(94.) 岡山の経済散歩・吉永義光
(95.) 岡山の庭・山本利幸・前田勝也
(96.) 岡山の匠・浅原健
(97.) 岡山の童うたと遊び・立石憲利
(98.) 岡山の衣服・福尾美夜
(99.)○ 岡山の民俗・土井卓治・佐藤米司・鶴藤鹿忠
(100.)○ 岡山の樹木・西原礼之助・古屋野寛

(101) 岡山と朝鮮・西川　宏
102. 岡山の和紙・臼井英治
103. 岡山の艶笑譚・立石憲利
104. 岡山の文学アルバム・山本遺太郎
105. 岡山の映画・松田完一
106. 岡山の石仏・巌津政右衛門
107. 岡山の橋・宗田克巳
108. 岡山のエスペラント・岡　一太
109. 岡山の狂歌・蓬郷　巌
110. 百間川・岡山の自然を守る会
(111) 夢二のふるさと・真田芳夫 葛原茂樹
112. 岡山の梵鐘・川端定三郎
113. 岡山の演劇・山本遺太郎
114. 岡山話の散歩・岡　長平
(115) 岡山地名考・宗田克巳
(116) 岡山の戦災・野村増一
117. 岡山の町人・片山新助
118. 岡山の会陽・三浦　叶
119. 岡山の石・宗田克巳
120. 岡山の滝と渓谷・川端定三郎
121. 岡山の味風土記・岡　長平
122. 目でみる岡山の明治・巌津政右衛門
(123) 岡山の散歩道 東西・佐藤米司
124. 目でみる岡山の大正・蓬郷　巌
125. 児島湾・同前峰雄

126. 岡山の庶民夜話・佐上静夫
127. 岡山の修験道の祭・川端定三郎
128. 目でみる岡山の昭和Ⅰ・蓬郷　巌
129. 岡山のふるさと雑話・佐上静夫
130. 岡山のことわざ・佐藤・次田 竹内・福尾
131. 目でみる岡山の昭和Ⅱ・蓬郷　巌
(132) 瀬戸大橋・OHK編
133. 岡山の路上観察・香川・河原
134. 岡山の相撲・二宮朔山
135. 岡山の古文献・中野美智子
136. 岡山の門・小出公大
137. 岡山の内田百閒・岡　将男
138. 岡山の彫像・蓬郷　巌
139. 岡山の名水・川端定三郎
140. 両備バス沿線・両備バス広報室
141. 岡山の明治の雑誌・片山・来田 菱川
142. 岡山の災害・蓬郷　巌
143. 岡山の看板・河原　馨
144. 由加山・原　三正
145. 岡山の祭祀遺跡・八木敏乗
146. 岡山の表町・岡山を語る会
147. 逸見東洋の世界・臼井洋輔
148. 岡山ぶらり散策・河原　馨
149. 岡山名勝負物語・久保三千雄
150. 坪田譲治の世界・善太と三平の会

151. 備前の霊場めぐり・川端定三郎
(152) 藤戸・原　三正
153. 矢掛の本陣と脇本陣・武・中山・岡田 池田・柴口
154. 岡山の図書館・黒崎義博
(155) 岡山の戦国時代・松本幸子
156. 岡山の資料館・河原　馨
(157) カブトガニ・惣路紀通
158. 正阿弥勝義の世界・臼井洋輔
159. 木山捷平の世界・定金恒次
160. 岡山の備前ばらずし・窪田清一
(161) 良寛さんと玉島・森脇正之
(162) 備中の霊場めぐり・川端定三郎
(163) 岡山の多層塔・小出公大
164. 六高ものがたり・小林宏行
165. 下電バス沿線・下電編集室
(166) 岡山の博物館めぐり・川端定三郎
167. 岡山の民間療法(上)・鶴藤鹿忠 竹内平吉郎
168. 吉備高原都市・小出公大
(169) 玉島風土記・森脇正之
170. 洋学者箕作阮甫とその一族・木村岩治
171. 夢二郷土美術館・松田基 楢原雄一
172. 岡山のダム・川端定三郎
173. 岡山の森林公園・河原　馨
(174) 宇田川家のひとびと・水田楽男
175. 岡山の民間療法(下)・鶴藤鹿忠 竹内平吉郎

(176) 岡山の温泉めぐり・川端定三郎
177. 阪谷朗廬の世界・山下五樹
(178) 目玉の松ちゃん・尾上松之助 中村房吉
179. 吉備ものがたり(上)・市川俊介
180. 中鉄バス沿線・中鉄バス株企画部
181. 飛翔と回帰―国吉康雄の西洋と東洋・小澤善雄
(182) 岡山の智頭線・河原　馨
(183) 出雲街道・片山　薫
184. 備中高松城の水攻め・市川俊介
185. 美作の霊場めぐり・川端定三郎
186. 吉備ものがたり(下)・市川俊介
187. 津山の散策 ひがし にし・黒田　晋 竹内平吉郎
188. 倉敷福山と安養寺・前川　満
189. 鷲羽山・山本慶一 西田正憲
190. 和気清麻呂・仙田　実
191. 岡山たべもの歳時記・鶴藤鹿忠
192. 岡山の源平合戦談・市川俊介
193. 岡山の氏神様・二宮朔山
194. 岡山の乗り物・蓬郷　巌
195. 岡山・備前地域の寺・川端定三郎
196. 岡山ハイカラ建築の旅・河原　馨
(197) 牛窓(うしまど)を歩く・前川　満
198. 岡山のレジャー地・倉敷ぶんか倶楽部
199. 斉藤真一の世界・斉藤裕重 イシイ省三
(200) 巧匠 平櫛田中・原田純彦

昭和16年３月12日、艦尾方向から見た進水前日の伊31潜。伊15潜型の12番艦であり、17年５月に竣工した。前ページの伊29潜と同様に、進水時には伊37潜という艦名が予定されていたが、艤装中に伊31潜と改名された。右に見えるのは、耐圧船殻を組み立て中の伊36潜。

NF文庫
ノンフィクション

新装版

伊25号出撃す

アメリカ本土を攻撃せよ

槇　幸

潮書房光人社

格納筒から出された零式小型水偵が組み立てられ、射出機に装着されたところ。伊25潜と同型艦伊37潜で、艦橋右側方から艦首方向を眺める。右舷に直立しているのは水偵の揚収に用いる起倒式クレーンで、手前にアームが伸ばされている。伊25潜が昭和17年９月、米国オレゴン州の山中に夜間爆撃を行なったのが、日本が大戦中に実施した唯一の米本土爆撃である。

岡村幸海軍兵曹長（後に槙姓。階級は終戦時）。大正8年5月、茨城県に生まれる。昭和11年、横須賀海兵団に入団、水雷学校、潜水学校を経て、15年に潜水艦乗り組みとなる。伊25潜で真珠湾から米本土攻撃戦に参加、のち潜水学校教官となる。下写真は潜水艦艦内。

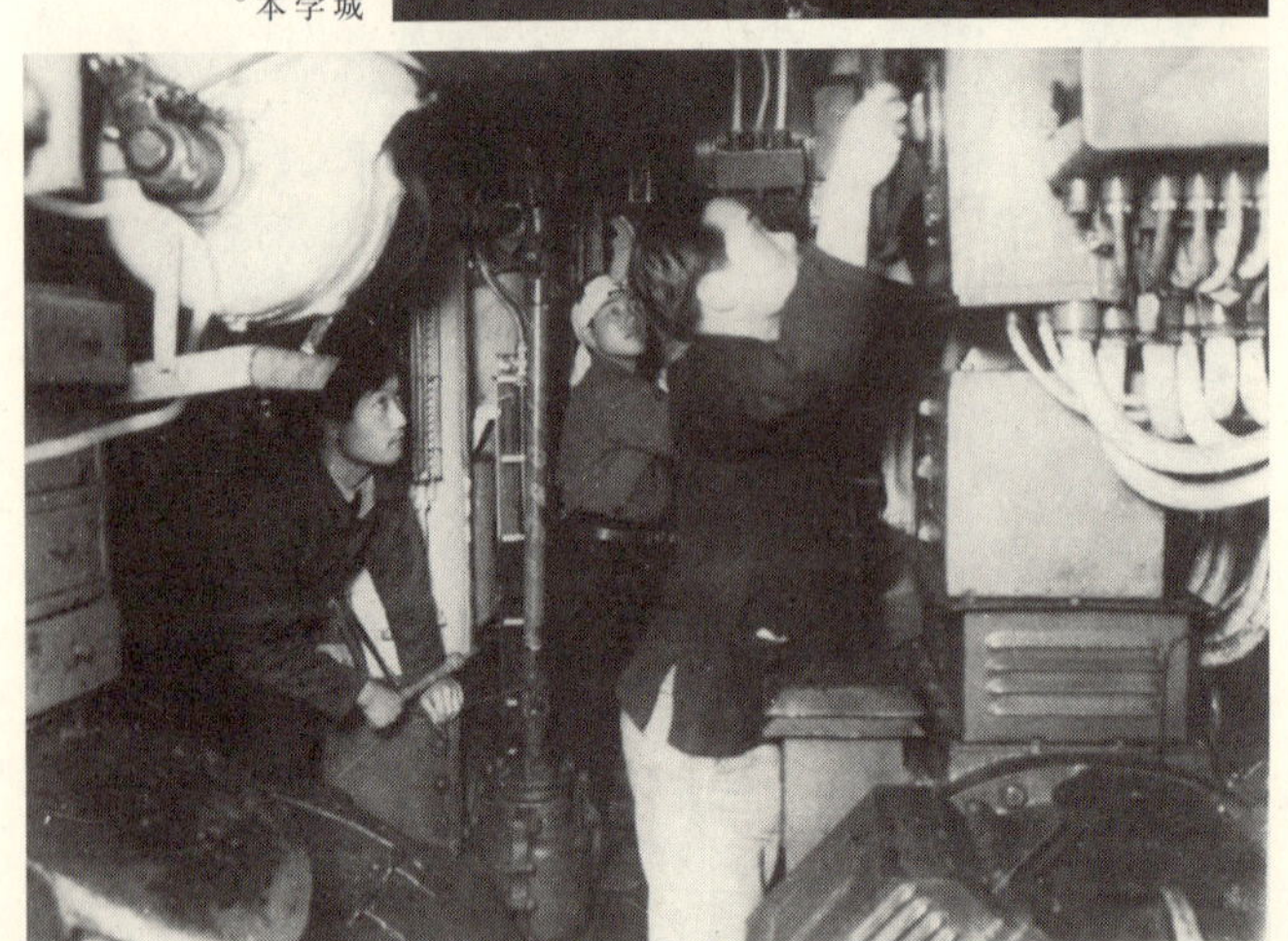

潜水艦の聴音室。前面にあるのが聴音機。水中にある潜水艦にとって敵の動向を探るには聴音しかなく、その音源を分析することで敵の位置と艦種が判断された。四六時中、レシーバーをかけて調音捜索を行なうが、南方での作戦中は艦内は高温多湿となり、狭い聴音室はまさにムシ風呂状態となったという。写真は北方行動中のもの。

前部兵員室での食事。左側の乗員の背後には魚雷が見えている。その上部には簡単な作りの蚕棚式のベッドがある。作戦中は二十四時間態制なので、一日の食事は三食のほかに夜食も用意されて、体力の消耗を補っていた。

基準排水量2198トン、全長108.7メートル、全幅9.3メートル、水中速力8.0ノット、水上速力23.6ノット、航続力16ノットで14000カイリ、魚雷発射管6門、搭載魚雷53センチ17本、備砲14センチ1門、機銃25ミリ連装1基、安全潜航深度100メートル、乗員数94名

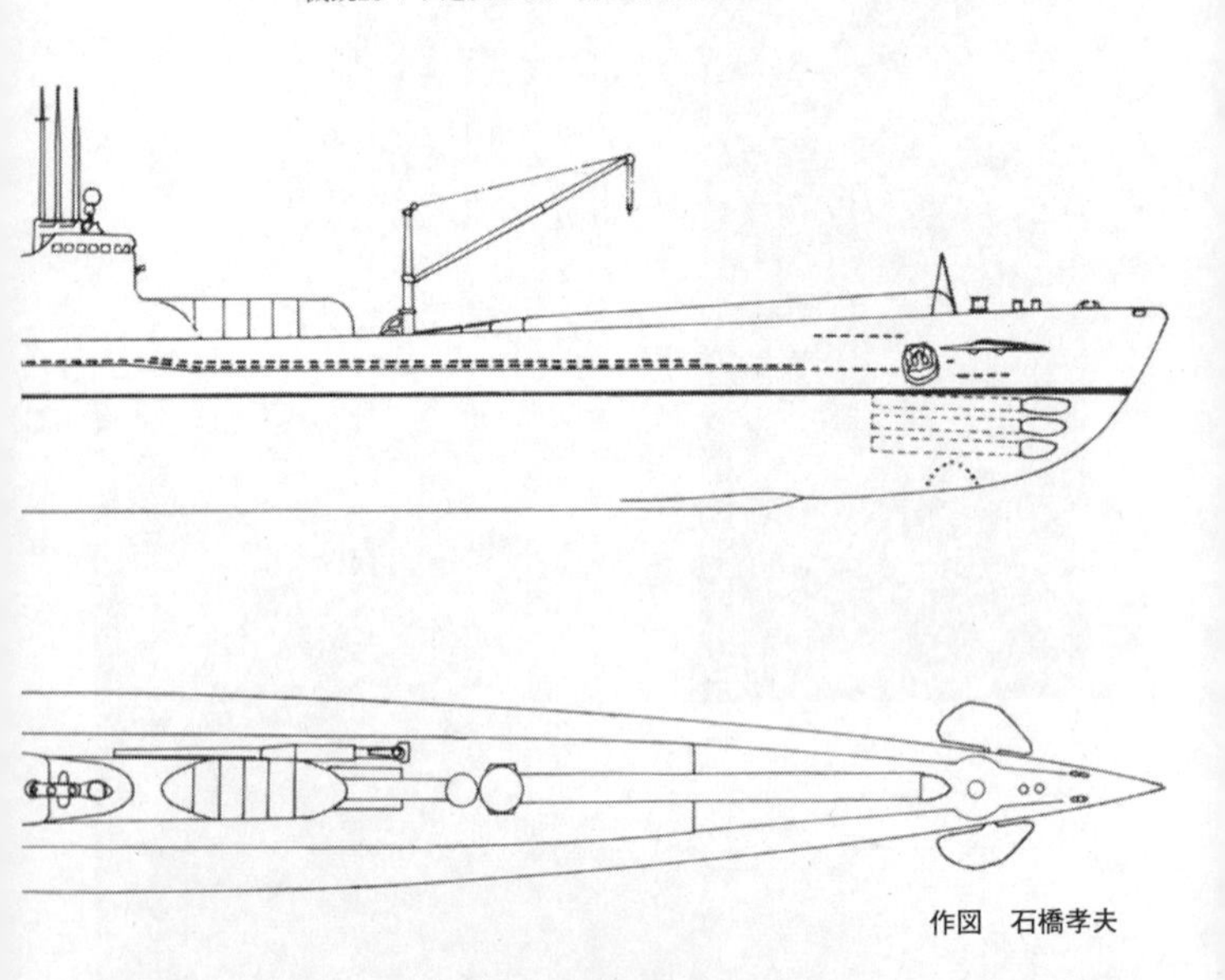

作図　石橋孝夫

昭和17年夏、乙型(伊15型)伊35潜の竣工時

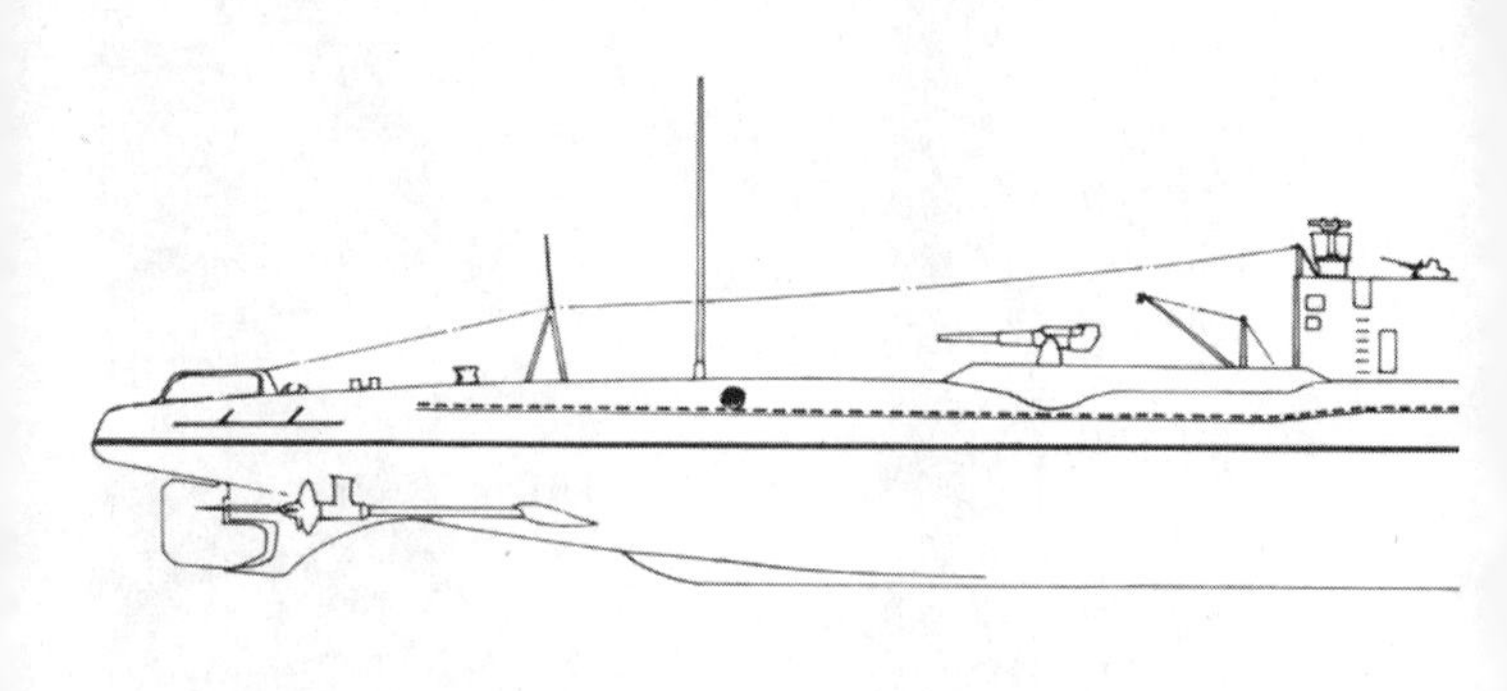

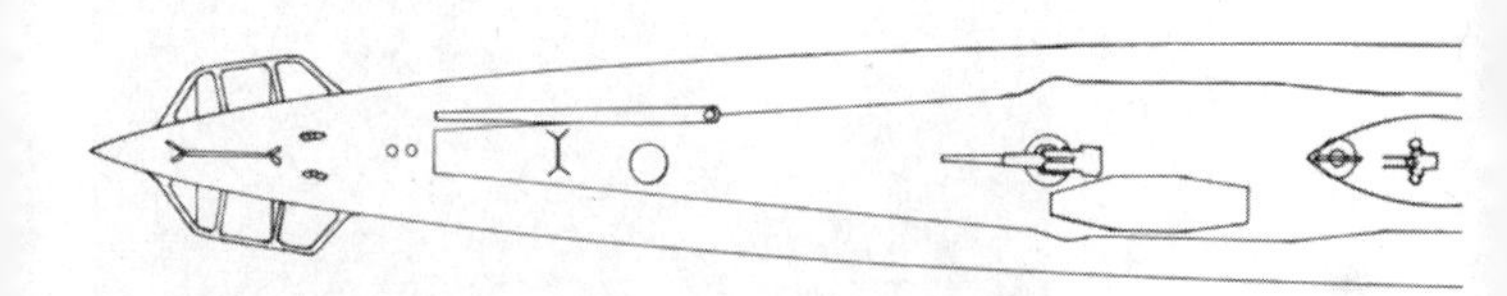

昭和16年10月、全力航走中の乙型(伊26潜)

昭和14年7月、横須賀工廠で建造中の乙型2番艦の伊17潜。艦首下部の3個のくぼみは魚雷発射管の開口部。進水直前の写真である。乙型は伊15、17、19、21、23、25～39潜が伊15型と呼ばれた。下写真はペナン在泊中の乙型伊29潜。飛行機格納筒と一体化された艦橋構造物とその上の機銃や、前甲板の14センチ砲がよく分かる。

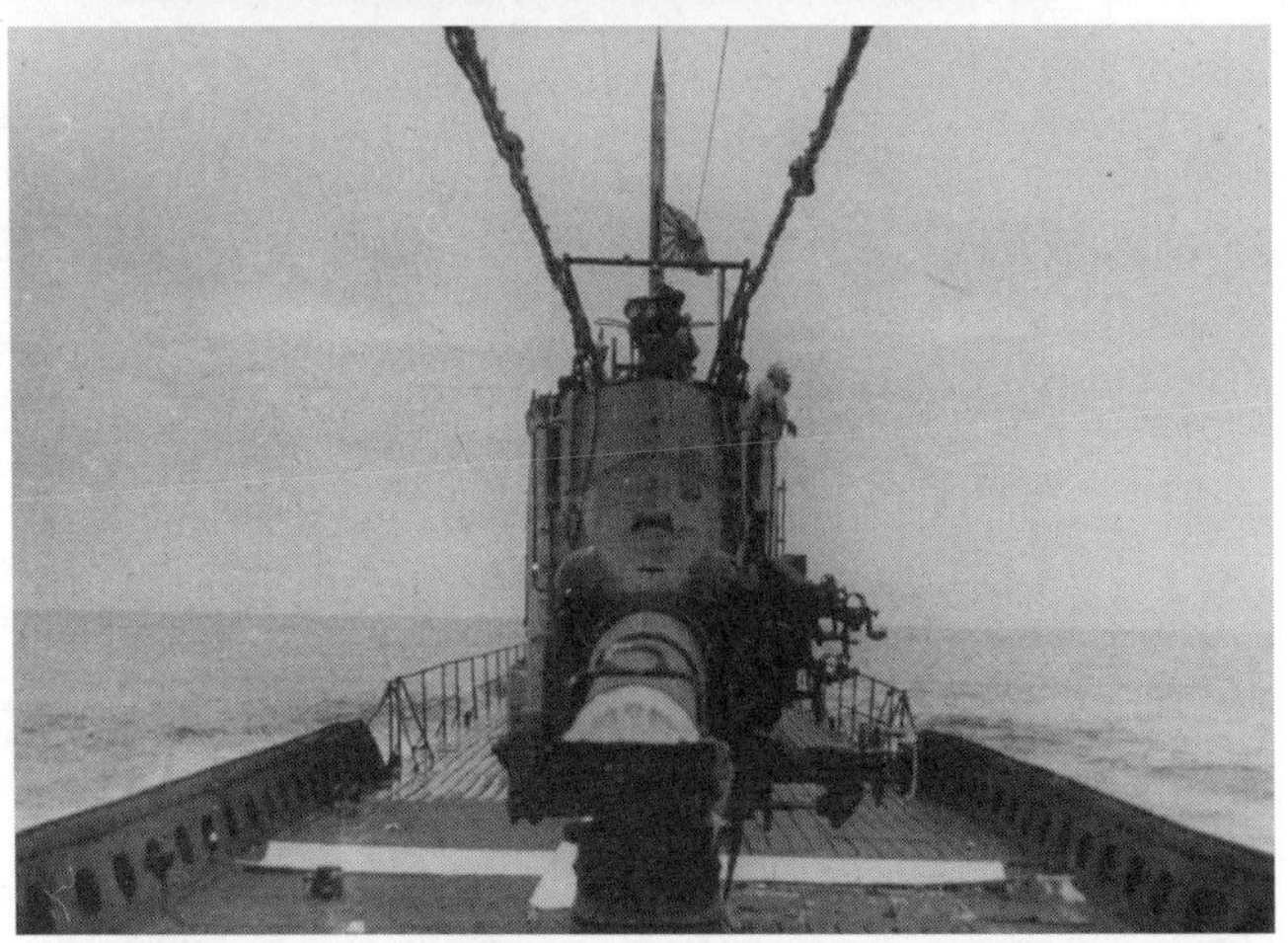

写真は乙型伊37潜。上は艦橋から後甲板を眺めたもので、備砲は40口径十一年式14センチ砲である。下は後甲板から艦橋方向を眺めたもので、手前の14センチ砲のうしろに見える白線は敵味方識別表示板である。艦橋トップに九七式12センチ双眼鏡がある。倍率20倍で対物側には耐圧平板硝子が接眼部には耐圧蓋がはめこまれた。

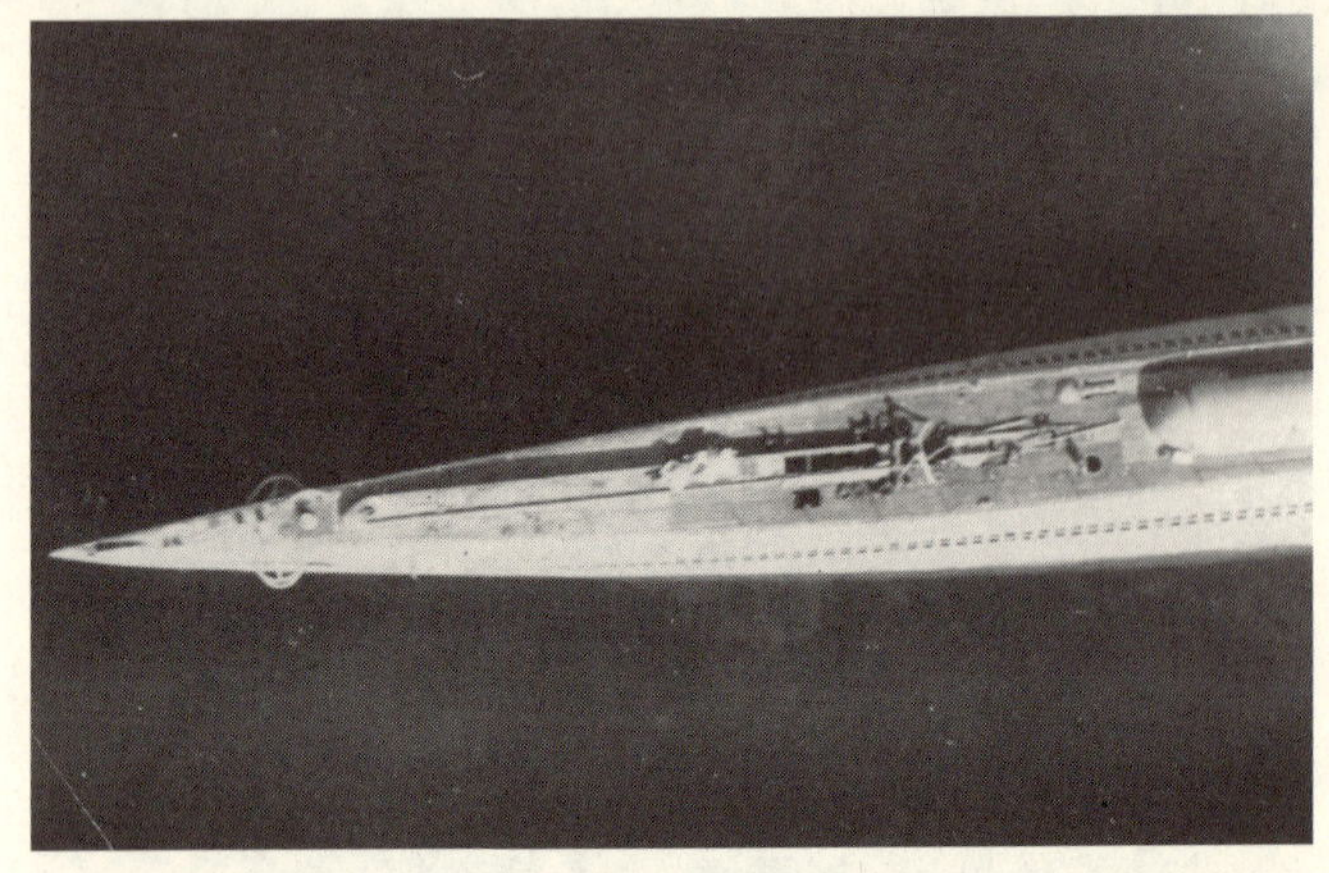

乙型伊15潜の前甲板。零式小型水偵１機を分解収納する格納筒とその前方から艦首に伸びた２本の軌条が呉式一号四型射出機。その間に組立用旋回盤が設けてある。

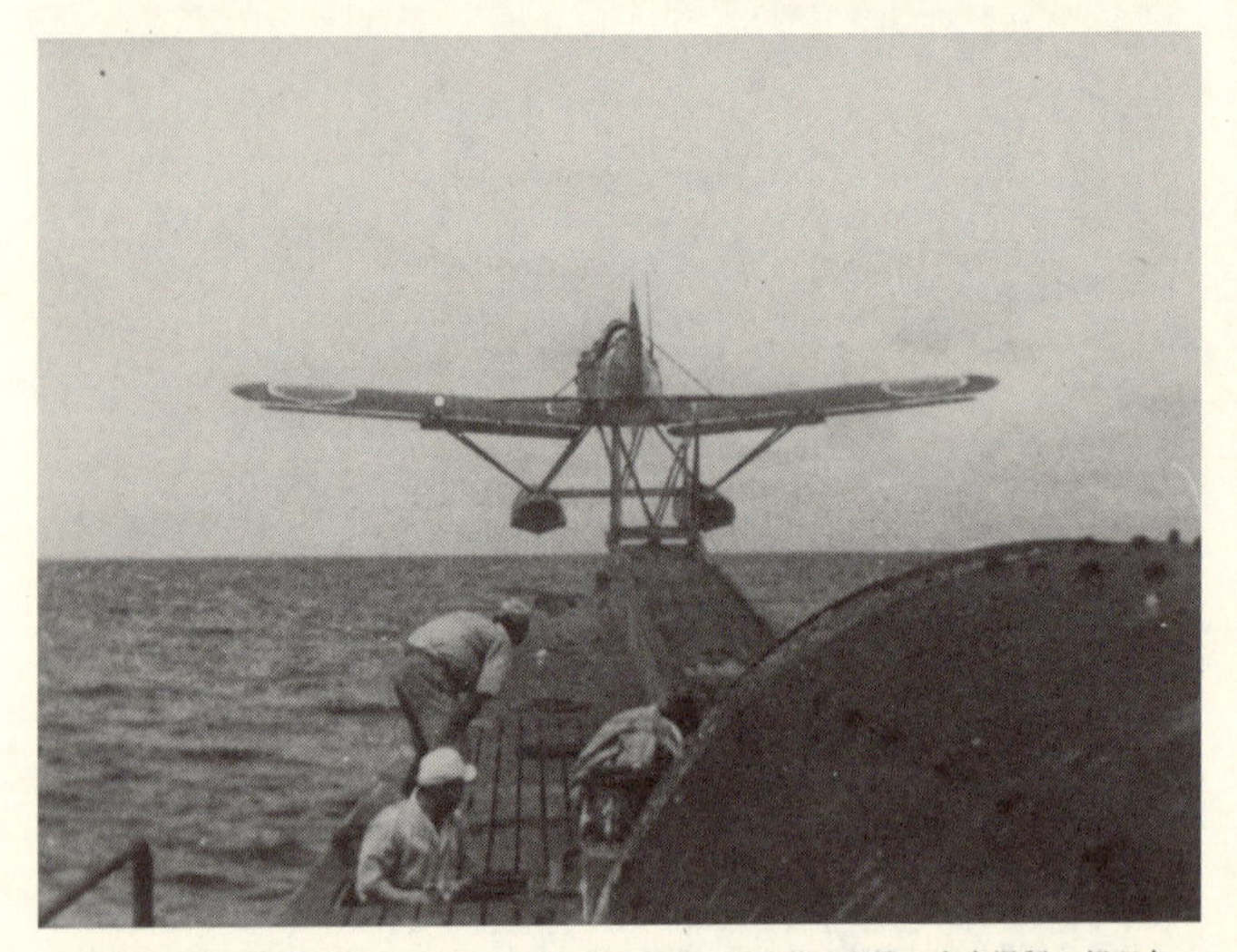

乙型伊37潜の前甲板の射出機から発艦する零式小型水偵。同機は木金混製一部羽布張りの複座機で、全幅11メートル、全長7.54メートル、30キロ爆弾２個を搭載した。

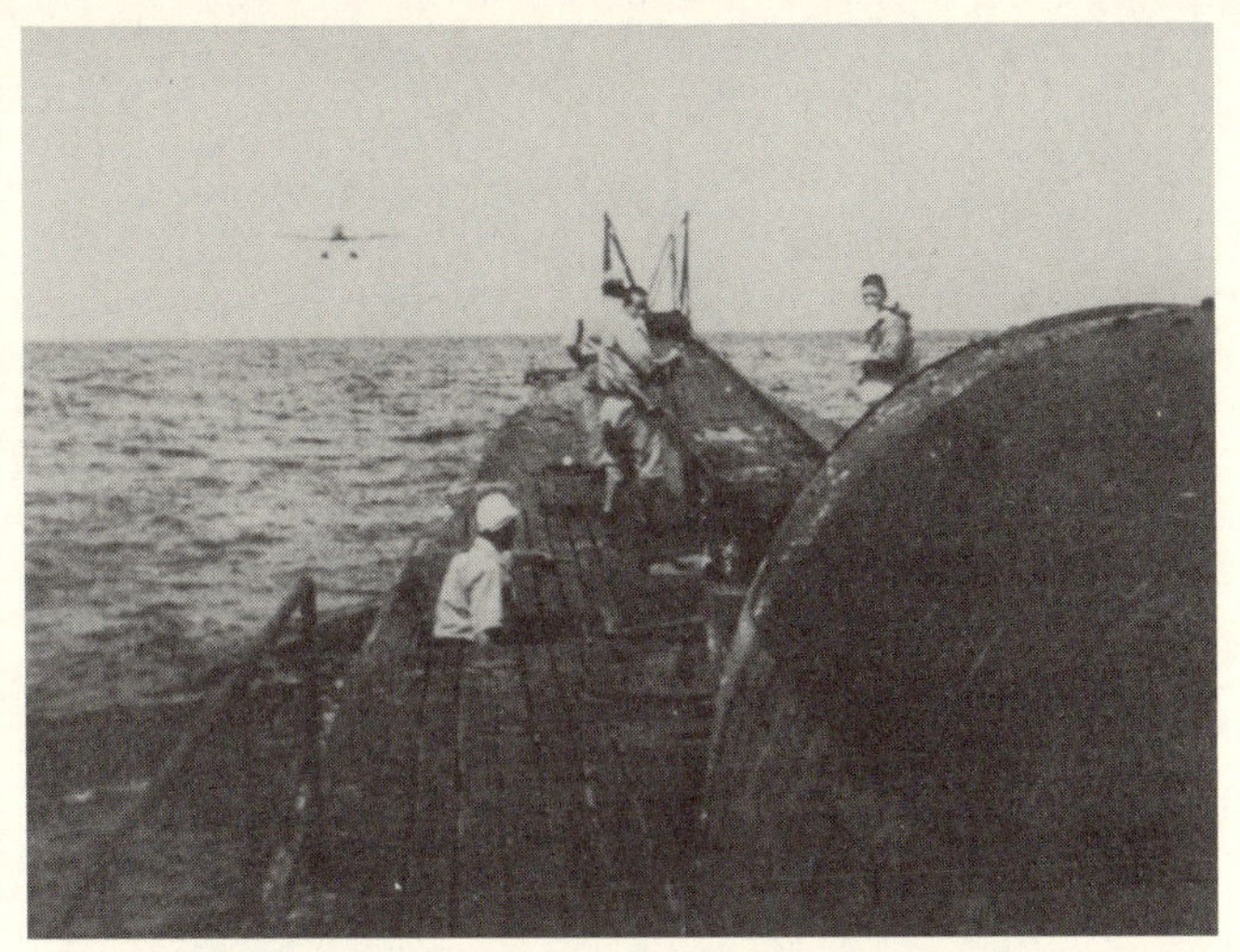

上写真は右ページ下の一連の写真。下写真は帰投した零式小型水偵を出迎える伊37潜。クレーンのアームが水偵側に出されて、揚収作業が行なわれようとしている。伊25潜の米本土爆撃に際しても、これらと同じ作業が実施されたものと思われる。

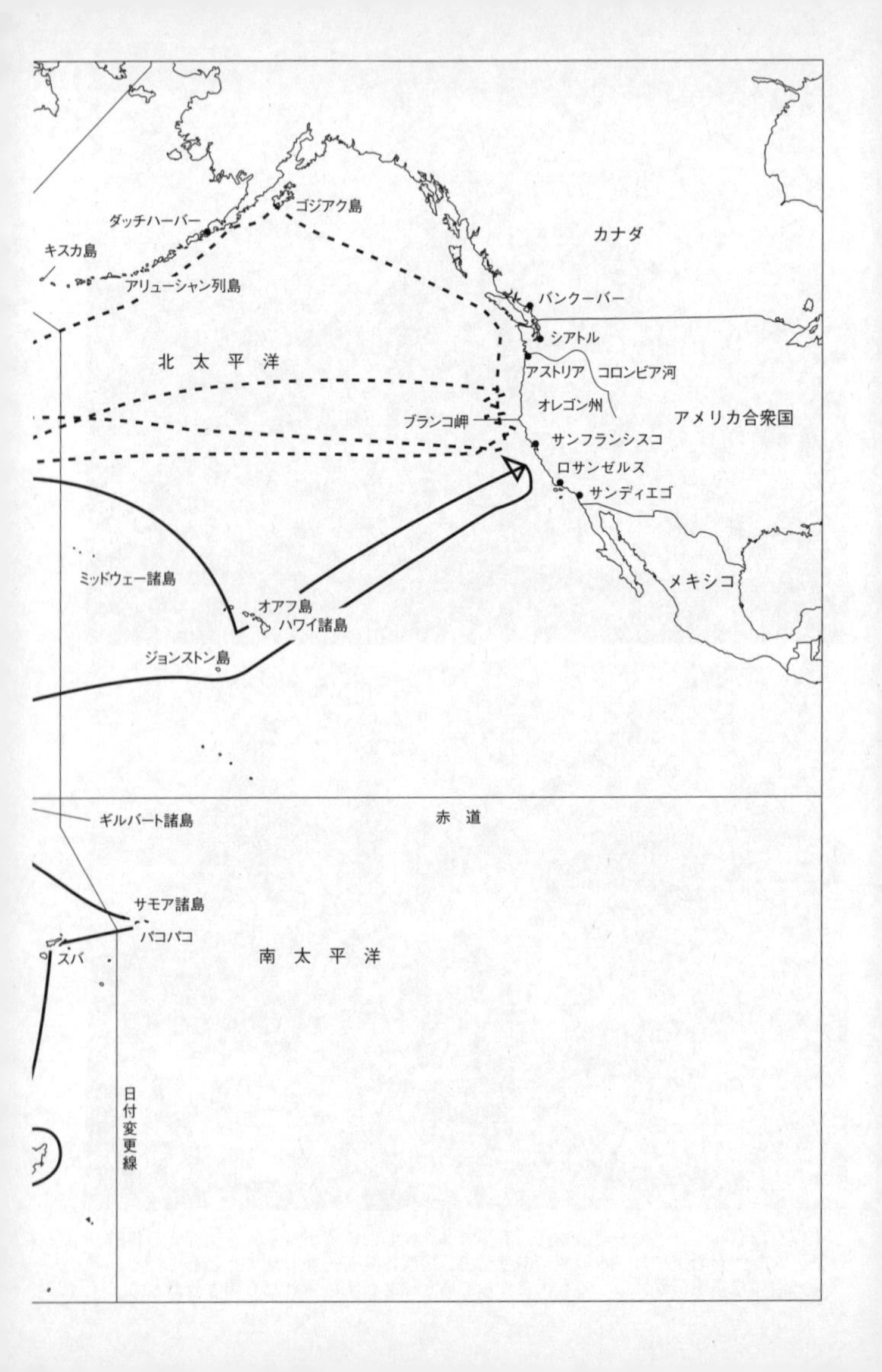
ゴジアク島
ダッチハーバー
キスカ島
アリューシャン列島
カナダ
バンクーバー
シアトル
北太平洋
アストリア
コロンビア河
オレゴン州
アメリカ合衆国
ブランコ岬
サンフランシスコ
ロサンゼルス
サンディエゴ
メキシコ
ミッドウェー諸島
オアフ島
ハワイ諸島
ジョンストン島
ギルバート諸島
赤道
サモア諸島
パコパコ
スバ
南太平洋
日付変更線

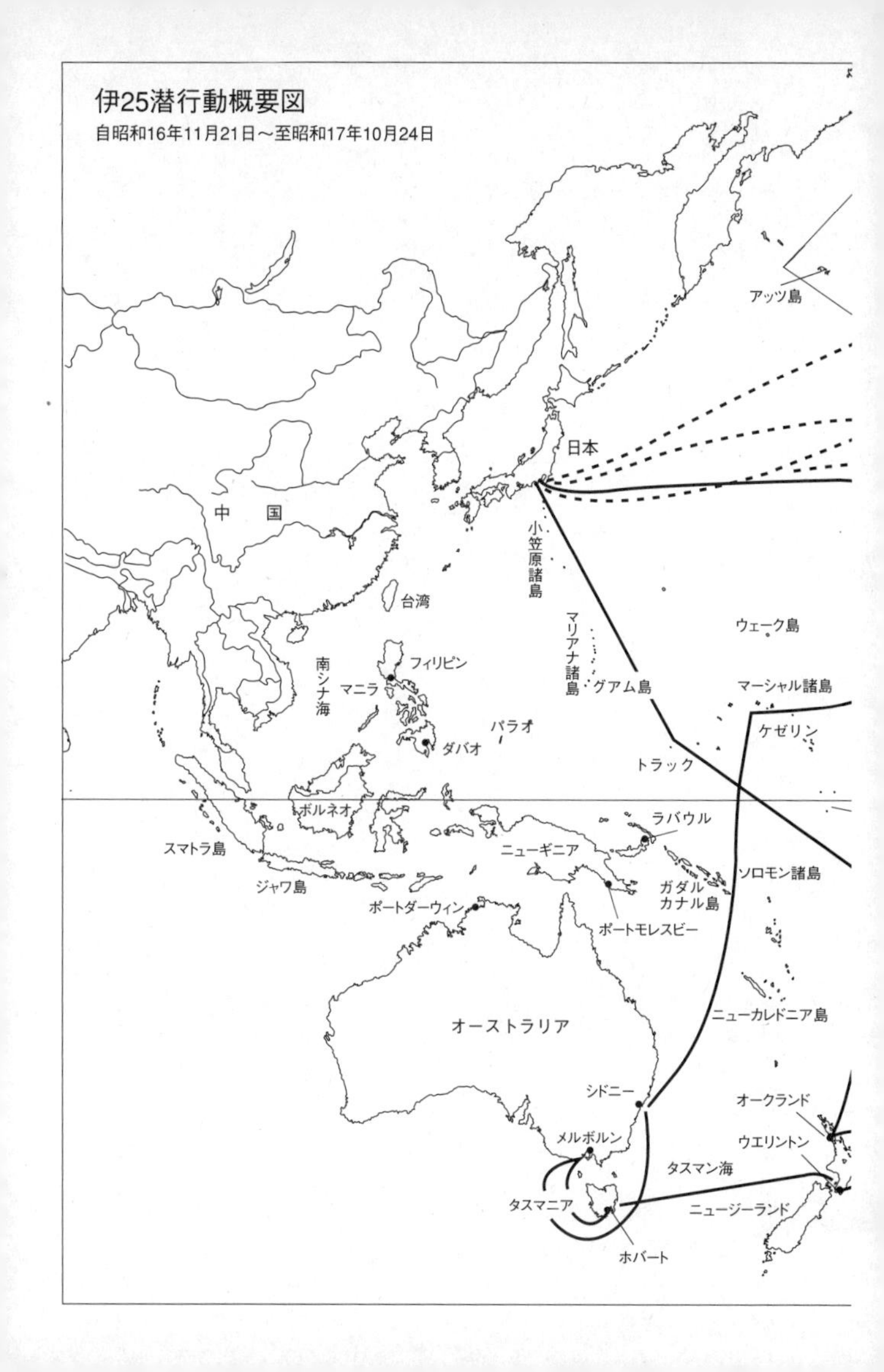
伊25潜行動概要図
自昭和16年11月21日～至昭和17年10月24日
アッツ島
日本
中　国
小笠原諸島
台湾
マリアナ諸島
ウェーク島
南シナ海
フィリピン
マニラ
グアム島
マーシャル諸島
パラオ
ダバオ
ケゼリン
トラック
ボルネオ
ラバウル
スマトラ島
ニューギニア
ソロモン諸島
ジャワ島
ガダルカナル島
ポートダーウィン
ポートモレスビー
ニューカレドニア島
オーストラリア
シドニー
オークランド
メルボルン
ウエリントン
タスマン海
タスマニア
ニュージーランド
ホバート

写真提供／著者遺族・雑誌「丸」編集部

伊25号出撃す――目次

伊25号出撃す

アメリカ本土を攻撃せよ

真珠湾めざして

伊二一潜、伊二六潜は一足先に出撃していった。

昭和十六年十一月十九日、小雨そぼ降る日である。緊迫した国際情勢にかんがみ、対米英戦は避けられぬものであろう。噂によれば、今日の二艦もハワイ方面に向かったのだという。わたしたちの伊二五潜も二十一日出撃ときまった。

夕食後、十時まで兵器の整備や艦内の取りかたずけにかかり、そのあと昨夜恤兵金で買った五十八冊の雑誌を整理したので、寝るのは十二時を過ぎてしまった。

翌朝、空はあくまで晴れ渡っていた。こんどの出撃は北方方面だというので、防寒服をいっぱい積みこんだ。それでいて海図は東南方や南方海面のをいろいろ用意したのだから、まったくもって、どこへ行くのやら見当もつかない。先任将校さえ「いったいどんなことになるんだろう」といってるから心細いかぎりだ。

いずれにしてもこのまま日米決戦の大壮途に赴くこととなるのは間違いなさそうである。

朝食後、八時半から港外で潜航試験を行なう。わたしたちの艦には飛行機が搭載されているので、その揚収試験も行なわれ、息つくひまもないほど忙しい。いよいよ実戦への準備であるから、おのずと真剣味が加わり、気合がこもる。魚雷、重油、食糧の積載もおわり、艦は吃水いっぱいまで沈んで、何ともいえぬ力強さがみなぎってきた。

午後七時二十分、最後の上陸が許可された。わたしは姉の家に行って、戦死した義兄の霊に花束を捧げ、行李の整理をはじめた。姉はお茶の用意をしながら、心配そうな顔でたずねる。

「だいぶ戦争の気配(けはい)がひどいようだが、ほんとに始まるんだろうかね」

「さあ、どうかしら、外交交渉で何とかなるんじゃないかな」

さり気なく答えて、あとは話をそらしてしまった。心づくしのおしる粉をそうそうに頂戴して、わたしは追われるような気持を抱きながらいとまを告げた。今夜は何を見てもなつかしい。畳の青さも、窓掛も、本箱も。

足を安浦町に向けた。一杯飲んでからのことと、〝若葉〟の暖簾をくぐる。十五、六人の軍人の中に井田の姿が見えた。

「おれ、これから安浦へ行こうと思うんだ。いっしょに行かんかい」

「ほう、そいつは珍しいことだ。おれもそのつもりなんだが……」

四、五本徳利を転がし、いい気分になって、いざ、生まれてはじめての冒険に出かけようとしたら、マダムにおっかない顔できめつけられてしまった。

「岡村さん、どこへ行きなさる。まだまだいけません。病気でもうつされたらどうなさる。さ、もう一本だけ飲んで、早うお寝みなさい」

すごすご引きあげ、井田と二人で、荒井旅館におとなしく泊まった。

羽毛布団の中で目をさました。時計を見ると五時半だ。六時十五分発のボートはもう波止場に待っている。

「いい横須賀だったなあ。この桟橋も二度と踏めんかもしれん」

そぞろ哀愁の思いにかられる。

いよいよ出撃の日――。

乗艦するとすぐに作業服をつけ、出航の準備に取りかかった。真珠湾へ向かうんだ、というささやきが交わされる。

風が強まり、雨も激しくなってきた。

「艦内の移動物を固縛せよ」の号令がかかる。

午後二時十五分。「前進微速」という艦長の声に、艦は静かに動きはじめた。旗艦「香取」の後甲板にはテントが張られ、清水司令長官はじめ各幕僚士官がしきりと帽子を振っている。港外にならぶ戦艦、巡洋艦、駆逐艦から旗旒信号や手旗信号で、「御成功を祈る」「貴艦の武運長久を祈る」などと激励の辞が贈られた。

「今日は相当に時化るらしいから、夕食は早めにしたらどうか」

艦長が先任将校に注意した。

やがて「総員手洗い」つづいて「食事」の号令がかかる。潜水艦では水が貴重だから、〝手洗い〟も号令だけで、実際には洗えない。今夜は御馳走である。軽く御神酒をいただいて、きんとん、さしみ、羊羹までつく。

東京湾を出るころから、雨はますます激しく、風波は荒れ狂う。空も海も墨を流したように黒一色。吹きすさぶ風の唸りと怒濤の叫びは、すべての音をさえぎってしまう。

翌日も、日ねもす暴風雨、風速は二十九メートルを示し、艦の動揺はすさまじい。その中を針路七八度にとって東進をつづける。

翌々日も相変わらずの嵐だ。出航の日の夕食以来、何も食べられず、吐くものもなくなってしまった。体に力が入らず、それに腹がしくしく痛むので、まっ直ぐ立っていられない。死んじまいそうだ。

四日目になってやっと風はないだ。でもまだ波浪は依然として高い。やっとの思いで湯呑み一杯の飯を、梅干といっしょにのみこんだ。どうやら人心地がついてきた。艦は北上を開始し、寒さがだんだん強くなる。

当直をおえて部屋にもどってくると、服を脱ぐ間もおしくベッドに横たわる。が、寒くて眠れない。内火艇用の艦長の赤い敷物を引っぱり出してきて、それに毛布をかけ、くるくる丸くなって眠ろうとしたが、やっぱり寝つけない。心身ともにくたくたでありながら目ははっきりして、暗い毛布の中から、知っているいろんな顔が次から次へと浮かびあがってきた。次の哨戒まで四時間の暇がある。日誌でもつけておこう。

十一月二十五日、「本艦は真珠湾奇襲攻撃に向かう」と、はじめて任務が明らかにされた。伊25と書かれた艦名も塗りつぶされ、軍艦旗もおろし、国籍不明の潜水艦とは相なった。

「やっぱりそうだったのか」

「よし、やるぞ、戦艦か空母なら、刺しちがえたっていいわな」

期せずして必勝の言葉が交わされる。

針路八七度。雲が多いのではっきりとはわからないが、日の出は四時ごろ、日没は二時十五分ごろである。いくら東へ進んでも中央標準時を使っているからそのずれで時間の観念がおかしくなってしまう。

目標は与えられても、まだまだ敵地には遠いので、潜航はせず、夜などのんびりしたひと時が過ごせる。艦橋に集って煙草をくゆらすこともできた。のこのこ上っていって、暗闇の中で「火をたのんます」といったら、ひょいとすいさしの煙草をさし出された。火を移してすぐに一服、ああうまい、ふーっとやった途端にそばから、

「おい、貴様、艦長だぞ」

闇の中で、飛びあがって思わず敬礼をした。

「ありがとうございます」

大声で改めてお礼をいう。わーっという笑いとともに、あとは罪のない話に、しばし時の

たつのを忘れていた。

十一月二十九日午前六時、東経から西経に入った。艦橋当直は相当こたえる。毎日々々海と空ばかり見ていると自然に厭(あ)きがきて、いろんな雑念が浮かんでくる。しかし、さすがに大洋上の日の出は美しい。荘厳の極みである。思わず合掌して前途の多幸を祈りたくなった。体の調子がよくなって、だんだんみんなの食欲が出てきた。主計長も残飯が出なくなったのを喜んでいる。

横須賀を出てから今日でもう十日、日の出は十二月一日だというのに午前一時半という変態時間だ。針路をハワイにとって南下をはじめる。海上は比較的穏やかで、雲が多いけれど時々は陽もさすようになった。

いよいよ敵地だ。日を追うて暖かくなる。十二月四日午前二時、東の空と水平線の境がしらじらと明るみそめる頃、艦は潜航に移った。水中速力は二乃至三ノット。一時間あるいは二時間おきに潜望鏡を上げて偵察を行なう。聴音機も活動を開始した。十二時四十五分、日はとっぷりと暮れ、東の波間に月の上るのが潜望鏡にうつる。浮上。三人ずつ三分間交代で艦橋に出て煙草を喫う。鼻の穴を大きくして、すうすう息をしながら、一度に二本の煙草に火をつけて喫っている奴もある。ほんとうの煙草の味と空気のおいしさは、潜水艦乗りでないとわからぬかも知れない。

翌日も日の出前に潜航、しずしずと真珠湾口配備点に急ぐ。午前十時ごろ深度を十八メートルに上げ、潜望鏡で上空をのぞくと、敵の偵察機らしい編隊八機が東の空へ行儀よく飛んでいくのが見えた。直ちに三十メートルにまで潜入。戦雲いよいよ急なるものを感じた。

十二月七日、指示海面に到着、オアフ島背後の海面に潜航し、真珠湾よりもし脱出する敵艦あらば一撃のもとに撃沈せんものと満を持して待機する。

明日は待望のX日だ。ベッドに横たわってみたものの、容易に眠れるわけもない。夜半浮上後、再度偵察の状況が知らされてきた。電信長のところへ殺到する。

「どうだ、いるか」

「さとられはしなかったか」

電信長は「大丈夫、成功だよ」といいながら電文を示した。

「――真珠湾に在泊中の艦隊は主力艦六隻、空母一隻、重巡六隻、駆逐艦六隻、その他数隻なることを確認せり」

大朗報である。

十二月八日、夜明け前に潜航。世紀の大決戦の幕は未明に切って落とされた。艦内に祀られた神社には新しい榊と燈明が供えられ、蠟燭の灯がゆらめいている。

総員配置につき、水中の音源は何一つのがさじと、全神経をレシイバーに傾注する。艦は無音潜航を行ない一切の音響を避けて、歩くにも忍び足であった。決行の時を今か今か、かたずをのんで待つ。先任将校も掌水雷長もみんな聴音室に入って来て「様子はどうだ」という。艦長は海図を開いて何か記入していた。

「司令塔爆発音入ります。戦闘が開始されました」

「どれどれ聞かしてくれ」

時に午前八時十五分。やがて聴音室以外にまで爆音の轟きが聞こえるようになった。

「やったぞ」

「大成功だ、敵艦全滅か」

万歳の声が期せずして艦内に湧きおこる。もしもわが雷撃をのがれて遁走をはかるものあらば、一発必中止めを刺してくれようものと、手ぐすね引いて待ちかまえたが、待てど暮らせど、推進器音はいっこうに入ってこない。艦長は？　とのぞいて見たら、つまらなそうに一人でトランプをめくっていた。

この決戦に一度も敵と交戦せず、この湾口に潜伏したまま終わるのではないかと思うと、いても立ってもおられぬような気がしてくる、三十分、一時間、何の音沙汰もない。とうとう昼飯になってしまった。海底で勝利を祝しながら赤飯のカン詰と鰻の蒲焼に舌鼓をうつ。

夜間浮上後、大戦果を開く。つづいて午後七時、ふたたび電報受信。「それ来た」「主力が逃げるのか」ときおいたった。

「——港外に碇泊せる空母二隻は辛うじて奇襲をのがれ逃走中なり」

そしてこれを、不時着機収容艦として配備されていた伊七四潜が追跡中であるという。洋上は雲が切れて涼しく、星がまたたいていた。遥か真珠湾の方向を見ると、思いなしか空が赤くなっている。火災がまだおさまらぬのであろう。

翌日は深度三十メートルで待っていたが、何事もない。

「一ばん貧乏くじを引きあてたか」

そろそろ愚痴が出てくる。

「魚雷を一本も射たずにのこのこ帰れるかい」

と、その翌日、すなわち十二月十日の夜、浮上とともに命令が入った。

「――ハワイ西南方D地点に急行せよ」

という電文であった。

「よーし来た」

全員こおどりして喜ぶ。

「機械用意」

の号令がかかり、やにわに艦は飛沫をあげて疾走しはじめた。艦橋のハッチからはハワイの涼風がごうごうと吸いこまれてくる。戦速になって夜光虫の光る航跡を長く引きはじめた途端、ゴーッという嵐のような音が頭上をかすめた。と同時に機銃弾が艦側すれすれに水煙をあげ、爆弾が大水柱を立てて炸裂した。

「潜航急げ」

間髪をいれず艦長の声がした。見張員は一斉に望遠鏡の防水蓋を閉めて艦内に飛びこみ、信号長の「ハッチよし」を最後に、艦長は、

「深さ四十」

と命令する。僅か四十秒で水中にもぐりこんだ。

敵攻撃に対する最初の急速潜航であった。誰の顔も青白く引きしまり、胸は早鐘のように高鳴っていた。小型爆弾だから大したこともあるまい、とゆとりの持てたのはしばらくたってからのことである。

「艦内浸水個所はないか、報告せよ」

各部入念に調査したが、異状はなかった。敵はなおも執拗に爆撃をつづけている。しかしそれも三十分ほどでやんだ。

「もう大丈夫だろう、浮上しよう。まごまごしていると明日の攻撃に間にあわん」

そういって、艦長は「深さ十五、潜望鏡上げ」と命令した。慎重に上空を偵察する。敵影はない。

「浮上れ」「メンタンクブロー」

高圧空気はタンクの海水を排出して、艦はみるみるうちに浮上した。時計を見たら十二時十五分であった。

ハッチを開けて、ほっとした瞬間、ドカーンと爆弾が近くで破裂した。急降下に喰いさがった飛行機の攻撃である。

「やりやがったな」

輪を描いて待ちかまえていたのに気づかなかったのだ。不覚の至りではあるが、直撃弾を受けなかったのは、まさに天佑である。

「潜航急げ、深さ四十」

やむを得ず水中強速力で一時間ばかり進んでから浮き上がった。今度は大丈夫だ。しばらくすると、

「――大巡二隻とレキシントン型空母ならびに駆逐艦一隻、真珠湾を脱出、急遽これを追躡撃滅せよ」

の命令が下った。よし、やっつけろ、全速驀進をつづける、と、またまた飛行機の爆撃だ。うるさい野郎め。潜航、重油を放出した。撃沈されたと見せるためである。

もぐったり浮いたりしているうちに夜が明けた。午前八時半、聴音機にも爆発音を感知しなくなったので、がばあっと黒潮の波を両舷に振り分けて急速浮上、追跡を開始した。途端に百雷一時に落ちるかと思われる爆音。

「しまった。潜航急げ」

爆弾は艦の左舷至近距離に投下され、海水の飛沫は数十丈の高さに吹きあげられた。爆風のため、艦は右に倒れんばかりに傾く。

四十メートルの深度に潜ってほっとした時、手足がずきんずきんと痛んできた。

「睾丸がちぢんまって見つからないよ」

そんな声も聞こえる。浸水はなかった。よくも無疵ですんだものだ。艦尾に近いところだったからよかったのだ。こっちも迂闊だが、敵の爆撃も下手糞のかぎりである。

多くの艦艇を引きつれた航空部隊は、真珠湾爆撃終了とともに、いち早く凱歌をあげて内地に向かい帰投の途についたのに、潜水艦ばかりは射たれっぱなしで後始末に大童だ。

午後一時、何だかばしゃばしゃいう騒音が聴音機に入った。変だな、艦長はおそるおそる潜望鏡をあげてあたりを窺った。しめた、スコールだ。

直ちに浮上、降りしきるスコールを利用して、二戦速にて敵哨戒機の重囲を脱し、アメリカ西海岸に舵をとった。真珠湾より脱出して本国に遁走せんとする敵空母の追跡攻撃と通商破壊の任務を帯びてのことであるが、まったく決死の行動であった。

十二月十二日。今日はハワイをさること四百カイリの位置において昼間潜航、午後二時浮上した。もはやハワイの哨戒区域外に出たのか、偵察機も見えなかった。夜空は晴れ渡り、数万の星のきらめきがあるいは赤く、あるいは青白く見え、かぎりなく美しい。

神経は過敏になって、何を見ても敵艦か、敵機かと思う。水平線にのぼる明星が波間に隠見するのを「右二〇度白灯一個」と見張員が報告した。

「すわ敵艦！」

と殺気だち、艦長、先任将校は艦橋に飛び上がってきた。

「何艦か、しっかり見張れ」

空母か、駆逐艦かと、よくよく見れば星だった。しかし艦の灯とまったくよく似ている。感心したりがっかりしたりした。なぜか内地近海で見る星と光り方が違うように思える。

夜明けから嵐になってきた。たちまちにして海は荒れ狂い、うねりは艦尾からぐーっと逆に船体を持ちあげ、棒立ちのようにさせる。こんな場合はあまり速力が出せない。下手をやると演習中の駆逐艦「夕霧」がまっ二つに折れて沈没したように、もろにへし折られてしまう。飛行機も飛べまいから割合と気は楽である。しばらくぶりで散髪をすることにした。揺れる合間あい間にやるもので、

「あ、痛い、また抜きやがったな」

「お国のためだ、我慢しろ」

「いてて、バリカンを刺したんだろ」

「しっかりしろ、傷は浅い」

など大変な騒ぎである。

のびた長い毛を、生きて帰る日があったら故郷に届けておこうと、大切に封筒に入れ、手箱におさめた。潜水艦乗りの遺骨は絶対還ることはないのだ。だが、この遺髪さえ、果たして故郷に還れるかいなか。ただ神のみぞ知るである。

商船を撃沈する

十二月十五日、だいぶ北東に来たためか、温度も下がり、寒暖計は十四度を示した。丸首のジャケツの上に防寒服と雨衣をつけても、見張りに立っているとひどく寒い。

何か騒々しい声がすると思ったら、気さくでふう変わりな軍医長が上ってきて珍問を発しているのだった。彼は医大出の中尉で、風采にかまわぬ人だ。今日も草履ばきである。

「そんな姿で艦橋へ上ってきてはいかんね」

先任将校にたしなめられると、

「すみません、すみません」

とぺこぺこ頭を下げながら、腹の中ではちっともすまんと思っていないらしく、平気な顔で先任将校に話しかけた。

「これで何ですな、駆逐艦が追っかけてきて砲撃したとしますね、こっちも砲撃するでしょう。どっちが勝ちますかな」

まるで人ごとみたいなことをいう。先任将校もあきれて怒りもならず、

「さあねえ」

といったままだまってしまった。

本艦の位置は右四五度方向がアメリカ大陸が約二百カイリ、シアトル基地までは六百カイリという。

「そろそろ敵の哨戒区域に入るから、見張りを厳重にせよ」

と命ぜられる。昼間潜航も始められたが、潜っていても寒い。壁には冷たく水滴がたれ、照明用の蛍光灯がひとしおの冷気を感じさせる。午後十一時半、暗い海面に浮き上がってみると、ひどい嵐だった。三十分ほどして旗艦から電報が入った。

「――伊二五潜はアメリカ西海岸の通商破壊とともに、十二月二十五日西海岸の砲撃を行ない、一月十二日ごろ南洋前進基地ケゼリンへ帰投すべし」

十二月十八日、午後一時潜航、朝食をすませて魚雷の調整、射撃準備にかかる。海上は割合と平穏になった。サンフランシスコに通ずる河口の約三十カイリの沖合だからであろう。とっぷりと日が落ちてから浮上してみる。黒々と起伏した米大陸の山々が海岸にせまり、灯台のゆるやかに点滅する灯が、戦も知らぬげに海面を照らしていた。夜光虫が美しい。

水深を測ったら二十メートルしかないのであわてた。これでは敵に発見された場合、充分な潜航ができない。すぐさま反転して連続測深を行ないながら沖に出た。海図を見るとこんなに浅いはずはないのだが、河口という所は常に洲ができて変化するから油断は禁物なので

ある。

東の空が白々と明けそめて、山なみの線が次第にはっきりしてくる十一時半ごろ、潜航して朝食をとる。潜航中は艦内の熱気が高まるのをおそれて米を炊かない。乾パン、食パンあるいは赤飯、五目飯、稲荷ずし、餅などのカン詰を主食とする。内地の食料不足を考えると、もったいないような高級品ばかりだが、そのかわり、お菜はまことに粗末である。粉醤油、粉味噌、ごぼう人参の干物、わかめ、梅干など、肉や魚もあるがいずれもカン詰ばかりで、美味いとは思わぬ。

連日の潜航により夕食は浮上後と定められた。これはカン詰ばかり食ってしまうと、いざ敵に追われていく日も潜っていなければならぬような場合に、たちまち干乾になっちまうからだ。昼飯との間が長く、腹がへってかなわない。

無雑作につくられた食卓の上にはカンバスのカバーが敷かれ、食器は大中小の三種に、皿が二人に一枚の割でおかれる。海の穏やかなときはこのままであるが、荒天の際は鍋を上から吊り下げ、みんなでそれを突っつく。それも立ち食いである。食卓とはいっても、終わればば寝台となる代物である。

寝台は揺れて転げ落ちぬように、取りはずしのできる板囲いがついていて、その板囲いは食事の際に食器の落ちるのを防ぐ役目をする。

食事当番といえば、普通軍隊では下級兵がやることになっているが、潜水艦では誰であろうとおかまいなしだ。若い兵は僅かしか乗り組んでいないから、古参下士官がカイゼル髭いかめしく鍋をぶら下げて歩いていても、おかしくはない。

午前四時四十五分、突然、前方見張りが「右一〇度、白灯一個、動静不明」と報告した。ただちに「前進微速」つづいて「両舷前進強速」「艦内配置につけ」「魚雷戦用意」と、次々に号令がかけられた。

「そら来た、戦闘だ」

いっせいに飛び起きて部署につく。前方見張員は目標を逃がすまじと監視をつづけ、間断なく動静を報告する。

「取舵」

白灯は艦の転舵により右へ右へと変わっていく。

「もどせ」「両舷第二戦速」「面舵」

闇に乗じて敵の正横に出、雷撃しようと迂回するうち、白灯を見失ってしまった。――その白灯は警戒航行中の商船が右舷の船窓から灯火を洩らしていたのであったが、艦がその左舷側に出てしまったため、見えなくなったのである。

「しまった、取舵、もどせ、面舵」

次々と転舵急速旋回しつつ突っ走る。まっ暗で何も見えない。何かにぶつかったら百年目だ。

突然、目の前に黒い岸壁のようなものが現われた。

「船だっ」

　と叫ぶと同時に「取舵一ぱい」と艦長がどなる。

　艦は三五度急転舵して敵船との衝突を避ける。戦速による急旋回に艦はゴーッと唸りを立て、艦内の物は転げ出す。まったく近かった。あと一秒おそかったら、敵商船の横っ腹に、まともにぶつかるところだった。が、彼は何も気づかなかったらしい。いっこうに変化もなく、黒い大きなビルディングは走り去って行く。

　ほっとしたと同時に、また敵艦の姿を見失ってしまった。魚雷員は発射用意も完了して、鉢巻き姿に号令のかかるのを、今か今かと待っているのだが、「敵を見つけた」「逃がした」「見つけた」「また逃がした」と、艦橋の模様が知らされるだけで埒が明かない。

「どうした、どうした、だらしがねえな」

　その後約二十分ばかり闇の海上を探し求めているうち、ふたたび白灯を発見した。今度は敵の右舷に出たことを確認、もう逃がすものかと肉薄する。

「よく見張れよ。見失うな」

　距離もよし、角度もよし、艦長は椅子から立った。

「よーそら」「舵を振るな」「発射用意」

　艦橋伝令の割れるような大声は、ハッチから二十メートルの風とともに艦内に流れこむ。

　つづいて
「射て」

艦長の強い号令と同時にゴクーンという音は艦体を震わし、四番管の魚雷は発射された。

「面舵」「第二戦速」

艦は右転舵に回頭した。二秒、三秒、五秒、十秒、息づまる瞬間、突如として真っ赤な火柱があがった。耳をつんざく轟音。爆風を受けて艦はゆらゆらと揺れた。命中だ、万歳、万歳。

敵商船は火災を起こし、めらめらと炎は燃えあがり、甲板を右往左往する人影、ボートを下ろす船員の姿、海中に飛びこむものもある。天を焦がさんばかりの火炎のすさまじさ、船は次第に右舷に傾き、甲板線が水面すれすれにまで沈んだ。しかし、その後はなかなか沈まない。艦長は、

「もう一本射ちこみますか」

といったが、「大丈夫、一本で沈む」という司令の意見に、そのまま見まもっていると、やがて船尾からゆるやかに沈みはじめた。炎は消えて、ふたたび真の闇となる。つい今まで、ここに焦熱地獄が展開されていたなど、嘘みたいに思えてくる。

初の獲物に艦内が湧きたった翌々日のこと、旗艦から命令があった。

「――パナマ運河を通過せる米国艦隊をサンフランシスコ港外において捕捉殲滅すべし」

ただちに第二戦速をもって南下をはじめた。敵なき南海の夜空には無数の星屑が宝石をちりばめたようにきらめく。海は静かに、ただ大きなうねりが茫洋たる大海原なるを思わせる。

午後八時、といってもまっ昼間である。艦の釣り合いが悪くなって、あれよ、あれよという間に浮きあがってしまった。

「どうした、どうした」

「何をしてるんか」

艦内は大騒ぎとなった。潜航長が一生懸命になってネガーチューブに注水するが入らない。横舵、潜舵を下げ、モーターを全速にするが、どうしても潜入しない。艦長は潜望鏡を上げて四囲と上空を監視し、敵襲を警戒している。一同気が気ではない。深度計は〇度で針がぴくりぴくり動いている。白昼、敵前で鯨が背を出したみたいに浮いちまったんだから処置なしだ。

二十分ばかりして、やっと沈下できた。いやその間の長かったこと、まさに冷汗三斗の思いであった。よくも敵に見つからなかったものだ。天運いまだ尽きず、よおし、もう一頑張り、やっつけるぞ。

潜航中、ごとんごとんと気味の悪い音がして一日中悩まされた。

「もしかすると、敵が新兵器を発明して本艦に爆薬でも仕掛けに来てるのじゃあるまいか」

「こないだ沈めた商船の亡霊じゃないかな」

棺の中で死体が寝返りをうつような音だ。冷たい手で撫でられてるみたいな気持がする。昼間のうちは浮きあがって調べることもならず、潜望鏡であっちこっち覗いたがわからない。夜になってからようやく原因が判明した。飛行機が格納塔内でごとごといってたのである。

昨日、ツリムが悪くて浮き上がったり、傾いたりしたので、固縛が解けたものであろうか。

三時四十分、かすかに音源を聴取した。「音源右七〇度、感一」と報告された。感度は次第に高くなってくる。「音種はタービン音、涼しい金属性で高速力の推進器音」「艦首に向かって移動」と、次々に知らされる。

潜望鏡があげられた。敵駆逐艦である。「配置につけ」の号命がかかる。取舵に転舵、敵の針路に対して前方に出、待ちかまえようというのだ。ところが、転舵とともに、また格納筒の中でごとんごとんが始まり音源がわからなくなってしまった。むやみに潜望鏡を上げてもいられないので、この獲物は、とうとうあきらめざるをえなくなった。

日没後浮上して追風に乗り、サンフランシスコめざし突進した。


十二月二十五日を期してアメリカ西海岸を砲撃する予定であったが、〝サンフランシスコへ入港する敵主力を邀撃せよ〟の命令が再度下ったので、残念ながらさらに南下をつづけることになった。

サンフランシスコ岬に見える灯をうしろにして沖合に出た。潜望鏡は危険だから出せない。艦長は「音源が入ったらすぐ知らせろ」といって、作業服のままベッドに入り、すやすやと寝入ってしまった。物音一つしない静かな静かな、夜の潜水艦の内部である。

「――ケゼリン泊地に回航せよ」

の命令が下り、未練を残して港口を去ろうとしたとき、商船の舷灯を発見した。よき敵ござんなれと、変針接近してみたところ、あまりにも小さい商船なのでそのままにして南下を開始した。

十二月二十八日。午前十一時に潜航。陸岸から遠ざかるに従い、うねりが高くなって、三十メートルの深さに潜ってもなお艦は揺れていた。聴音機二基を使用し、何か捉まえて土産にしようと捜索するが、音源は入らない。潜望鏡偵察をやろうと十五メートルに深度を上げた途端、うねりのために打ち上げられそうになった。うっかりしていて水面に飛び出したら一大事、たえず飛び回っている哨戒機の好餌となるは必定だ。

日没後浮上の際、浅深度に上げて潜望鏡観測をしようとしたら、たちまちぐらぐらっと揺れ出し、あっという間に、十八メートルの水中から飛び上がってしまった。艦は横倒しになるほど傾き、艦橋や上甲板にたたきつける波浪の音が、頭上でザザーッザザーッと聞こえる。潜航長は急いでメンタンクブローとし、完全浮上の状態にしたが、艦の向きがうねりと波に乗らないため、今にも転覆するかと思われた。乗員は強く揺れるハンモックに立たされた時のように、体の重心がとれず、あっちにひょろひょろこっちによろよろ。

「早くハッチを開けて機械をかけないと引っくりかえってしまうぞ」

とどなる声がする。ベントを閉め、ハッチが開かれた。さーっときれいな空気とともに波のしぶきが吹きこんできた。見張りについても艦橋からほおり出されそうだ。それでも主機械をかけて走りだしたら、いく分動揺はおさまって来た。

海の荒れとともに敵地もだいぶ遠ざかってきたので艦内の汚物捨てが許された。汚物捨ては各区から二、三人ずつ作業員を出し、石油カンに入れた残飯や塵芥を司令塔ハッチから鉤綱で引きあげ、それを艦橋から海中に投棄するのである。が、こいつはなかなかの苦労事だ。

艦の動揺のため右に左に揺れ、あっちのパイプ、こっちのパイプに引っかかり、釣りあげるまでがまず大変、何回も釣りあげるのは厄介だから、つめこめるだけつめこんでやる。まかり間違って途中でひっくり返そうものなら、司令塔当直員や発令所員の頭の上へ、もろに浴びせかける仕掛けと相なる。そんなことしてどなり飛ばされちゃかなわんからと、ゆっくりゆっくりやってると、

「何をぐずぐずしてるんだ、お姫さまのおまんまごとじゃないんだぞ」

なんて哨戒長からがなり立てられる。実際のところ次々と素早く投棄して走り去らないと、浮流物によって自分の在所を知らせることになるから、事は重大である。でも、作業を終えて一息入れ、闇の海面を眺めながら、大海原に向かって艦橋から小便をたれる気持はまた格別である。

大陸から大体六百カイリを隔たった。哨戒機に見つけられる心配もない。久しぶりで昼間水上航行を行なった。目が開いたような喜びである。薄暗い洋上から次第に水平線がはっきりしてくる。暁の潮風は身にしみて冷たい。東の空に赤い光がさし始めた。大きな真紅の太陽がうねりに乗ってぽっかりと昇ってくる。朝日に照りはえる金波銀波の美しさ！　濃紺青に変わってきた海は渺茫として広がり、飛魚のすーいすーいと飛びかうのが目を楽しませてくれる。

長く目を開けていることができない。闇から闇、赤い電灯の光の中の毎日の生活であったため、瞳孔が小さくなっているのだ。

お正月を迎える準備が始められる。まず艦内の大掃除だが、真水がないから机や椅子にも石鹼をつけて手でごしごしこすり、そのあとを海水で拭きあげる。神前には七五三縄を飾り、松飾りは半紙に松葉を書いたもので間にあわせ、それをカン詰の供餅の下にさげる。服にはブラシをかけ、折目をきちんとつけておく。

洋上は穏やかで、瀬戸内海を航行しているような静かさだ。空も海も紺碧一色に、真綿をちぎったような純白のちぎれ雲が、時々見えては消えていく。今日は鷗も飛魚も見られない。潮の流れによって飛魚の棲む海域が違うらしい。針路は二三〇度、快いエンジンの律動に乗って南下をつづける。

今日は大晦日だ。あと数時間で昭和十六年ともお別れである。海軍に入って三度目の戦場迎年である。一回目は中支作戦中南京において迎え、二回目は青島沖で迎えた。そしてこんどは太平洋のまっただ中、戦域の拡大がしみじみと感じられる。

形ばかりでも身体を浄(きよ)めようと、洗面器三杯の真水が配給された。出港以来四十日目で、はじめて水浴ができるわけである。まず口をすすぎ、顔を洗い、からだ中に石鹼を塗りたくって垢を落とす。気分のすがすがしさ、真水のありがたさを、こんなに心の底から感じることはない。

艦長から聴音室と探信室に一本ずつ御神酒の月桂冠が捧げられた。洋上は新しい年を迎える喜びを、ともに祝うかのように一点の雲もなく、碧一色である。八時から十時までの当直時間中、たくさんの飛魚が甲板に落ちてきた。羽を折ったり、鼻血を出したりしているが元気でぴちぴちと躍っている。降りていってつかまえたいが、警戒航行中は艦橋から離れることを許されない。敵を発見し、急速潜航する折に、秒時を遅らすもととなるからである。みんな、あれよあれよと口惜しそうに見つめていたら、

「こいつは幸先がいい、敵群捕捉の前触れというわけで、魚群捕捉をまずやるか」

艦長がにこにこしながら「取ってこい」と命令を下し、あっはっはと、大口あいて笑いだした。〝待ってました、われこそ一番乗り〟とばかり、若い見張員は艦橋の梯子を走りおりた。

「でっかいのがいるぞ、おしい、笊をたのむ」

わあわあ大騒ぎになった。またたく間に笊は一ぱいになる。波にさらわれないようにと、艦は速力を落としてこの飛魚取りを掩護する。

「早く上ってこい、艦首が波に突っこむぞ」

艦長の声に、甲板の連中は残りおしそうな顔で引き上げてきた。

艦はふたたび二戦速となり、艦首の両舷に虹をえがくほどしぶきをあげて疾走すると、両舷からは扇を拡げたように、何千何万の飛魚が飛び立っていく。まるで田圃にイナゴが飛んでいるような眺めである。こんなに見事な魚族集団の図は今までに見たこともなかった。

午後七時四十五分、左二番見張りが敵航空機の吊光弾らしきものを発見と報告した。と、間もなく単葉の敵一機を認めたので急速潜航して攻撃を避けた。敵機の去る時間を見はからって八時十五分ふたたび浮上、さらに南下をつづけた。

空母を撃ちとる

昭和十七年元旦。午前一時に皇居遥拝を行なう。黎明の気はあたりをこめて、式は厳粛裡にとりすすめられた。「敬礼」と艦長の凜とした号令が洋上に響きわたる。乗員は一斉にはるかかなた、雲の向こうの故国皇居に対して遥拝する。しばらくぶりに掲げられた懐かしい軍艦旗が朝風を受けて、はたはたとはためく。嚠喨と鳴り響く君が代のラッパの音。つづいて各自は思い思いの方角に向かって頭をたれた。

太陽が昇るとともに温度も二十五度に上昇し、蒸し暑くなった。ジャケツを脱いで防暑服に着替える。お雑煮はカン詰の餅を煮て祝った。

翌日も晴天がつづく。六時ごろスコールがあってほっと一息いれたところへ電報が入った。

「――ハワイより空母一隻、大巡二隻脱出せるを確認せり、至急D地点に向かい、これを追躡撃滅せよ」

艦はただちに二六四度に変針して指定地に向かった。

おやおや、あと数日でまだ見ぬ緑の基地に到着できるかと、夢にまで見ていたのに……がっかりはしたが、よしそれならば、必ず戦果をあげてくれんものと勇躍部署についた。

八時から十時までの当直時間中に、珍しい虹を見た。艦首から出て艦尾につらなる小型の虹で、実に美しい。潜水艦にかけた五色の橋、まるで夢幻の境をさまよっているみたいだ。誰かが「カン詰にして内地に持って帰りたい」といったのももっともなこととうなずける。艦の立てるしぶきがプリズムとなって、こんな美しいものを作りなすのであろう。

三日の午前五時半ごろ、晴れ渡った青空に敵哨戒機を発見した。急速潜航を行なう。ハワイかジョンストン島か、それとも空母群から発進したものか、はっきりはしなかったが、大したこともあるまい。午前十一時浮上、ふたたび水上航走を行なう。

「こんな戦争ならのん気でいいなあ、いく日つづいたって平チャラだ」

艦橋にも艦内にも自然と笑いが起こり、ばか話がはずむ。午後八時、夕陽が水平線下に沈み、夕映えの色が濃い紫色に変わってきたころ、潜望鏡筒に腰をかけてのんびり見張りをしていた清水一水が「あっ」と頓狂な声をあげた。「すわ敵影発見か」と清水のほうを見ると、ばたばた羽ばたいている白いペリカンみたいな鳥の足をつかまえている。

「どうしたんだ、その鳥は?」

「何だかしらんが、おれの頭をぽかっと蹴っとばしてから、こつんと突っついた奴があるんで、驚いて手をのばしたら、こいつを捉まえちゃったんだ」

よっぽど吃驚したとみえて、まだきょときょとしている。居あわせた潜航長をはじめ一同

大笑いで、

「おおかた、お前さんがぼやっとしてるんで電信柱か何かと間違えたんだろ、鳥ってのはなかなか目がきくからな」

　なんかとひやかされてしまった。その鳥はむやみと嘴で突っつくので、あぶなくて手がつけられない。

「いてて、痛え、おい早く何とかしろよ」

　そういいながらも、清水一水はいっかな握った手を離そうとはしない。やっとのこと、三人がかりで取り押さえた。人里離れた大洋のまん中で波に暮れ波に明け、流れる雲をただ一つの変化として育った彼には、人間など生まれてはじめて見たのかもしれない。

　神武天皇御東征の折の金の鵄になぞらえて、大切に飼うことにした。足の水掻きは大きくて赤い。嘴は黄色で細長く、純白な羽根はからだの割にひどく大きい。艦内の洗面所に入れてカン詰の残り肉をやったらよく食った。

　白鳥騒ぎもすんだころ、あたりはまったく暗くなった。とその時、ぱーっと青白く海も艦もはっきり見えるほどの大閃光がひらめいた。すわ何事ぞと光の方、艦の後方を見ると、高角四五度付近から左三〇度方面へ青白い光の大流星が長い尾を引いて落ちていった。あまりにも壮大な光にただ茫然と見つめるばかりであった。星が落ちたあとには、なおしばらく青白い影像がありありと残っている。「南方の空には往々にして見うける大流星だ」と説明され、流れ星まで日本の空とは違うんだなと、太平洋の広さをあらためて考えるのだった。

狭い所へとじこめられたせいか、例の白鳥が悲しげな声で鳴きつづける。相当気の荒い奴と見えて、そばへ寄ると大きな嘴で突っかかってくる。

「やっぱり大空が恋しんだろう、放してやろうよ」

翌朝、艦橋まで引き出してやった。ところが逃げようともせずに、甲板との間を行ったり来たりしてきょろきょろしている。別に一宿一飯の恩義を感じたってわけでもあるまいが、面白い奴だ。

「生き物ってのは、何でも可愛いもんだね」

そんなことをいっていた時、突然「左六〇度敵飛行機」と二番見張りがどなった。声に応じて艦長は、

「両舷停止、潜航急げ」

の命令を下した。艦内に飛びこみながら、ちらっと左を見たら、雲一つない青空にメダカのような敵機が六機目に映った。

「ハッチよし」「ベント開け」「深さ三十」

艦は順調に潜入していった。飛行機に対しては逃げるほか手はない。じいっと深くもぐってエネルギーを消耗せず、敵機のガソリンの尽きるのを待っている——これが飛行機に対する潜水艦の最良の防御法である。

潜航約二時間にて浮上、強いしぶきを浴びながら西南西に進む。敵機は約三百カイリを隔てるハワイから進発してきたものであろう。

ハワイを出港した敵空母と重巡はいずれに行くか、杳として消息はわからず、血眼になって追跡するどの艦からも発見の電報が入ってこない。

八時四十五分、敵飛行艇を発見した。急速潜航を行ない、回避潜入すると、すぐ潜望鏡を出して様子を窺った。アメリカのマークの入った飛行艇三機であった。たぶんジョンストン基地から飛びたった哨戒任務のものであろう。悠々と西空のかなたへ飛翔しつづけていった。

十一時十分、浮上。焼けるような暑さも夜になると忘れたように消え、ことに艦外は涼しい。空には幾万、幾億の星がきらめき、頬をなでる潮風の心地よさに、おのずと鼻歌でも歌いたくなる。

一月六日、今日も朝から快晴である。

「ハワイとケゼリン泊地との中間にある米軍飛行基地ジョンストン島の東方二百五十カイリ付近を航行するため、いっそう見張りを厳重にせよ」

との命令で、一心に水平線のあたりを見つめているが、何にも現われない。

午後七時ごろ、前方見張りが探照燈の光らしいものを発見、「右三〇度、光芒」と報告した。各見張員の望遠鏡はいっせいに右三〇度に向けられた。艦長も両手にしっかり双眼鏡を握って見つめていたが、「面舵」と、まっしぐらに突撃を命じた。一方、電信員をして、

「――われ敵らしき探照燈の光芒を発見、これが方向に急行す」

の電文を同一行動中の第一潜水戦隊全潜水艦に打たしめた。艦内へは「配置につけ」が命

ぜられる。

いよいよ敵主力発見。乗員はこおどりして喜ぶ。一本の光芒は淡く七〇度くらいの仰角をもって上空を照射し、しばらくして左にぐーっと倒れたと思うと、ぱっと消えた。ジャイロにより発見方位を確かめて暗夜洋上を疾走して行く。ふたたび直角の光が上空を照らし、一分間ほどして消えた。

一時間、二時間、三時間……三戦速にて驀進するが敵影は認められない。

夜は白々と明けた。洋上には一点の存在すらない。第一潜水戦隊の各艦は光芒のありし方向に向かって一線をなし、根気よく捜索をつづける。少し出過ぎたようだ。速力を落として半速とする。――一線になって捜索する場合、一艦が進みすぎると、求める敵と間違えられ、僚艦から攻撃されるおそれがある。

これまで探しても見つからぬのでは、高速を利して遁走されてしまったのであろうかと、いささかがっかりした。ひょいとうしろを見たら、艦尾五十メートルくらいの所を長さ九メートルほどのおかしげな格好をした魚がついてくるのが目にとまった。うねり波に乗って、ある深度を保ちながらついてくる。時折波間から頭を出し、ぷーっと潮を噴く。牛みたいな頭である。目は小さいが、まばたきもせず――魚だから当たりまえだろうが――艦との距離を一定にして追ってくる。何ていう名の魚なんだろう。魚類のうちには一夫多妻で一番強いのが主権を握るというのがあるそうだから、多分この魚も本艦を強い魚の親玉とでも思ったのであろうか。砲術長が面白がって艦長にいった。

「鉄砲で射ってみましょうか」

「ふん、どんな顔をするか、一発お見舞いしてみるか」

艦内に備えてある七梃の小銃の一つを持ち出し、狙いさだめてぶっ放した。命中。どうするかと思ったら何事もなかったように、平気の平左で泳いでいる。

「だめだよ、これじゃあ、太平洋のまん中の魚にゃあ鉄砲玉なんてきかないんだろ」

馬鹿ばかしいから一発でやめ、あとは海の怪異についての話にしばらく花が咲いた。そのころ、どこまで深いか限りもない碧空に白く月のようなものの浮いているのを発見した。はじめはパラシュートだろうといっていたが、いつになっても降りてこない。望遠鏡でよくさぐると、瀬戸物か水晶のかけらのように見えた。結局、星であろうということとなった。真っ昼間、こうした天体の光なき星を眺めたのも初めてである。陸地を遠く離れた大洋のまっただ中には、お伽話のような不思議なものが次々と現われてくる。

午後四時、方向探知機は「左四五度方向に敵艦と飛行機かあるいは僚艦と交渉中なる電話の音源を捕捉す」と報じた。

「取舵」

艦の航跡は大きな弧を描き、左に転舵。艦内はふたたび緊迫した空気となる。

そのうち日は落ちてあたりは黒一色となった。探知機はぐるぐる忙わしげに回っているが、音源は消えたままその後入らない。

「電信室どうか、感度はないか」

「感度なし」

またも取り逃がしたか。がっかりである。

世紀の大奇襲、真珠湾攻撃より一ヵ月目の朝が明けた。あの日と同じく夜明け前は雲が天を覆い、小雨が降っていた。海上の視界は思うにまかせず、一昨日から探索していた敵影はついに発見できない。あきらめに似た気持ながら、それでも根気よく捜索をつづけていった。と、午前四時四十分、左二番見張りが「左一〇度、黒い島」と報告した。哨戒長の高橋砲術長も双眼鏡をしっかり目にあてて凝然と立ちつくしていた。雨もよいの低く垂れた雲に波の色も黒ずんでいる。雲の切れ間と波の間に黒い堤防のようなものがぼんやりと見える。島のようでもあるが判然としない。「島かな?」となおもよく見ようとしたとき、雲がぐーっと切れた。

「空母です」

誰かが叫んだ。

「しめたっ」「潜航急げ」「両舷停止」

あっという間に、一人、二人、三人……とハッチから飛びこんだ。

「ハッチよし」「ベント開け」

メンタンクの空気はいっせいにベントから排出され、潜航がはじまった。ざざーっと甲板をかぶる水の音、目は血走り胸の鼓動は高鳴る。敵発見より僅か四十五秒の早さで三十メートルの深度に入った。

「空母だ、空母が見えた」と艦内全般に伝えられる。

「魚雷戦用意」「使用魚雷四本」「聴音用意」「深さ十八」「潜望鏡上げ」

矢つぎ早に号令がかけられた。

深度十八メートルで潜望鏡をのぞいたが空母の影もない、はて、どうしたことか、

「深さ十五」

……十五メートルに上げたが、それでも見えない。見失ったのかと思うと、焦慮と口惜しさに艦長の顔は蒼白になった。艦内一同は「発射用意」のかかるのを、今か今かと、かたずをのんで待っている。聴音機は一心に敵の方向音源を捕捉しようとするのだが捉えられぬ。

「音源入りません」

「全周を探れ」

「全周でも何らの音源なし」

艦影も見えず音源も入らないままに、なおも一時間ばかり直進した後、潜望鏡をあげてみると、前方右二〇度の海上に、嬉しや、ありありと空母が浮いているではないか。時に午前六時。

艦長は潜望鏡を上げて敵をのぞくと素早く下げる。上げる、下げる。必死だ。

「聴音室、敵は漂泊にて飛行機揚収中だ」

ただちに探信音を発して距離を測定してみた。四千の反響音があった。六時四十分。「距離四千」と報告、

「もっと近いぞ、よく測れ」

その後しばらくして「三千」「二千五百」と報告。

艦長は全身汗だくとなり、潜望鏡一ぱいに映る空母から目を離さない。敵艦の真横、好射点に入った。

「用意」「射てっ」

四本の魚雷はずしんずしんという震動を残して、みごと艦首を離れていった。聴音機は魚雷の疾走状況を一本一本報告していく。艦は右回頭にて転舵、

「深さ四十」

敵の攻撃を避けるため深々度に入る。

艦長はほっと安堵の色をうかべ、大きな拳で額の汗をぬぐった。秒時計はコチコチと時を刻んで行く。二十秒、二十五秒、三十秒、その秒時の長いこと長いこと。

轟然たる命中音が聞こえた。艦内はいっせいに「命中、万歳、万歳」に湧きかえる。つづいて二本、三本。四本目を待ったが爆発音はついに聞こえなかった。一本は外れてしまったのだ。水雷長は発射管に手を合わせておがんでいる。

空母はラングレー型であった。三本煙突をもち、後部甲板に大きなデリックが立てられ、数機がおかれてあった。飛行機揚収中のため漂泊していたものである。おそらく帝国最前線

基地を偵察中だったのであろう。

攻撃後、護衛駆逐艦の攻撃をおそれて深く潜入、聴音機により全周を捜索するに、その後何らの音源をも聴取できなかったのは、空母がまさしく撃沈されたことと、単艦であったことを立証するものである。危険性のないことを確認、約三十分後に浅深度として潜望鏡をあげ、撃沈地点を見るに、木片らしい漂流物がそここに浮いているだけで、艦影はすでに見られなかった。

敵も、このあたりに潜水艦が活躍していようなどとは神ならぬ身の知るよしもなく、瞬時にして南海の底深く吸いこまれていったのである。

午後三時、浮上、針路を一八〇度となし、第一戦速で意気揚々とケゼリン泊地に向かう。艦内はラングレー型空母撃沈の話でもちきりである。見張員は得々として空母の艦影や発見当時の状況を手振り身振りで説明する。まるで一人で沈めたみたいに威張っていた。

その翌日は雲一つない快晴であった。もし一日違って昨日が快晴であったら、空母の攻撃も果たして成功したかどうか疑問である。まかり間違えば、こっちが先に沈められていたかもしれぬ。運命は紙一重のところにあった。

瀬戸物のような白い星が、澄みきった中空に今日もまた見える。白昼、真夏の碧空高く取り残された白骨のような星であった。怪魚は姿を消してしまった。深く潜航したのでまかれたとでも思ったのか。今ごろ一人ぼっちで探し歩いているかもわからない。

午後一時。

「――当海面に空母遊弋中なり」

との電報が入ったので、ただちに二五四度に変針、空母捜索をはじめた。

「まだいたのか」

「ついでにもう一隻頂戴といくか」

勝ちに乗じた艦内は、もう捉まえたような気分になり、基地に帰る嬉しさもどこへやら、昨日の夢よもう一度と、えらい張りきりかただった。

敵を捜索しつつ次第に基地に近づき、味方哨戒圏内に入ったので伊25と艦名を書き入れ、軍艦旗を掲げ、日の丸を塗りこみ、国籍不明の鯨からふたたび帝国海軍の潜水艦に変わった。

「やっぱり軍艦旗はいいなあ」

はたはたと翻る軍艦旗に感嘆の声を発する。明日はいよいよ入港、みんなの顔にはいい知れぬ喜びの色がただよう。明日からは思う存分太陽の顔がおがめる。大地が踏める。草にも木にも触れることができる。何と嬉しいではないか。

それにもまして心の躍るのは、懐かしい日本の人々の、あるいは思い思われた人の、便りが待っているであろうことである。一刻も早く祖国日本の体臭に接したい。

＊伊25潜は『昭和十七年一月八日、北緯一一度三九分、西経一七七度三二分にて米水上機母艦撃沈』と報じていますが、戦後の調査では米側資料には該当がなく、正式な戦果は確認されていません。

ケゼリンの泊地

もうそろそろ島が見えそうなものだと、一同そわそわして落ちつかない。十一時ごろ左九〇度方向の空に黒点が一つ発見された。「敵か味方か」と騒いでいるうちに、飛行機は艦を目ざして突き進んでくる。赤々と日の丸を染めぬいた海軍の偵察機であった。いよいよ味方哨戒圏内に入ったことを証明してくれるとともに、くまなく哨戒していることの信頼感に、かぎりない力強さをおぼえた。やれやれ、もう一人ぼっちではないんだ。

見張員は両手を振り合図を送る。偵察機は「御苦労さん」といったように両翼を大きくバンクして二、三回低空で艦のまわりを旋回した。艦橋では艦長までがもどかしげに航海長に声をかけている。

「まだ島は見えないかね」

「はあ、もう見えるはずです」

「おかしいな、天測からいくと、もう島の上に来てるわけなんだが」

一番見張りは望遠鏡についたまま、じろりと航海長のほうを、目鏡からはずして見た。

一時半、前方見張員が「島らしきもの艦首」と報告。よく見れば、嬉しや一点の雲もなく乾燥しきった碧空と、きらきら光る紺青の波の間に、黒く材木でも浮いているように島影が見えてきた。帝国の領土ケゼリン島の一端だと思うと、無性になつかしく飛びつきたいような衝動にかられる。

艦は進む。黒い流木のように見られた島は次第に大きくなって、やがて木の繁みがはっきりしてきた。椰子の木であることがわかった。スコールに洗い浄められた椰子の葉が、はっきり見えてきた。椰子の一本一本が見えるようになると島が見えない。

二度と緑の若葉を見ることもなかろうかと覚悟して出撃した大海戦であったが、幸いにも命ながらえ、こうした今、ふたたび風にそよぐ木々のたたずまいを望みうるのは、夢見るような心地である。

「島が見えたぞォ、味方の島だぞォ」

艦内からは、

「何島だア、大丈夫かア、雲じゃないかア」

などと、はしゃぎ騒ぐ声が聞こえる。五十日間、一度も島を見ないものたちだから、それがどんなに嬉しいか、海上生活を知らない人には想像もできない。ふだんは艦橋へ上ることのない軍医長など、強い近眼鏡の奥に小さな目をしばたたかせながら飛び上がってきた。

「島ですか、木が見えますか、椰子ですか」

つづけざまにいってから、

「ちょ、ちょ、ちょっと望遠鏡を見せてくれませんか……。や、や、島だ、あの葉っぱはまさしく椰子だ、人が見えないかな」

と、他愛もなく喜んでいる。

海の色は冴えている。目のさめるような美しい色である。魅惑されて飛びこみたくなるような美しさだ。

先任将校が、

「基地に着くのは明日の何時ごろかな」

と航海長に話しかけた。

明けて一月十一日午前三時半ごろ、艦尾水平線上に黒点を発見した。味方哨戒艇であろうと安心しながらも、注意深く監視する。黒点は次第に大きくなり、船体が見え、艦型がわかった。味方潜水艦だった。懐かしい。実に懐かしいものである。

「何号だろうか」

「よく無事に帰って来たなあ」

僚艦のたくましい姿に歓声がわく。

無人島を過ぎて、椰子の木の間に隠見する軍艦、商船の雄姿にわれを忘れて喜びの声をあげながら、艦は静かに港内に入り、定められた位置に投錨した。午前十一時半であった。水深は四十一メートル、透きとおって珊瑚が美しく、そしてさまざまな魚の見える砂の上に錨は落ち着いた。

潜水艦であるからこそ、よくこの前線基地に来られたのであるが、隠れることのできない水上艦艇が、大胆にも敵地間近な南海の孤島にのこのことやって来たものだ。驚きいった度胸である。彼らは無敵海軍の誇りしか知らず、いささかの危険も感じないのであろうが、しかし、いつまでこの自惚れがつづくであろうかと不安になる。

幅の狭い島には桟橋が二つと、それに商船の横づけにされているのが見える。帯のような島全体には椰子樹が密生し、その中にバラックが点々と建ち、人間が蟻のように歩いている。島の中央部の白い建物は司令部だという。

投錨後、郵便物を積んだ内火艇が待ちかねた故国の便りを運んでくれた。一人で十通も二十通も受け取るものがいる。親からの、兄妹からの、さては恋人からの、みな胸おどらせながら封を切った。

短期間の入港であるため、できるかぎり早く整備を終えねばならない。休む暇もなく仕事にかかった。飛行機格納筒に浸水したことをサンフランシスコ沖で知ったが、敵中では開放困難なためそのまま放置してきたので、整備兵が前扉を開いて中を確かめようとした。しばらく水に浸っていたため、重い扉が吸いついてしまって容易に開かない。

米川整備兵曹長と奥田飛行兵曹が二人がかりで開放しようとケッチを外した瞬間、前扉が〝ぐわっ〟という強い音をたて、ひとりでに開いてしまった。その反跳をくい、米川兵曹長は胸部を強打されて即死、奥田兵曹は頭部を打たれ重傷を負った。内部に置かれてあった揮発油が洩れ、密閉した内部の圧力が極度に上昇していたためであった。

まだ開封されぬままの、妻子からの便りがひとしおの哀愁をそそる。遺体は平安丸に護送され、夜間は乗員三十名ほどがいって通夜を行なった。無口でいつも温顔に微笑をたたえていたこの好漢に、ただみ霊よ安かれと祈るのみである。習朝、告別式を行なったのち、ケゼリン島の椰子の林の中で荼毘にふされた。

午前十一時四十分、「近海に有力なる敵機動部隊現わる」との、味方哨戒よりの情報により、第三潜水戦隊の各艦は次々と出撃していった。わたしたちは登舷礼式を行ない、帽を振って僚艦の武運長久と成功とを祈った。

午前中は重油搭載、午後には魚雷搭載も終え、ほっと一息というところへ、

「――遊弋中の敵機動部隊を捕捉殲滅するため即時出撃せよ」

の命令を受けた。海底の珊瑚礁が手に取るように見える澄みきった水を蹴たてて突撃したが、敵部隊を捕捉するにいたらず、夕方、以前の錨地に帰投した。夜、リンゴが七個ずつ配給された。みずみずしい果肉が故国の味をしのばせる。

翌日は慰問袋が配られた。嬉しい。上甲板にあげられた大小各種さまざまな袋に入ったのを、先任将校が指揮して分ける。慰問袋と舌切雀の葛籠は小さいほうがいいのだが、やはり大きいのを取りたくなるのが人情だ。一ばん人気のあるのは、何といっても若い女性からの便りである。

「おい見ろ、おれのは春子さんからだ、別嬪だぞ」

「そうだ、七十八の春子さんだろ」

「馬鹿ぬかせ。何だな、この筆蹟から鑑定するに、年は二十八か二十九からぬ、まず二十(はたち)ってとこだな」

「どれどれ、見せな。そう、もうちっと若いな、まず八つってとこか」

「何をいやがる」

慰問袋の中味はカン詰、キャラメル、チョコレート、角砂糖、フリカケ、するめ、手拭、糸、針、褌、雑記帳、羊羹、ハンカチ、ガーゼなど種々さまざまであるけれど、いずれも細かい心やりが読まれて涙がこぼれる。袋の表に住所氏名のないものには、大抵中に手紙が入っている。これがほんとに嬉しい。

今日も真夏の空は晴れ渡り、海上も穏やかだったので焼けてる外舷の塗装を行なった。波浪によりずい分ひどくなっているのを、錆を落とし、丹念に塗ると、見違えるほど美しくなった。

作業後、久しぶりで母艦平安丸へ入浴に行く。潜水艦にはもちろん風呂の設備なんかない。入港すると母艦あるいは基地隊に上陸して入浴するのだが、湯ぶねの中で思いさま手足をのばすと、五体の関節がばらばらになるような、ぐったりした気持になる。入ると長い。五十日の汚れを一時に洗い落とすのだから、気が遠くなりそうなまで入っている。

その翌日は、午前中メンタンクの手入れ、つづいて聴音員配置につき、浮上聴音を行なう。

侵入潜水艦の警戒に当たったわけだが、何らの異常も認めなかった。

午後六時から、無事入港を祝して発射管室を会場に饗宴がもよおされた。酒の好き嫌いにかかわらず、作戦中は飲酒を公に許されていないから、大喜びで一杯二杯と重ねる。一杯といっても猪口ではない、茶碗だ。歌うもの、踊るもの、酔って演説を始める奴がある。そのうち艦長、先任将校がやってきて興はさらに深まった。

「士官室の酒はうまくないな」

と、例の軍医長がひょうひょうとして仲間入りに入御あそばされた。

「へん、小むずかしいことばかりぬかして、面白くないわ。つまりはだね。そのう、君ら下士官はだね」

などと、わけのわからぬことをいって御機嫌ななめならず、しまいにはドイツ語の歌まで歌って酔いつぶれてしまった。

風の通わない艦内は蒸風呂のようだから、みんな褌一本の裸像群立だ。時々、汗を拭きながら上甲板に出て涼をとる。小波はばしゃばしゃとメンタンクのふくれた側腹をたたいている。十時ごろに自然に静まり、解散となった。

伊号第六潜が十一日午後二時、ジョンストン島六〇度、二百七十カイリの地点において、米空母レキシントン型を撃沈した事実を知った。レキシントンは重巡一隻、駆逐艦二隻を従え、南東方に向かい、約十四ノットで進んでいた。これを捕捉攻撃、魚雷二本を命中させ、七分後に二回の大爆発を聞いたという。僚艦の大戦果を聞いて戦意はますます高まった。

〝内地へ帰るまでに、ぜひともサラトガを討ちとってくれる〟期せずしてそうした決意を固めた。

(註) このレキシントン撃沈は誤認のようであった。

アメリカ側の記録には、

「――一月十一日、第十四機動部隊はオアフ島南西方五百カイリの地点で一隻の日本潜水艦より発射せられた深々度駛走魚雷の一本がサラトガに命中した。乗員六名戦死、機関室三個所浸水したが、自力でオアフ島に帰港した」

と見え、日本側でも疑問視していた。曰く。

「――伊六潜、ジョンストンの六〇度二百七十カイリにおいて敵空母レキシントン、重巡一隻、駆逐艦二隻を発見、空母に対し攻撃、魚雷二本確実に命中、その後七分にして二回爆発の音響を聞く。敵の爆雷攻撃を受けたるにより、三時間後浮上せるに何物も発見せず。敵空母は撃沈し得たるものと認む、という。果たして轟沈し得たるや否や。沈没せば付近相当の浮流物は当然残留し、かつ乗員救助に同伴の艦中、駆逐艦は少なくも残留すべし。この地点より約百カイリ南東方面に、他の潜水艦は油の浮流を発見せるのみなり」と。

今日は午前午後とも艦橋の当直に立つ。昨夜いく分飲みすぎたせいか、眠くて疲れてやりきれない。意地の悪いもので、こんな日には各方面からいろいろの情報が入る。一休みと腰をおろす途端に旗旒があがったり、手旗信号が送られたりしてくる。まったくやりきれたもんじゃない。

照りかえす強烈な陽の光を手で避けながら美しい海面を見ると、いく千いく万とも知れぬ小魚の群れがぴちぴち水面を跳びながら移動していく。珍しい眺めなので望遠鏡でのぞくと、その後方から大きな魚がすーい、すーいと追ってくる。あとで聞いたら鰹だという。食おう、食われまい、どこの世界にも生存競争はたえないのだ。

気圧は大体一定して七百五十ミリ程度である。日光の直射は痛いほど暑いが、毎日一定の方向から一定の風速の貿易風が吹いてくるので、上甲板の日陰はとても涼しい。夜も素っ裸で上甲板に寝転び、南の空にまたたく星を眺めながら涼をとる。うとうとっとしているところへ、急にスコールがやって来て、びしょ濡れになったことなどもあった。

一月十六日、入港後六日目で、やっと上陸が許された。午前六時から十時までと、十一時から午後三時までとの半舷ずつに分かれての上陸である。

防暑服に防暑帽、艦内靴という軽装で、母艦から回された内火艇に乗る。軽いエンジンの響き、美しい水のしぶき、心をおどらせながら桟橋の近づくのを見つめる。桟橋はにわか作りの簡単なもので、内地産の木の香も高い松材、杉材が用いられていた。そして、一歩を踏みしめた時の気持は、まさに天にも昇るといったものであった。

ケゼリン島は大珊瑚礁に囲まれ、島全体が天然自然の良港をなし、長さ約二キロ、幅約二百メートル。岸辺には真っ白く磨いたような砂が、ざぶりざぶりと打ち寄せる波に洗われている。水はあくまで澄んで、泳ぎまわる色彩の濃い魚、あるいは見たこともない貝類など、ただ〝きれいだなあ〟というばかりである。

人口は二千五百くらいというが、二千人は軍人軍夫で、残りの五百人が島民だとの話である。島の中央付近、空に亭々とそびえる椰子の木陰に公学校と郵便局があり、その前に真新しい六根基地のバラックが建てられてあった。民家は椰子の木の間に、ぽつりぽつり点在している。島を縦断する道路は最近作られたものと聞く。

島民の子供たちは公学校に通って日本語を教わるので、かたことの日本語をしゃべるものが多い。戦争がなければ、島民は魚を釣り、木の実を食べ、楽しく平和に日々が送れるものを、戦のゆえに、毎日が物さわがしく、疑惑と不安におののくのみならず、木の実も食い荒され、働かねば食えなくなってしまったそうだ。

軍夫の人たちは青森、秋田といった東北方面が多く去年の八月ごろからここへ送られてきたものだという。そんなころから戦争の準備をしていたのかと、いま更ながら驚かされた。みんな煙草に困っていた。ほかに不足はないが、煙草のないのはやりきれんという。わたしたち潜水艦乗りは、煙草の喫めぬ苦しさを人一ばい知っているので、持っているだけの煙草をみんなあげてしまった。ほんとに、涙をたたえて喜んでいた。

翌日は早朝六時半に抜錨して、見上げるような東亜丸の横っ腹にへばりつき、重油を搭載した。そのあとお風呂に入れてもらったが、潜水艦から見ると、艦全体が広くてきれいで、まるで御殿みたいな気がした。

その次の日は主食の搭載をやった。艦内の隙のある所へはどこにでも積みこんだので、通路も這って歩かねばならぬほどになってしまった。

一月二十日、珍しく今日は曇りである。哨戒機から〝敵偵察機を発見せり、来襲の算大、厳に警戒を要す〟といってきた。本艦も上空見張りを厳重にし、短波マストを降して機銃の射撃準備を行なった。

潜水艦の機銃は二連装二十五ミリである。まったくの気安めではあるが、場合によっては射たねばならぬ。水上艦艇と違い、つねに水中深く潜航するので、精巧な機銃を備えても無駄である。錆止めをして、海水につかってても平気なってことになると、いちおう頑丈ではあるが、性能はあまり高くないものと限定されざるをえない。

何しろ潜水艦は小銃弾一つの孔からでも沈没の憂目を見るようなことになるのだから、敵を先に発見して素早く潜航することが最大の防御であり攻撃である。従って、大砲なり機銃なりを射つときは、潜航不能に陥り、やむなく応戦するといった土壇場である。これで飛行機を射落とすなど、笑止千万な話であろう。結局は気安めにすぎない。といっては失礼な話だが、潜水艦の砲術長というのは、役に立ってもたたなくてもいい若い少尉が、これも気楽めに任命されているようなものだ。

しかし、あるに越したことはない。何もせずに射たれているより、当たらなくても射っているほうがずっと力強い。これは支那事変中に、実際わたしが経験したところである。人間、死の恐怖に直面し、大声を出せると出せないとでは、えらく心理的な相違のあるのと同じようなものであろう。

母艦平安丸で映画を見た。後甲板に張られたスクリーンを、七メートルの涼風を受けながら、食いいるように見つめる。『愛より愛へ』という高杉早苗、佐野周二主演のものであった。映画の筋よりも、日本の女というものを、ただ懐かしく慕わしく眺めていた。それが、士官にしても下士官にしても偽らぬ気持であったろう。

故障した飛行機をブラジル丸に還納し、終わって、航海糧食のビール、菓子、果物類を搭載した。ビールは一人一ダースずつの計算になっている。

一月二十六日、一日中、外舷塗装の仕上げを行ない、まっ黒の烏丸にしてしまう。日本海軍の軍艦といえばまず濃い鼠色ときまっていたものだが、いよいよ実海戦となると、その時その場所で色を変えていく。昼間は水中に潜り、夜間浮上を常とする潜水艦では、夜目に見分けのつかぬ黒が一ばんいいことはもちろんだが、水中にあっても、黒が飛行機から最も見つけにくいという。水のきれいな南の海では、三十メートル以上の深さに入らないと、飛行機から見つけられるが、それでも黒だとごまかし易いそうだ。

午後、内地の香りもなつかしいリンゴが一人十二個ずつ配給された。入港の折、飛行機格納筒の扉で負傷した奥田兵曹が退院してきた。まだ繃帯を頭一面に巻いてはいるが、元気でもう心配はないという。夜は彼の全快を祝って小宴を開き、酔って後甲板に寝てしまった。

その翌日からは上甲板で食事をとるようになった。普通はテントを張ってやるのだが、いつ敵襲があるかも知れぬので、いつでも潜航しうるよう、かんかん照りつけるスティルデッキの上に食卓カバーを敷き、食器をならべ、みんな胡坐をかいた。素っ裸もいれば半ズボンだけのものもいる。

艦内ではただガミガミと噛んでは流しこむだけだから、こうしてみんなが揃って銀飯を食うのは実に楽しい。

午後、作業の合間に毛布を乾した。よくも虱がわかないと思うほど汚れてしめっていた。

夕方、本艦の次期行動概要が知らされた。オーストラリアの飛行偵察である。軍艦行動でどこからも命令を受けずにやれるのだから、艦長は大喜びだった。地球儀の上でばかり見ていたオーストラリア。乗員一同も小躍りした。

「ああオーストラリア、南の果てのオーストラリア、ああオーストラリア」

こけの寝言みたいなことをいい合った。


一月二十九日、晴天。一番メンタンクを開けて、艦外防水接続篋（きょう）の分解手入れを行なう。午後は飛行機の揚収作業を行なった。いつも考えることだけれど、潜水艦の飛行機乗りくらい割の悪いものはない。発艦とともに生命はないものと覚悟しなければならぬ。帰ってきたとき、艦が潜航していたら、もうそれでおしまい。大海原のまっただ中で、不時着しよう所などありっこはない。そのまま自爆あるのみである。

あるいはもし、敵機に追跡された場合、絶対帰艦してはならぬのだ。艦の所在を敵に知らせることは、すなわち撃沈されることを意味する。だから、敵機を追っ払うか、まいてしまわないかぎり、母艦の近くへも寄ることができない。艦を救うためには、わが身を犠牲に供しなければならぬのだ。

そうした、いわば特攻隊にも比すべき、つねに死に直面している人々であるにもかかわらず、前田兵曹長も奥田兵曹も、まことに朗らかである。暗い影など微塵もない。

夕方、訓練も作業も終わってから、甲板で輪投げをやった。藤田兵曹長、この輪なげがとてもうまい。何とか凹ましてやろうと、みんなで野次ったり、反則をやったりして悩ますと、兵曹長むきになって、しまいには額に大きな瘤をつくって、最後まで奮戦していた。

「おい藤田、悪い奴らがからかってるんだぜ、いい加減にしておけよ」

先任将校が見かねて声をかけた。

「はあ、そうでありますか」

決まりが悪そうに、額の瘤をおさえていた。

日が落ちてから洗濯をやった。いく日もいく十日も洗わなかったので、いくらごしごしやっても白くはならぬ。でも、航海長と並んで、南の空を眺めながら、鼻唄まじり、冗談をとばして機械的に手を動かしているのは、たえようもなく楽しいものだ。

二度目の散歩上陸が許された。スコールに洗い浄められた新緑の木陰に暑さを避け、小島の一時をすごす。

島民のからだは真っ黒に光り、歯ばかりが白く、赤い褌がよく似あう。人相はよくないけれど、気だてはいたってやさしい。家の作りは地熱と蛇の危険を避けるために、地上から一メートル乃至二メートルに床を上げ、屋根は椰子の葉を器用に編んで葺いてある。いずれも一坪か二坪のバラックであった。

島民の女は、昼間もごろごろ寝ていて、枕もとにはタコの実やパンの実が食い散らしてある。覗くと、わからない言葉と手まねでにやにやしながら、その実を食えというが、大きな蝿がぶんぶんいってたかってるので、どうにも御馳走にはなれない。

帰艦は日没近く、だいぶ日光の直射も弱まり涼しくなってからであった。夕食後、低圧排水の訓練、急速潜航の訓練、飛行機分解組み立ての訓練を行なった。ちょっとでも暇があれば訓練、整備である。潜水艦では人手不足だから、飛行機の組み立てには主計から看護員までがかり出される。主計員は両翼、看護員は尾翼とそれぞれ役目がきめられてあった。

いよいよ野菜、果物などいわゆる生糧品搭載もすみ平安丸から魚雷二本を運んで、出撃を待つばかりとなった。夜間当直は十時から十二時までだったので、任務が終わってから一杯こっそりやり、寝についたが、その夜、いく万という敵機の襲撃を受け、味方艦船は撃沈撃破の惨澹たる敗北を喫した夢を見、汗びっしょりになって目がさめた。不吉な予感に襲われ、そのあと夜明け近くまで眠れなかった。

うつらうつらしているうち「当直十五分前です」といって起こされた。なお夢心地であるところへこんどは「配置につけ」「配置につけ」というけたたましい号令がかかった。何事だろうか。と、「空襲だ」「敵機の爆撃だ」という叫び。同時に至近弾が二つ、三つ炸裂する轟音。がばと飛び起き、上甲板にはい上がったのは四時を三、四分すぎたころだった。

珍しくどんより曇った明け方の薄暗い空を、三機の飛行機が東に向かって飛んで行く。その後方からいくつもの高射砲弾の白い煙が点々と追っていくが命中しない。後ばかりを射っているように見える。まだ各艦とも全員配置につくいとまなく、哨戒員だけで応戦していたらしい。

敵機は水平爆撃で、陸上の六根基地のあたり椰子林の中に数発を投じ、軍艦「常磐」の近辺に数条の水柱を立てただけで飛び去っていった。各艦艇の砲がいっせいに火を噴きはじめたのは、第一陣の敵影がやがて見えなくなる頃からであった。油断大敵とは、まったくこのことである。

敵は波状攻撃で何回もやってくる。六機、九機、十三機ずつといった塩梅で、伊二三潜の艦尾と靖国丸に爆弾が命中した。本艦はこのまま応戦してみたところで大した効果もなく、もし一弾でも受けたならば、たちまちにして沈没の憂目を見るのは必至だから、急ぎ潜航した。が、慌てて潜航するため、ふだんのようにうまくいかない。四五度の傾斜で頭を先に突っこんでしまった。昨日、通路もなくなるほどに積みあげた食糧、生糧品、各自身回り品物や要具ががらがらざらざら、音をたてて艦首のほうへ雪崩落ちていった。大変な騒ぎである。

「各区、ここは水深四十五メートルであるから心配するな」

と司令塔から弾んだ声が聞こえてきた。乗員は裸のまま艦尾のほうへ這い上がり、ほっとしたとき、どすんと鈍い音がして、艦は二五度傾斜のまま海底に落ち着いた。

「各区、異状はないか、調べて報告せよ」

「本艦は当分この位置にボットン（沈座）を行なう。各区、異状なければ配置において待機せよ」

命令が次々に下る。「聴音機異状なし」と報告し、静かに爆発音を聞きながら外の様子を想像していた。

シドニー偵察行

「やりやがったな。こんど出てったら、どいつもこいつも叩きつぶしてくれるぞ」

髭面の相沢連管長がすごい意気込みで聴音室に入ってきた。そのとき司令塔から、

「聴音室、旗艦よりの水中信号に注意せよ」

といってきた。裸のままレシーバーをかぶって把輪をぐるぐる回していると、六時、水中信号により、

「沈座止め、浮上せよ」

と音波が入った。メンタンクブロー、艦は静かに浮上を開始した。といってもアップ一五度の格好で、潜入も浮上も、完全になっていない潜航法だった。ざぶーっと澄みきった水を両舷側に振りはらって浮きあがり、艦橋のハッチを開いて艦外に飛び上る。

まず旗艦「香取」は、と見れば厳然として将旗を檣上高くひるがえし、信号員が両手を忙しく動かして信号を送っていた。よかった。安堵の胸をなでおろす。二本煙突の「常磐」も

どっしりと力強い勇姿を遠く沖合に見せていた。各潜水艦は次々に浮上、伊二三潜もやられたかと思ったが、艦尾を小破しただけで撃沈はまぬがれたらしく、いく人かがせわしげに応急修理をやっている。

島を見ると、椰子の繁みの中の六根基地の庁舎が火災を起こし、炎がめらめらと葉がくれに望まれる。大した被害がなければよいがと念じながら、上甲板を見て驚いた。昨日満載したビールや生糧品が一つもない。全部海中に流されてしまったのだ。

「惜しいことをしたな、こうと知ったら早く飲んじまうんだった。ええい糞！」

みんなこぼすまいことか。艦のそば近くに母艦からの内火艇が待っていた。高圧空気の排水により転覆するおそれがあるため、すぐには近寄れないのだ。司令、艦長、機関長らが内火艇の上に立ってにこにこしている。昨夜母艦に泊まって不在中の空襲だから、ひどく心配して敵機が去ると同時にかけつけてきたのだ。

ところが艦はなかなか浮上しない。エンジンをとめてしばらく漂泊していたという。無事な姿を見せたのでまずまず安心といった顔つきである。そのうち、

「——本島近海に接近せる主力三隻よりなる敵機動部隊を発見せり」

との報告を受け、各潜水艦は勇躍出撃せんとした。またしても敵襲——暗雲たれこめた北方水平線すれすれから、敵六機が襲いかかってきた。前甲板では一生懸命に錨をあげている。

「前甲板、敵襲、潜航急げ」

とどなって「早く、早く」と手まねきする。敵機は灰色の空をぐんぐん迫って来た。そし

て水面間近で魚雷を投下した。魚雷は生き物のように尾を引いて走ってくる。中にはイルカのように水面に飛びあがる不良の魚雷もあった。

各水上艦艇からは高角砲、機銃が飛びつくように火を吐き射ちまくる。敵機は本艦頭上まで来ないうちに旋回態勢をとった。今度は手も揃い、艦長の指揮だから潜入にそつはない。悠々と水面に白い波紋を残してもぐってしまった。

敵は雷撃機であった。いくつかの魚雷の疾走する音源が聴音機に入り、爆発する音響が聞こえてくる。僚艦に被害がなければいいがと気が気ではない。しばらくすると対空射撃もやんで静かになった。数分後、艦長は、

「浮上する」「メンタンクブロー」

の号令をかけ、素早く浮上した。つづいて、

「本艦は只今より敵機動部隊の追跡撃滅のために出撃する」

と艦内に伝達された。ごとんごとん、錨鎖が舷側に当たる。艦首のしぶきも激しく、ケゼリン島をあとにした。つねにはもっそり呑気そうな艦長も、いざとなるとその命令処置の適切機敏なるには、まことに驚嘆敬服のほかはなかった。

針路五五度、八〇度、一二〇度、八〇度と指定海面を数回変針、二戦速にて鵜の目鷹の目索敵に狂奔したけれど、ついに敵影を発見することはできなかった。敵機は空襲を回避するため潜航した在泊潜水艦を見て、完全に撃沈したと誤認したものであろうか、それとも反撃をおそれて逃走せるか、敵ながらあっぱれ早い逃げ足であった。

この払暁空襲によって六根基地司令官は戦死し、また旗艦「香取」で指揮をとっていた清水司令長官は重傷を負った。艦艇の被害が極めて少なかったのは、来襲敵機に実戦の経験が十分ではないためと推察される。

この頃からぽつぽつわが潜水艦の損害が目につきはじめた。

まず一日十七日にはインド洋方面へ進出の途上、伊六〇潜がスンダ海峡南口において英駆逐艦と水上砲戦のすえ撃沈されてしまった。つづいて伊一二四潜が一月二十一日以降、ポートダーウィン沖において消息不明となった。戦後わかったところによると、連合軍の哨戒艇の攻撃によって沈没したものである。さらに同月下旬にはウェーキ攻略の際、呂六二潜と呂六六潜は衝突して、後者は瞬時にして沈没、前者も帰還の途次、荒天のため艦位を失い、ケゼリン環礁に座礁大破する不幸を見た。

二月に入って、伊一七潜は北米西岸サンディエゴ沖に到り、ウルウッドの油田軍事掩撃に砲敵を加えた。これはわが海軍として米本土に対する最初の砲撃であったが、この時、行を共にした伊二三潜は米潜水艦のため二月二十六日に撃沈された。

二月六日。今日も晴天である。波は静かに、東の空が白々と明けそめる頃、昨日入港した重巡が、どんな任務をおびているのか知らないが、ゆるやかに転舵しながら水平線のかなたに消え去っていった。一日くらい休んでいったらと、いたわりたい気持が起こる。が、任務という荷を負う以上、致しかたのないことである。

六時半錨をあげ、東西丸に横づけして重油を搭載しその間に入浴した。肩までつかるたっぷりした湯にひたっていると、ほんとにもったいないと思う。錨地に帰ってからは夜まで飛行機の作動試験を行なった。気温はさがり、満天の星はいつの間にか雲に覆われてしまった。台風が襲来するとのことである。

夜半十時頃から風が強まり雨も降りはじめた。やがて暴風雨となり、十一時半には荒天準備を行なった。そのうち、

「――近海にサラトガを基幹とする米空母群現わる」

との哨戒機よりの電報が入り、十二ノット待機として次の命令を待つこととなった。

深夜、通り魔のように荒れ狂った台風も、四時の日の出ごろには風、雨ともにおさまり、真に台風一過の好天気になった。十二ノット待機と荒天準備のため、一夜をまんじりともせずに明かした乗員一同は、気の抜けたような顔に、赤い目をしょぼしょぼさせていた。基地では飛行艇が片翼を強風と波浪のためにへし折られ、投げ捨てられたように砂浜に打ちあげられていた。南方の天候の変化は恐ろしい。あっと思う間に嵐になったり晴れたりする。

太陽が昇ると、眠いながらも元気を取りもどし、朝食後、魚雷頭部の電池に注液充電を行なった。

サラトガら空母群の行方はついに判明せぬままに、十二時、オーストラリア方面飛行偵察の命令を受け、勇躍抜錨することとなった。在港艦船の見送りを受け午後四時十五分、赤い

夕陽が西の水平線に近づくころ、南水道から港外に出、一路オーストラリアに針路をとった。

その夜、わたしは上村さんの夢を見た。しばらくぶりで美しいカーネーションの飾ってあるテーブルでコーヒーを飲んだ夢だった。六年前から文通をつづけ、清らかな交際を結んでいるのだが、夢の中の上村さんはきちんとした女子専門学校生徒の姿だった。

翌一月八日は快晴、波静か。速力は第二戦速、針路八九度。気温は次第に上っていく。赤道通過は明日の午後八時ごろだと航海長から聞かされた。

「赤道ってのは、海に赤い線が引いてあるんだってな」

「線なんか引いてないさ。だけど、赤道の上へ来ると艦が一時ぴたっと止まるからすぐわかるよ」

などと、真顔で冗談をいう奴もいた。平安の航海ならば、いろいろな仮装をして赤道祭を盛大に催しながら通過する習わしだそうだが、今はそんな呑気なこともいってられない。ただ艦長が真面目な顔で、

「おい艦首に赤いものが見えるぞ」

といったので、「すわ敵」と前方に双眼鏡をまわしてみると、何もない。

「ほら、赤道が見えるだろうが」

担がれてみんな大笑いをしたのが、ふだんと違うぐらいのところだった。

海上は実に静かであった。油を流したようというのは、ほんとにこのあたりの海を指すの

であろう。波一つ、ひだ一つない。

赤道を越えたすぐあとのこと「右三〇度、黒い物」「漂流物」と報告があった。双眼鏡でよく見ると、椰子の木とも思われるもの凄く大きな真っ黒い円材が多数浮かんでいた。その円材にはいっぱい貝殻がついていて、海苔が毛のように生えていた。長らく沈んでいたものが浮き出したのか、あるいは何年も何十年も風のない、海流もないこの赤道近くに流れず浮かんでいるものであろうか。

こんどは右手に浮流物を発見した。これはまた珍しく大亀の甲干しであった。畳一枚は充分にあるでかいのがぽっかり浮いたまま動かない。航海長が清水兵曹に、

「おい清水、この真下が龍宮城なんだよ。何ならちょっと行ってみないか」

とからかっている。

「そうですかね、どうせ死ぬなら、この辺でぼかんとやられ、みんなで龍宮行としゃれたらどんなもんです」

と負けずにやりかえした。艦長がわざわざ転舵して亀とすれすれに通ったので、奴さんそのうねりにびっくりしたのか、それでも慌てず急がず、悠然と人間の頭より大きな首を甲羅から突き出し、ぐるっとあたりを見回してから、「なんだい、おどかすない」とでもいいたげに、また首を引っこめてしまった。その格好がおかしいので、思わず一同笑い出し、それからしばらくはお伽話の花が咲いた。

日が落ちてから針路を一九八度に変えた。下弦の月は鏡のような海面にそのままの姿を映

しはじめた。と、突然、右一〇度南方海面にこまかい銀波の立つのを発見、「浅瀬」と報告があった。おかしいなと思って艦長に聞いてみたら、

「馬鹿も休みやすみいうもんだ。こんな大洋のまん中に浅瀬があってたまるもんか。あれは魚群だよ」

と教えてくれた。

赤道以南の日の出は午前三時半ごろであり、午後四時半ごろには燃えるような太陽も水平線下に沈んでいく。速力は第二戦速、針路は一九八度。敵の哨戒もここまでは手がのびていないのか、実に静かなのんびりした航海である。

艦長は汗取りシャツ一枚だけの軽装であり、見張員はランニング一つもおれば縮のシャツ一枚もいる。下は半ズボンだけ。戦艦と違って潜水艦乗員の動作は一秒を争う敏捷さを必要とするところから、服装、態度にはあまり厳格なことをいわない。戦闘第一主義である。

艦内の温度は三十五度、蒸し風呂の暑さだ。褌一本で腰にタオルを巻いているのもいる。タオルは実に都合がいい。上半身から流れる汗を、腰のところで吸いとり、下へ流れるのを防ぐため、インキンの予防になる。通路も何も食糧、生糧品で足の踏み場もないほどだから、むーっとするさまざまな臭いがこもり、よけいに暑さを感じてくる。

こんどの航海では水上航走中、機械室の入口のところで、喫煙が許されることになった。艦橋ハッチから吸いこむ空気は十五メートル乃至二十メートルの風速となって機械室に流れこむ。そのため、ふかす煙草の煙は尾を引いて、これまた機械室へ流れこむ。ときどき火の

ついた煙草を風に吸い取られると、火の粉が機械室にぱらぱらと散乱するので、物すごくどなりつけられる。

炊事室を見ると、吉田主計長がこれまた褌一本で顔の汗を拭きながら昼食の用意をしていた。全身は水をかぶったように汗びっしょり、「目が見えなくなっちまう」とこぼしていた。

「御苦労さんだな、手伝おうか」

といったら、

「手伝わんでもいいから、おれの作ったもの、みんな食ってくれよ。暑いせいだろ、食がすすまんと見えて残飯がたまってかなわんよ。うっかり捨てれば敵の野郎がついてくるし、始末が悪いや」

と汗だくの顔を向けた。

艦橋は灼熱とはいえ二戦速による風があるので涼しい。退屈するといろんな話が出るが、いつも中心は砲術長である。話好きではあるし、話題が豊富だからみんな釣りこまれてしまう。

午前十一時半ごろ、太陽の反射に照り輝く海面の艦首のかなたに一条の細い水柱のようなものが見えた。何だろう、あっ、大きな鯨だ。もくりもくりと黒い体を水面に現わしては、シューッと潮を吹く。だんだん近づくと二頭の夫婦鯨であるのがわかった。

「ずい分大きいね、あれに艦をぶつけたらどういうことになるかな」

と誰かが面白がっていう。黙って見ていた艦長が、

「殺生なことはするな、親子鯨だよ」

といって双眼鏡を目にあてた。夫婦鯨がその間に一間くらいの子鯨をかかえるようにしている。艦が近づくと、驚いて小鯨を先に、どろんとした水面に大きな波紋を描いて沈んでいった。

今日は紀元節である。三時半起床、三時四十五分配置につき、その位置から右一四〇度方向、すなわち皇居の方向に遥拝を行なった。嚠喨たる君が代のラッパが響き渡る。艦内粛（しゅく）として声なく、黙禱をささげて国運の隆昌と皇国の安泰を祈った。終わって各自艦内神社を礼拝し、吉田主計長が腕によりをかけた献立に舌鼓をうつ。

赤道からだいぶ南下したために気温も二十九度に低下、気圧も下がり海上は荒れはじめた。夕食ごろには傾斜は一五度にも達し、食事をとれぬものが出てきた。

二月十三日、艦橋の見張りも防暑服では涼しすぎるようになった。毛糸のセーターを着こむほどである。午後五時、機銃の試射を行なう。そろそろ敵機来襲の備えをしなければならない。夜空には南十字星が詩情をたたえてまたたいていた。

大陸までの距離六十カイリ、シドニー港まで百カイリのところまで来た。この地方、オーストラリア東部地区はいま夏であるそうだが、内地の三月末の陽気だ。夏と冬と温度の差が十七度くらいというから、実に住みよい土地である。

艦長からいろいろオーストラリアについての面白い話を聞いた。南の牧場地帯には三百二十九マイルもの間、一センチの曲がりもないまっすぐな鉄道線路が敷かれていると聞かされてびっくりした。三百二十九マイルといえば、東京〜大阪間に匹敵する距離である。その間が、一直線をなしているとは、山の多い日本などとはとうてい想像もできない。

それから、オーストラリアで羊を飼うのに、猛獣が一つもいないことが都合のよい理由であるという。ライオンも虎も象も豹もいない。そればかりか、他の大陸では普通とされている鹿とか猿とかいうものが一匹もいないそうだ。そのかわり、ほかでは見られないカンガルーや袋狐などといった腹に袋のある動物がおり、あるいは鴨のような脚と嘴をもち、卵からその子を育てるといった変わり種のカモノハシなどが棲んでいるという。

また、ここに棲む鳥の多くは美しい羽毛(はね)をもち、歌を歌わぬのが特色だが、そうした特異の大陸であるために、原始人類はここにその郷土をもっていたともいわれる。ドイツの有名な人類学者は、地質上の事実と結びつけて、かつてアジアと南洋とが連絡していた時代に、原始人類の祖先がオーストラリアに入りこみ、ここが外敵の襲来の少ないため、次第に繁殖発達してきたものだと説いている。

そんな棲みよい土地にも恐ろしいものがある。それは旱魃で、雨が降らぬとなったら、砂漠でなくても徹底的に降らなくなる。一八五一年のビクトリア州の大旱魃などは、史上でも有名なもので、この時は樹木の葉さえばちばちにちぢれて破れ、水の出る穴は涸れて、数千頭の羊が平野に斃死(へいし)したという。

明朝未明にはシドニー港の敵状を偵察する予定だ。夜に入って風が強まり波が大きくなってきた。すべてのものは転倒し、ベッドに寝ていたのが毛布ごとほおり出されるような始末だった。

偵察飛行開始さる

動揺があまり大きいのでろくろく眠れない。よく寝てられるな、と思うのは体をベッドに縛りつけている。船は速力を落として偵察飛行機発進の位置を探しまわる。シドニー港から二十カイリの地点であるから、水深を連続測定しながら航行するほかはない。いくら待っても波が静かにならないので飛行機偵察を断念し、潜望鏡偵察を行なうこととなった。

午前三時半、白々と夜の明けそめるころ、潜航、水中を隠密に進んで島の木立の見えるところにまで接近した。敵影を認めない。敵航路の下をなめくじの這うように港口に入っていった。

潜水艦は三十メートルも深く潜入すると、どんな大浪にもどんなうねりにも動揺一つなく、深山幽谷の真夜中といいたくなるくらいの静けさになる。午後四時半、右艦尾方向にかすかな音源を聴取、〝すわ敵〟と整調把輪をぐるぐる回す。

「右艦尾音感一」

雷声管から報告する。司令塔より、

「どちらに移動するか、音源は何か、よく測れ。――本艦は転舵する、音源をなくすな」

と達してきた。音源は静かに右正横から次第に艦首に移っていく。艦尾は自艦のスクリュー音によって敵音源を消されてしまうので、聴音では死角といっている。正横から艦首で測定できるように転舵するのである。

約三十分後には音源が港内に吸収されてしまった。タービン音、単一推進器、輸送船であろう。ふたたび沖合にもどり、午後六時半に浮上した。もう陽は落ちて月のない闇夜である。港口の両端部に青白い光のゆるやかに回っているのはニューカッスルの燈台であろう。これほどよく光芒内に入っても発見されないのは、敵がまったく気をゆるしているからに違いない。

明日飛行機偵察を行なうため、天候を気にしながら漂泊に近い速力で走りまわった。午後十時二十五分、シドニー港沖合二十カイリの地点で、右二〇度方向に赤青の舷灯を出し、まっ直ぐに進んでくる一万トン級大型商船一隻を発見、直ちに「前進微速、面舵一ぱい」と急速転舵する。

商船は間近に牙を剥く狼がいるとも知らず、悠々と港内に入っていった。偵察任務がなければ一発のもとに仕とめてくれるのだが、みすみす見送らねばならぬとは残念至極である。艦長も、

「なに、偵察が終わってからゆっくりやるさ。機会はいくらもあるよ」

といいながらいかにも歯がゆそう。
午前四時、配置につき、闇夜の飛行機組み立てを開始する。まるで列車の屋根ほどしかない狭い甲板で、一足滑らせば暗黒の海底に引きずりこまれてしまう。静かになったとはいえ動揺は相当にある。手すりもなければ柱もないこの狭いところで寸分の隙も許されない飛行機を組み立てていけるのは、実に不断の訓練の賜物である。手には先の赤く遮光してある懐中電灯を持ち、猿(ましら)のように身軽に仕事をすすめていく。

やっと組み立てを終わり、試運転を行なってから先任将校がかざす赤ランプを合図に、午前二時、飛行機は闇の海上に飛びたっていった。

一度発艦した以上、ふたたび帰れぬものと覚悟をきめねばならぬ。偵察地域はいずれも未知の敵地であり、万一発見されれば帰艦は思いもよらない。もし追われて自分の潜水艦にたどりつけば、揚収の終わらぬうちに艦もろとも撃沈されてしまう。

飛行長は四千時間の滞空記録をもつ名飛行士の藤田飛行兵曹長である。それに偵察は剛胆をもって知られる奥田飛行兵曹であるから力強いかぎりだ。

艦長は艦橋の窓から半身をのり出していつまでも双眼鏡で見つめていた。三時が鳴った。何の通信もない。もうそろそろ帰らねばならぬ時刻である。四時が鳴った。艦長もようやく心配顔になってきた。五時。機影は見えぬ。

「電信員、音信ないか」

「何の通信も入りません」

りうろうろしていた。

「いやあ、あの二人のことだ。むざむざと死ぬものか」

航海長は「遅いなあ。遅いなあ」とつぶやきながら船の位置が違ってはいないかと、懸命に天測を行なっている。朝飯の仕度をしている吉田主計も落ちつかぬと見え、出たり入ったりうろうろしていた。

東の空が白んで夜は明けそめた。山の輪廓がはっきりしてきた。危険だ。陸軍の砲台に発見されたら万事休すである。

「位置に誤差が出たのかな。発煙筒用意！」

暁のオーストラリアの空高く煙があげられた——六時一分前、やっと機影を発見した。

「帰ります。偵察機帰ります」

「敵か味方か」

と艦長はどんな場合にも決して油断しない。帰る時間であるから味方である、と思うのが〝隙〟である。

敵ではなかった。機は嬉しそうに翼を上下して下げ舵をとり、無事着水揚収された。搭乗員二人の顔はまっ青にこわばっていた。報告によると、予定どおりの偵察を終えて帰ってみると艦がない。さては発艦後敵に発見されて潜航してしまったか、それとも撃沈されたのか、「もし潜航したのだったら、このあたりにうろうろしていると艦の位置を敵に知らせる結果となるから、燃料のつづくかぎり遠のいて様子を見よう」と、残りわずかな燃料を気にしながら飛んでいたところ、折よく発煙筒の煙を見たので、よみがえったような気持で帰ってきたという。

上はかぎりなく深い大空、下は果てしのない大洋、すべては敵の中である。帰る艦はない。燃料タンクのゲージは刻一刻と減って、燃料の残量を示していく。零になった時は自爆を覚悟する時である。何と淋しい心境ではないか。

艦の発見が遅れたのは天測による誤差のためであった。偵察状況は甲巡一隻、駆逐艦二隻、潜水艦五隻、商船数隻が在泊中という。

針路を二〇〇度に変え、一路メルボルン偵察に向かう。空は晴れ渡って波は立たない。このあたりは関東地方と同程度の緯度であるから、二月というと初秋の候に当たり、いわば小春日和でじっとしてると眠くなってくる。終日艦の上を、また周囲をぐるぐるまわりながらついてくる純白の大鳥があった。両翼の長さは一丈あまり、濃紺の空に浮いた白さが目にしみて美しい。何という鳥か、誰も知らなかった。

午後十一時半、三六七度に変針して北上、タスマニア島を迂回してキング島の内側に入った。艦橋は風のあるため相当に寒い。浮流機雷の群れかとどきりとしたが、甲羅干しの大亀がゆらりゆらりと波間に漂っているのだった。幅三十メートル、長さ三百メートルくらいの昆布が浮いている。鬼昆布というのだそうだが、ここまで来ると、すべてが日本とは桁違いだ。

二月二十日、メルボルンまで百六十カイリの地点に来た。陸岸からは五十カイリ離れている。今日あたりは敵哨戒機を見るであろうと、緊張して見張りに当たったが、一向に現われない。艶のない赤い太陽が水平線の靄の中に沈んでいった。明日の飛行機偵察の首尾を案じて、艦長は夕映えの西空を、じっと見つめていた。

夜明け前になっても波が高く、飛行機発艦ができないので午前四時、潜航した。潜航中の艦内は実に静かである。敵艦の攻撃はやれないし、浮上(あが)ることもできないとなっては寝ているほかはない。当直以外はみんなベッドへもぐりこんでしまった。十四時間の潜航だから相当体にこたえるはずであるのに、温度の低いのと馴れとで、それほど苦にはならぬ。

「おい一丁やるか」

久保田兵長とヘボ将棋をはじめた。ちょっとあたりを見回わす。井筒の野郎寝入ってるな。こいつがそばへ来ると口出しをするのでうるさくてかなわん。

「ふん、中飛車ときたね、しからば銀をこう上げてと」

いつの間にか井筒がむっくり頭をあげてにじり寄ってきている。

「あ、駄目だ。そんなところへ金が出ちゃあ」

相手にならずに駒をすすめる。

「あれ、惜しいな、そこんとこ歩を打つんだよ」

「うるせえな」

ぱちり、王手だ。

「それ見ろ、その角、死んじまうじゃないかここは」

「だまってろ、助言は無用だ」

「そう、助言は無用とね、無用、無用で、あ、駄目だそら、銀が下がるんだ、銀をよ」

とうとう手を出しやがった。

「ちえっ、うるせえ野郎だ、余計なちょっかい出すとぶん殴るぞ」

「へい、へい、手は出さん、出さんがね、あ、その角」

なんてことで将棋にならない。向こうでは艦長と軍医長とが烏鷺を戦わしている。軍医さん三目置いてなかなかの苦戦らしい。

なごやかなひと時である。

やっと六日目に波がおさまった。午前四時に機は飛びたった。陸地から二十カイリの地点である。反転、三戦速で沖に出、キング島の島陰に隠れた。間もなく夜が明け、島には白や赤の煉瓦造りの家が見え、白い煙があちこちからあがっている。絵にしたいような風景だ。

飛行機は予定時刻に無事帰ってきた。「それ急げ」と揚収作業を始めたとき、「水平線に檣が見えます」という。

「空母か？　はっきり見さだめろ、揚収が間にあわねば飛行機を捨てて敵を撃沈するんだ」

と小田司令の叱咤する声。

夢中になって揚収を急ぐ。敵は商船であった。偵察の結果は、メルボルン港内に軽巡五隻、大巡一隻、商船二十数隻碇泊ということであった。艦はそのまま潜航し、二ノットの速力で沖へ出た。

二月二十八日、次第に雲行きが悪くなり、気圧は七五四ミリを示して荒れ出した。明け方の艦橋に上ってみると、「大龍巻だ」といって見張員が騒いでいる。

海も空も濃い灰色に濁り、雲は矢のように南を指して飛んでいく。ただ水平線から二〇度くらいの高さの雲の間が明るく切れて、その中に巨大な龍が昇天するごとく、一本の黒い龍巻が水と雲をつないでかかっていた。静かにうねり移動していく有様は、実に奇怪そのものであった。自然の力の偉大さに今さらながら感心し、ただ呆然と眺めていた。そのあとは暴風雨、風速は三十五メートルを越した。

午前一時ごろ嵐は嘘のようにやんで皓々と月が輝き出した。遥かかなたに目ざすホバート島の高峰がぼんやりと姿を現わす。最初はどう見ても雲としか思えなかった。司令も艦長も双眼鏡を手にして、「雲かな、山かな」と首をかしげていた。

近づくにつれ、仰ぎ見る中天に山の頂がおおいかぶさるように拡がってきた。この山に抱かれた湾は直径十四カイリ程度といわれ、油を流したようにどろんと淀んでいた。

午前三時四十分、ホバート島をさる二カイリの地点である無人島のあたりから飛行機を発進させた。伊豆の大島によく似たこの無人島に炎々と火の手があがった。山火事が起こったのであろう。

四時半ごろ突如、探照燈の光芒を発見、「飛行機が発見されたか」と色めきたつ間もあらせず、二条、三条、五条と光芒はふえ、ついには数十条色とりどりの光が扇形に拡がり、眩ゆいばかりに上空を照らしだした。探照燈ではない。オーロラであった。思いもかけぬ天然の美にしばしは物もいえず、ただ凝然と見つめているだけだった。消えたと見るとまた開く。何とも形容しえない美しさである。

五時半、偵察機は無事帰還し、揚収を終えるとただちに第二戦速にて水上航走、針路を八〇度にしてニュージーランドに向かった。ホバート偵察状況は港内桟橋に七千トン級商船が一隻横づけにされ、他に六隻の小型商船が投錨してあり、飛行場には滑走路はあるも格納庫や飛行機は見当たらなかったという。

このホバートにはもの凄く大きな海老がたくさんいて、昔は中国からはるばるこれを獲りに来た漁船があったと、小田司令が話してくれた。

「奥田、光をやろうか、潰れてないぞ」

飛行偵察員の奥田兵曹が艦橋でぼんやり空を眺めていたので、声をかけた。

「ありがとう、一枚でいいよ」

潜水艦乗りは出撃前に行動中必要なだけの煙草を仕入れていくが、湿気がひどいためと入れ場がないためにかびたり潰れたりしてしまう。だから一本、二本といわず一枚、二枚という。わたしは煙草が唯一の嗜好品なので、湿気止めを入れたお茶の罐の中に大事に保存しておく。だからしゃんとして煙草らしい形をしている。

「ほう、これは珍しい、一枚じゃあない、一本だ」

しんから嬉しそうな顔をして火をつけた。

「几帳面なあんたらしいたしなみだ。うまいなあ、やっぱり煙草は乾いたのを喫うもんだ」

と、お世辞をいいながら、深々と煙をすいこんでいた。

白日のもと水上航走を行なう。天気は晴朗、波も穏やかであったが、二戦速のため強いしぶきを浴びながらウエリントンへと疾走する。僚艦はいまどのような戦闘をしているであろうか、やはり気になるので先任将校に艦隊行動をたずねてみた。が、やはりわたしたちと同様、新聞電報程度の戦況しかわからなかった。単独行動をとっているからであろう。

敵哨戒圏内に入ったので、午前五時四十五分から試験潜航を行ない、接敵の準備をする。

十二時。

「地点まで六十カイリですから、そろそろ山が見えるはずです」

と航海長がいう。霞のような雲がかかっていてなかなか姿を現わさない。やっと昼過ぎに、富士山よりも高い山頂のあたりが見えてきた。

「取舵」「もどせ」「七〇度ようそろ」

山に向かって直進する。みるみる山は近づいてきた。夜になると雲一つない蒼空に十六夜の月が出た。山は黒々とひろがり、今にも抱きこまれてしまいそうな気がする。波はいよいよ高い。その波濤を蹴たてて湾内に入った。飛行機を飛ばすことができないので、そのまま漂泊で敵を監視するほかなかった。

月は皓々と輝き、一心に望遠鏡に取りついている見張員の肩をきらきらと照らしだす。うねりは高い。

　翌日も翌々日も潮流の加減や天候不良のため飛行機作業は行なわず、潜航をつづける。

　三月六日午後八時十五分、山の端から月が昇りはじめたころ、赤々と舷灯を出して向かってくる商船を発見した。滑らかな黒い水平線に、ぽっかり黒い船影が近づいてくる。敵に発見されてはならじと、三戦速にて敵警戒の目を遁れた。ところが十時半、こんどは艦首から赤灯をつけた商船一隻が、月の光を浴びて航行してくるのが認められた。やむなくまた反転して退避する。

　十一時二十分、またまた南から北上する重巡洋艦とそのあとにつく駆逐艦とを発見した。「よし、今度は逃げないで攻撃だ」と、鉢巻をしめなおしてからよく見ると、何のこと商船二隻であった。がっかりしてしまった。

　赤舷灯を見せて、知らぬが仏で悠々たるその二隻の船を見ていると、逃げて歩いているこっちのほうが哀れになってくる。

「今晩だけでも四隻撃沈できたのに残念です」

と見張員がくやしそうにいう。

　艦はふたたび陸岸に接近し、手の届きそうな二千メートルくらいの地点に漂泊の位置を求め、飛行機発艦の場所をきめた。敵商船の目をのがれるため逃げまわっているうちに、空は少し曇り出し、月にも雲がかかるようになった。「風が出ねばよいが」と艦長は心配そうにつぶやいた。

この島、ニュージーランド島は、昔、白瀬大尉が南極探険の折に立ち寄ったところであることを思い出し、上陸してみたくなった。子供の頃、『少年クラブ』で血をわかせた島だ。

明けて七日の午前一時から、飛行機発艦作業にかかる。月は雲に隠れ、星も見えない。風が出てきた。組み立て中に翼を飛ばされはしないかと、十分の注意を払いながら作業に懸命となるのだが、うねりが高くてはかがいかない。風はいよいよ強まり二十五メートルにもなった。艦長が「中止しようか」と飛行長にたずねた。

「発艦は無理です。水上発射にしてください」

水上発射というのは、組み立てた飛行機をデリックで吊り上げ水上に降ろし、水面を滑走しながら飛び上がる方法でカタパルトを使用しないものである。

水上に降ろすとうねりがひどいので飛行機は右に左にぶらんぶらん揺れる。先任将校はウインチを止めたり動かしたり指揮に大骨をおっていたが、やがて大きなうねりにあおられ、翼を艦体にぶつけて破損してしまった。仕方なく飛行機をやっとの思いで揚収分解し、偵察を中止してしまった。

「無理だったな」

艦長がぽつんという。

そうこうしているうちに夜が明けてしまった。格納が終わったときは太陽も顔を出し、陸岸の山も家も手にとる近さにあることを、やっと気づいた。それほどみんな夢中だったのだ。発見されたら一大事とは思うが、飛行機を格納しないうちはどうにもならない。ええ、射つならん射ってみろと、やぶれかぶれの糞度胸みたいなものがついてきた。

艦長は久しぶりの太陽がまぶしいのであろう、眉をしかめてしきりと陸岸を見ている。作業終了とともに第三戦速で一直線に沖へ出た。三十分ほど走ったとき右三〇度水平線に船影を発見、ただちに急速潜航を行なった。深度三十五メートル、危険な一時であった。

翌日、午前零時からウエリントン港の燈台を目前に控える五カイリの地点に接近し、水上発射により偵察機を発艦させた。組み立てから発艦まで約一時間を要した。

東の空が白みかけるころ、機は無事に帰ってきた。朝の一番列車が白い煙を吐いて海岸を走るのが見える。民家の人たちもぽつぽつ目をさましたらしい。炊煙がそこここから上りはじめた。

水上航走中、突然、艦首に商船を発見、急速潜航を行なう。潜望鏡をあげてみると中型商船が悠々と近づいてくる。外舷は鼠色、艦首、マストは真っ白、それに朝陽が映えてまぶしいばかりだ。六千トン級であろう。時計を見ると午前四時半。二万トン級以上でなければ攻撃しないことになっているのでそのまま見のがし、連続潜航を行なう。ウエリントン港内の偵察状況は商船二隻投錨しあるのみで、軍艦は一隻も見当たらなかったという。

惜しくも重巡を逸す

三月十二日。午後一時半、陸岸から五カイリの地点で捜索聴音中、推進器音を捉えた。耳をすましていると敵の探知音が聞こえる。これは大変、敵に発見されたのかも知れない。

「音源は捜索探知を行なっております」

と早速、司令塔に報告した。「配置につけ」のブザーがけたたましく鳴り響き、各区に命令がかけられた。

「何だ何だ」「いよいよ攻撃か、待ってました」

一同張りきって配置にとんでいく。昨夜以来敵はわれを感づき追跡していたのかもわからない。艦長も先任将校も探信室に入ってきた。「どうも発見されたらしいな」といいながら急いで司令塔へ上っていった。

「魚雷戦用意、使用魚雷六本」

全射戦用意の号令がかけられた。いよいよという場合には八方に魚雷を疾走せしめて敵の耳をごまかし、その間に素早く逃走する戦法である。探知音は四秒間隔に聞こえる。感度は感二、敵は完全にわれを捕捉している。音源は次第に大きくなり、接近してくるのがはっきりわかる。

「間もなく艦底通過になります」

敵は四百ないし五百メートルまで接近し、全速力でわが直上を通過するらしい。艦は急転舵、探知音を艦尾にまわして脱出をはかった。探知音を艦尾に受けるようにすると、本艦のスクリュー音に消され、それとともに艦体が死角になるので反響音が出なくなる。敵は高速なため、自艦の雑音と本艦のスクリュー音に消されて反響音が取れないのか、慌てて送波器を回転し捜索探知に入ったらしく、探知音が高くなり低くなりしはじめた。

この判断はほんの瞬間であった。ゴーッという轟音が頭上にのしかかってきた。ちょうど踏切で汽車の通過を待っている時に感じる地響と響音に似ている。「艦底通過」と報告するとともにドボーンという音がレシーバーに入る。

「爆雷投下」

とつづいて報告。数秒後には天も地もばらばらになったかと思うばかりの轟然たる爆発音が起こり、艦内の電燈は消え、棚の品物は飛び散り、人々ははね飛ばされた。

次に来るであろうものを待って、寂として一同声もない。暗黒のうちに夜光時計の文字ばかりが青白く光っていた。

次の投下音は死を意味するものだ。

耳が痛んで何も聞こえない。

「聴音、敵は反転しないか」

「耳ががんがんして聞こえません」

潜航中の潜水艦の死は、いわば従容の死である。華々しさはない。むしろ飛行機乗りのように空中に散る壮烈な死を羨ましいものと思う。ようやく耳がなおって音源が入ってきた。スクリュー音は遠ざかった。探知音もまた聴取できなくなった。駆逐艦は二隻であった。ふたたび反復攻撃の針路が今と同様であったら、なお敵は的確にわれを捉えているのであるから、もはや、絶対にのがれない。その時は、窮余の一策、全射戦を行なって魚雷をいっせいにぶっ放ち、そのスクリュー音を追わせて、逆に陸地近くへ脱出するばかりだ。

潜望鏡は絶対に出せない。ただ聴音機のみをたよりに襲いかかる運命の手を待っている。辛い話である。

が、次の攻撃はなかった。敵はわれを完全に仕留めたと誤認したのか、それとも最初からよく判らず、偶然にも真上から爆雷をぶちこんだのか、何か拍子抜けの格好であった。しかし、なお用心して陸岸に向かい潜進していった。魚雷は六本とも水漬けになったが、誰も不服をいうものはなかった。生きた歓びからであろう。

夜陰に乗じて沖へ出た。魚雷員は早速、水漬け魚雷の手入れにかかる。こいつがなかなか面倒だ。

「まったくいまいましいなア、縛られて殴られっぱなしってわけだからな」

と憤慨する。大型艦船に対しては絶対優勢な潜水艦も、吃水の浅い駆逐艦、水雷艇には魚雷を射ち込んでもなかなか命中しない。逃げるほかに手はないのだ。

相沢連管長が油だらけ、汗だらけで魚雷と取っくんでいる。御苦労さまと思って声をかけた。

「一服つけたらどうだい、艦橋はすいてるよ」

「うん」

といったまま、ちょっと手を休めたが、行こうとしない。ははあ、煙草がもうないんだな。だまって、ポケットから潰れたキンシを一枚出してやったら、とても嬉しそうな顔をして敬礼した。気の毒になってしまった。常日ごろは武骨一点ばりで、正しいと思う意見には同僚でも上官でも区別なく頑張り、どなるほどの男なのに、たった一枚の煙草に直立不動の敬礼をする。かびの生えてない上物の煙草をあとからくれてやろう。

弦月のあかりをたよりに飛行機を組み立て、十一時半、オークランド北方海面の休火山島の陰から発艦させた。海は静かでわずかにうねりがある程度だった。一時間ほどして白灯が一つ見えてきた。飛行機はまだ帰らない。

「白灯は何か、よく見張れ。敵の状況によっては水上攻撃を行なう」

と指令された。砲員は大喜びで十四センチ砲の射撃準備にとりかかった。魚雷の用意もとのった。それにしても飛行機はどうしたろう。気が気ではない。もし哨戒艇でもあったら、飛行機は見捨てるほかはない。見張員の目は食いいるように白灯にそそがれる。

だんだん接近してきた。本艦を発見しないらしく、変針して遠ざかっていった。横向きになったところを見たら小型商船だったのでほっとした。間もなく機は無事に帰ってきた。偵察状況は港内に碇泊せる商船四隻、軍艦は一隻も見当たらない。

オークランド偵察が終わったので、こんどは見つけ次第、容赦なく撃ち沈めることになった。水上を血眼になって航走する。

嬉しや十時十五分、左に一〇度、霧も晴れた紺碧にくっきり見える水平線上、商船の檣を発見した。船は煙突のみ黒く、船橋、マストは赤鉛色にカムフラージュした二万トン級大型商船である。取舵、変針、敵の後方に出て、マストと煙突が一線に見えるようにして敵の針路を測定した。一四〇度にて南下中なることを確かめ、第二戦速で敵の左舷に出ようとした。ところが急に向こうが変針したらしく、方向が変わってしまった。測定やりなおし。やっと左舷に出て船群の見える程度に距離を保ちながら隠密に追跡していった。まだ気づかぬらしい。悠々と一三〇度で南進している。

敵速がはやいため水中攻撃はできない。水上航走でひそかに追いかけ、夜になるのを待って敵の前方へ全速進出し、攻撃する外に手はない。

午後四時半、そろそろ日も傾き、夕映えに海の色が紫紺に変わるころ「配置につけ」の号令がかけられ、魚雷戦の用意がととのえられた。雲が出てきて月影も見えず、星もかくれて闇夜になってしまった。水平線と雲間の境がかろうじて見わけられるくらいの視界である。

一秒間でも敵から目を離せば取り逃すおそれがあるので、望遠鏡にぴったりとついたままである。目が痛くなる。

艦内では一切の準備を終え、今か今かと待っている。ちょっと目の位置を動かした。しまった。その瞬間に敵を見失ってしまった。あわてて一生懸命に探したがわからない。躍気になって反転、変針、やっと二十分ばかりして敵船後部の舷窓から灯のもれるのを発見した。こんどこそ逃すものか。

「照準角〇度、方位角左八〇度、距離千五百」

艦首を敵の側面に向け速力を落とす。敵は眠ってでもいるように音もなく同一針路を航行していく。

「用意」

見張員は敵を凝視したまま固唾をのむ。照準よし。

「射てっ」

艦にごくんという大きな振動を残して魚雷は発射されていった。艦長の照準には絶対の信頼をよせている。完全命中を信じ、爆発音の聞こえるのを今や遅しと待ちうけた。十秒、二十秒、何にも聞こえない。じっと窓ガラスに顔をつけていた艦長は「駄目かな」とややがっかりしたようにいう。

「当たらんようだな」

司令がこれもがっかりしたようにいう。

「ははは、それたわい。しかし、おかしいな」
艦長は磊落に笑った。面舵変針、ふたたび射撃態勢をととのえ、敵船正横に入ろうとして「五、六番管戦闘」と号令がかけられたとき、敵船からピカーッ、ピカーッと三つの火花とともに、闇をつんざく爆音が起こった。砲撃である。魚雷発射後約四分してからであった。ただちに潜航用意、取舵変針、砲撃を回避する。

その後三十分ほど捜索をつづけたが、ついに敵艦を二度と発見することはできなかった。なぜ命中しなかったのか。いろいろ論じたところ、方位盤の誤差であることがわかった。四度左に狂っていたという。方位盤手は、大切な魚雷二本を無駄にしたうえ、一日のみんなの苦労を無にしたというので士官以下しょんぼりしてひたすら詫びいっていたが、艦長は何もいわず、俺の腕が悪いんだよといったような顔をしていた。

三月十五日、針路三六〇度として北上する。ふたたび赤道に近づくと海上は平穏、天気は快晴、春の暖かさも夏に変わっていった。入道雲が真綿を飾ったように見える。快い航海である。

このあたりにも鯨が遊弋している。一頭で悠然と潮を噴いているのや、親子連れで浮きつ沈みつしていくのがある。その不格好な親子を見ていると、戦争も何も忘れてしまうほどにユーモラスな気分になってくる。鯨が見えなくなったと思うと、こんどは気の短いイルカの大群がぱっぱっと水面をジャンプしながら分列行進をやっていく。まるでハードル競走を見ているようだ。

翌日の午前九時半、右三〇度水平線上を北上する重巡一隻と二万トン級商船一隻を発見した。ただちに「両舷停止」「潜航急げ」と号令一下、一分とたたぬうちに海中にもぐりこんだ。「聴音用意」「魚雷戦用意」「使用魚雷六本」「目標、重巡一隻と大型商船」と矢継ぎ早に命令がくだった。

「それ重巡だ。こんどこそ金勲物だ」

白鉢巻をきゅっとしめ、勇躍それぞれの配置にとんでいく。艦長は決死の意気ごみで潜望鏡を上げ下げするが、その手は興奮のためか、かすかに震えていた。

ところが十時半、敵は本艦を発見したらしく、急転舵反転してしまった。〝はっ〟と思ったときはもう遅い。全速力で逃散、たちまちその姿は水平線のかなたに消えていった。水上艦艇にくらべて速力の低い潜水艦は、こうなると切歯扼腕してもなすすべがない。

「発射待て」「魚雷戦用具おさめ」

千載一遇の好機到来と喜んだ乗員は、またもや取りにがしたかとがっかりする。と、

「浮上(あが)れ、飛行機発艦用意」

の号令がかかった。

艦長はあくまでやる気だな、ようし刺しちがえる覚悟で当たってみろ。たちまち格納筒は開かれ、飛行機は組み立てられた。うねりは大きいが波は静かで操作は楽だ。浮上から発艦まで三十分。機は重巡の消え去った方向の水平線目ざして飛んでいった。艦はそのままの位

置で揚収用意をし、上空警戒をしながら報告を待っていた。

もしかすると重巡から発艦する攻撃機が襲いかかってくるかもわからないので、機銃員は座について待機している。渺茫たる大海原、かぎりない空には雲のかけらもない。約四十分追跡したが発見できず、空しく飛行機は帰ってきた。

北上をつづけると一日ごとに暑さが加わる。潜航中の艦内温度は四十度にものぼり、まったく蒸風呂に入っているようだ。

世界中で一ばんおいしいバナナの産地であるフィジー島スバ港（英領）の偵察を行なうことになった。午前零時半から飛行機発艦準備を行ない、一時間後には飛び立っていった。機の帰らぬうちに、夜は明けそめてきた。陸岸までの距離二カイリの地点であるから、濃い線に色どられた野山の草木、山肌までが手にとるように眺められた。

さわやかな美しい朝。死を目前に控えた偵察行とは思えぬくらいである。

やっと飛行機の帰ってきた時には、もう朝日がのぼりかけてきた。揚収中、敵に発見されたら百年目だ。気が気でない。先任将校がさきにたって分解作業を手伝っていた。が、それも無事にすんで、艦は第二戦速をもって次の偵察地サモアに向け疾走をつづけた。

フィジー島の偵察状況は、港内に巡洋艦一隻、商船四隻、その他小型商船が桟橋に横づけされていたという。この飛行では、あぶなく敵に発見されそうになったと、奥田飛行長があとから話していた。

「明け方飛行機の爆音を聞いて、敵は不審を抱いたのだろう。探照燈を照射点滅してきた。見つけられたかな、と思ったけれど、点滅しているところを見ると、こいつは味方識別の信号かも知れん、そう咄嗟に感づいた藤田兵曹長はでたらめの発光信号を送った。『ミロ、ミロ』の連送をやったところ、ありがたや、敵は応答の信号と思い、そのまま照射を中止してしまった」

というこことだが、これは実際あぶないところだった。照射点滅にあわてて引き返しでもしようものなら、敵は必ず追撃機を出してくる。もし追われれば、とうてい揚収などできるものでなく、飛行機と乗員を見殺しにせねばならぬばかりか、下手をやったら爆撃を食って艦は永久にフィジーの海底深く沈むことになってしまう。

でたらめでも何でも気転をきかせて発火信号を送ったのは、殊勲甲とたたうべきだろう。潜水艦搭載機による偵察は、まったく命がけだと、つくづく感じたものである。

艦内はますます暑くなってくる。海水温度が高まってくるせいだ。

潜航当直員以外は電燈を消し、ベッドで休息している。どうにも暑くてかなわないので、そっと這い出し冷たいテーブルの上に素っ裸で横たわろうと、降りたとたんに下に寝ているのを踏んづけてしまった。

「いてて、誰だい、おれの腹踏んだ奴は」

何しろまっ暗だから見当もつかない。

眠れぬままに聴音の当直と交代してやる。防音装置を完全にするため密閉したこの部屋はいっそう暑い。めまいがしてくる。清水一水が聴音機についていた。これはまた文字どおりの裸だ。全身汗だく、丸椅子の上にあぐらをかき、汗で聞こえなくなるレシーバーを拭き拭き、一生懸命聴音していた。

「おい、御苦労さん、交代しよう」

そういってうしろから肩を叩いたら、清水一水びっくりして、ズボンで前をおさえた。

北上をつづけ敵の哨戒区域を脱したので水上航走に移った。天気はずっと快晴だが、向かい風になったせいであろうか、動揺がはげしい。蒸し風呂の中で息の根をとめられそうになった上、こんどは風波で揉みくちゃにされるのだからたまったものではない。まさに疲労困憊の極みである。

雲が出て来た。午後五時、日は落ちて小雨もようになり、やがて四日月くらいと思われる細い弦月が雲間にぼんやりと見え隠れしはじめた。七時ごろ、東の空に白狐の尾をもって大きく一筆書いたような白い輪がかかった。

「珍しいな、夜の虹ってのはこれだよ」

と司令が教えてくれた。生まれてはじめて見る不思議な夜空の現象である。何か背筋がぞくぞくしてくる。田上艦長も不思議そうにじっと見つめていた。おそらく司令以外には誰にも最初の経験であったろう。五分くらいですうっと消えていったが、まるで夢からさめたような気持だった。

三月二十二日、午前一時四十五分に艦尾一二〇度付近に、雲の切れ間から敵巡洋艦の北上するのを発見した。急速潜航、潜望鏡を上げて見たが、すでに敵影はなかった。早くもわが存在を知って回避遁走したものであろう。

いよいよサモア島のパコパコ港を飛行偵察する地点に到達した。相変わらず波は高い。ついに発進できず、潜航して港内を潜望鏡で偵察した。軍艦は一隻も碇泊しておらず、また軍事施設も見るべきものはなかった。

針路を三〇六度に変針、敵地を離れ、そろそろ味方哨戒圏内に入っていくので何となく力強さを感じる。

トラック島まであと千二百カイリだという。もう一息だ。軍艦旗を掲げ、艦名イ25と日の丸を書き入れる。やがて赤道通過、二度とこの赤道は踏めまいかと思ったのに、オーストラリア偵察の大任を果たし、いまこうしてふたたび赤道を通過するとは、感慨無量なものがある。

赤道近くはいつも無風地帯なのか、どろんとして古沼のようによどみ、何か強い力で深い深い海底へ引きこまれていくような気がした。もう敵にあとをつけられる心配もなくなってきたので、艦内の汚水、汚物の投棄が許され、舷側からほおりこむ。できるだけ細かく砕いて投げこむのだが、なかなか沈まない。

艦内では身の回りの整理をしたり、しばらくぶりで毛布の塵を払ったりして、入港の日の用意をはじめた。

三月二十九日。夜明け前は至極平穏であったが、前方に黒雲が現われ、見る見るうちに空一面に拡がって完全な無風状態になった。嵐の前の静けさという奴である。ごーっという唸りとともに二十メートルにもおよぶ風が捲き起こり暴風雨となった。およそ二十分ほどで、空はふたたび嘘みたいに晴れ渡り、灼熱の太陽がじりじり照りつけてきた。

明日はいよいよトラック島へ入港だ。午後から軍医長が梅毒の講話を行なった。ふだんはひょうひょうとした軍医さんであるけれど、専門の話になると、さすがに威厳をそなえたりっぱなものと感心した。トラック島民には強烈な梅毒を持ったものが多いからと、事前に予防や一般知識を教えてくれた。産婦人科専攻なんだそうで、その点実にくわしいものだが、潜水艦ではお産もあるまいし、日頃はまったく手持ち無沙汰なことであったろう。

翌朝午前六時すぎ、遥かにトラック島のトロモン山の影が見えてきた。トラック島は珊瑚礁と防材をもって敵潜の侵入を防ぐ諸防備があるので、初めて入港する艦船はひとりでは入りえない。哨戒艇に水先案内をしてもらうのだ。

入港故郷へ

哨戒艇に導かれて港内に入った艦は、ただちに特務艦「音戸」に横づけとなり重油搭載を行なった。その間、乗員は入港を許され、久しぶりに垢を落とすことができた。いつものことながら、まったく蘇生の思いである。

昭和十二年に遠洋航海に来たことがあるが、あの当時と変わらないのは山と水ばかりであった。小学校時代の教科書に〝トラック島便り〟というのがあった。夢の島、常夏の島として一度行ってみたいものと、子供心にあこがれたものである。それがこんどで二度見られるわけである。

椰子の繁み、白いかもめの飛び交う姿、それらは南国の情緒を描きなすものであるけれど、ひとたび目を港内に向ければ、そこには激しい戦争の現実がさながらに展開されている。入港する軍艦は激戦のあとも生々しく、弾痕はいたるところにあり、赤錆が一面血を流したようにふいている。飛行機は間断なく飛びたち旋回をつづける。

主計員はさっそく陸上の第四防備隊に行き、野菜、魚、肉の類を補給してきた。そして昼飯の食膳を飾った。ジャガイモ、ナス、キュウリなど新鮮な野菜の姿と味に一同歓声をあげた。

「いい香りだなア」

つねに食欲旺盛で、たびたび炊事室にこっそり侵入する背の高い砲術長をつかまえて吉田主計長がいった。

「今日はどじょう豆でもナスでも葱でもどっさり御馳走しますよ、腹いっぱい食うてください」

「ははは、もうつまみ食いはせんよ」

乾燥味噌でないほんとうの味噌汁に、青い豆と青い菜の葉が浮いている。命あればこそこの美緑に接することができたのだ。死んじゃならないとしみじみ思った。

午後三時、ふたたび哨戒艇に案内されて港外に出、針路を三一五度にとって緑のトラック島をあとにした。防備おさおさ怠りないこの要塞島には一匹の敵も近寄れまいと、意を強くしながら懐かしの横須賀に向かって一路航行する。入港は四月五日の予定だ。

故国は刻一刻と近づいてくる。しかし、それにともなって、気温も下がり、波も荒くなってきた。油断はなお禁物である。敵機の来襲はほとんど心配ないが、敵潜がわれわれと同様にすぐ足もとに迫っているかも知れない。東京湾の懐に入るまでは決して安心はできないのだ。

久しぶりで大掃除を行ない、艦内のごみも全部捨てられた。すがすがしい気持である。夜は弟と父親にあてて便りを書いた。上村さんにも書こうとしたが、どういうものか考えがまとまらず、気にいった文章にならない。やめてしまった。

今日は神武天皇祭である。午前八時四十五分、艦内艦橋ともに配置についたまま遥拝、黙禱を行なう。そのあと、うららかな春の陽光を浴びながら午前中、上甲板で内火艇の整備を行なった。昼食にはお神酒が許された。行動中は祝祭日といっても、一切酒は禁じられていたが、もう横須賀まで三百カイリの地点に来ていることだから祝杯が許されたわけである。

「明日早く、日本の山々が見えるはずだ」

と航海長から伝えられた。

明けて四月四日午前四時四十五分、右三〇度から艦首付近前方霞の中に、起伏する房総の山々の緑が夢みるように見えてきた。

——懐かしい、ただもう懐かしさでいっぱいだ。

大島が先に見えるかと思っていたのに、房総より二十分も遅れて現われた。

「おーい、山が見えるぞオ」

伝令により艦内すみずみまで伝達された。五ヵ月間の行動であれば、誰しも思いは同じである。

「見せてくれ、俺にも一目見せてくれ」

ぞくぞくと艦橋へよじ上ってきた。

航海長は天測に余念がない。春の海は波も静かに、朝霞のうちに赤々と昇った太陽の光を受けて、直線の航跡を残した艦はまっしぐらに母港へ母港へと進んでいく。富士はその姿を見せないが、碧空のもと、うららかな日和となるころには、出入の大小艦船がはっきりと目に映るようになった。

はたはたと軍艦旗をひるがえさせ、乗員が甲板に群がっている。出ていく船には「武運と安全なる航海を祈る」入る船には「ご苦労さん」の挨拶を交わしつつ行き違っていく。

「入港は午前十時の予定です」

航海長が艦長に報告した。いよいよ入港だ。艦は速力を落とし、三浦半島と房総半島に囲まれた東京湾の中へ吸いこまれるように入っていった。入港前に飛行機を発艦させるため、組み立て作業を行なうも、故障のため中止、おかげで予定が一時間ずれてしまった。

「あ、桜が咲いている。桜だ、桜だ」

各艦船は全員登舷礼式の位置につき、手に手に帽を振って入港を祝し、旗旒信号、手旗信号で「貴艦の無事入港を祝す」「赫々たる戦果を祝す」とまことに賑やかな歓迎ぶりを示してくれた。全員上甲板に出て歓迎に答える。

翌朝午前十一時四十五分、上陸。まず鎌倉八幡宮に帰還の御礼と、併せて武運長久を祈るため参拝する。帰りに同期生の吉田に会った。いま水電学校にいるそうだが、わたしの第一線勤務をひどく羨ましがり「おれも艦船勤務ができるように運動してくれよ」といっていた。

夕方、坂本町に住む姉のところへ無事帰港の旨を告げにいく。出発の際はどこへ行くともいわなかったが、今日は五ヵ月間の行動を許された範囲で詳しく話した。おそくなったので泊めてもらう。夜は暴風雨になった。せっかくの花も散ってしまうことであろう。

朝、艦へ帰ってみたら、昨夜の嵐で内火艇が流されてしまったといって、大騒ぎしていた。捜索員を出し、やっと港務部に吹きつけられていることがわかり、収容にいったが、午前中はそんなことで何もできなかった。昼から右舷直員が三十二時間の休暇を与えられて出ていった。艦内はひっそり閑として気が抜けたようだ。夜はアジ釣りをやる。収獲は小アジ四匹であった。

今日はお釈迦さまの誕生日だ。故障修理の請求書や搭載物件の請求書をつくるなどで、忙しい毎日だったが、午後から休暇が出たので駅にかけつける。一時四十五分発の上りにまだ五分ある。急いで駅前の名物屋で土産物をととのえ、店員の包装ももどかしく、引ったくるようにしてホームへかけ上がった。

窓外の風光を楽しみながら、回想の糸をたどってメモをつける。メモであっても軍機漏洩をおそれて要所要所は〇〇としておく。どうせ碌な文章も書けないわたしのことであるから、人に見せるようなものではない。ただ、もし勝利の日まで生きながらえることができたならば、戦の正しい記録となり、よい思い出となろうものをと、暇さえあればペンをとっている次第である。

上野駅から常磐線に乗り、水戸で水郡線に乗りかえる。水戸まで田舎の兄が出迎えに来ていてくれた。警防団の服を着た兄は、

「ハワイへ行ったのか、元気でよかったなあ」

と車中もそわそわして落ちつかない。知った顔があっちにもこっちにも見える。みんなそばへ寄ってきて、ハワイ海戦の模様を話してくれとせがむので、差し支えない程度のことをあれこれ語っているうち、まるで歩いているみたいにおそい列車も大子駅に到着した。

黄昏の田園風景はひとしお美しく見える。生垣にかこまれた家々からは、夕飯の炊煙が立ちのぼり、子供らの歌う愛馬行進曲のメロディが静かに流れてくる。

いつも休暇は嬉しいが、こんどほど嬉しいと思ったことはない。父や母にも最後の孝養をつくしておきたい。二十三年の間育てていただいた恩にむくいることができず、水漬く屍となろうとも、それが神州不滅の礎となるものなら、いささかの悔いるところもないし、父母もおそらくは満足してくれることであろう。

田舎の家は薄暗い。四十ワットの電灯二つで何十坪の屋内を照らしている。その薄明かりの中から父の声が聞こえてきた。

「おう、帰ってきたか。アメリカとの戦争は始まったし、しばらく便りがないので案じておったわ」

母は夕飯の仕度をしながら次々と話しかける。

「怪我はなかったかの、ずい分死んだ人もあるじゃろの、またすぐ行くかや、いく日泊まっ

ていけるぞや」

帰ってきた喜びとともに、もう出かける時を気にしている。

戸外の田園に鳴く蛙の声を聞きながら囲炉裏を囲んで話の花が咲く。本宅からも子供たちが集まってきて賑やかだ。母は毎日、暗いうちから跣足(はだし)で神詣でに行ってくれていたと聞き、しみじみと母のありがたさを思う。軍人になったとき、一ばん喜んでくれたのも母だった。また、わたしが呉の学校を優等で卒業したときも、母はわざわざ訪ねてきてくれた。私事とはいえ、この母のためにも、戦に勝って安心させねばならない。

翌日、子供のときからのいろいろ雑多な品物を整理し、こんどこそ本当に帰れぬかも知れぬと、すっかり始末をつけて、午後名残を惜しみながら家をあとにした。

母に四十五円、弟に三十円、それから横須賀の甥の美喜男に学資として五十円を贈り、歯医者へ行ったら財布が空っぽになってしまった。仕方がないので姉から当座の小遣いを借りたが、このまま借金を残して死んだら申し訳ないので、郵便局の通帳とはんこを預けておいた。


次の作戦命令がなかなかおりない。そうこうしているうち、熱海へ行って休養をとれという命令だ。嬉しいことだがちょっと気ぬけの態である。姉から通帳を返してもらって小遣いの用意もしなければならぬ。

五日間の行楽である。旅館は鳳亀荘というりっぱなところで、四階建て白亜造りだった。

海軍最初の保養滞在であるから、旅館も町の人も大歓迎をしてくれた。「潜水艦乗りの海軍さん」といって、下にもおかぬ待遇であった。鬼ごっこ、潜りっこ、風呂場の中では子供みたいになって大騒ぎを演じ、真新しい丹前を着て青い畳の上に座ったときは、ほんとに申し訳ない気がしてきた。

夕方から宴会、大広間に四十人がずらり居ならぶと、いずれも凛々しい好男子振りなので、これはこれはと、すっかり見なおしてしまった。例の軍医長氏も、

「ほう、すごいですなあ、戦争でも負けないが、美男コンクールでも負けんですなあ」

とえらく感心していた。酒は海軍大臣、鎮守府長官から贈られたほか、熱海市長や市の有志からの寄贈もあり、飲みきれぬほどであった。芸者衆も大勢やってきた。飲むほどに酔うほどに歌えよ踊れよで大変な騒ぎとなった。

その夜は沈没した者も多かった。わたしは風邪ぎみで熱があるらしいので外出はせず人の分まで蒲団をかけてゆっくり休んでいた。潜水艦の湿気の多い中に生活していたのが、急に陸上の乾燥した空気を吸ったのと、湯に入り酒を飲んだので気管を害したものであろう。この前にも肺炎をわずらって入院したことがあるから、十分に用心してこじらさぬようにしなければならぬ。

咳が出る、からだが熱っぽい。表で予科練の歌声のするのを聞きながらうつらうつらしているところへ、井筒と中村がやってきた。

「おいどうした、元気を出せよ」

「風邪か、潜水艦乗りらしくもないぞ、一回りしたら治るさ。行こう、行こう」

というのを、今晩だけは勘弁してくれと、蒲団の中へもぐってしまった。

「じゃあしょうがない、おとなしく寝んねしてな」

の声を残して出ていった。そのあとから、

「撃沈されるんじゃないぞ。無事帰艦しろよ」

と寝たまま手を振ったが、その夜は二人ともとうとう帰ってこなかった。

薬を飲んで二日寝たらだいぶよくなった。飯島砲長らと五人で箱根登山を計画し、弁当におすしを作ってもらった。

「岡村さん、無理なさっては駄目よ」

女中さんが心配してくれたが、もう大丈夫だ。戦争中だというのに、遊覧客は相当多く、熱海から十国峠回りのバスは満員で乗れない。小田原から登山電車で行くことにした。強羅、元箱根、芦の湖と見物して夕方六時ごろ宿へ帰ってきた。バスの燃料が木炭なのを見て、戦の熾烈さを改めて感じさせられ、身うちの引きしまる思いがした。

途中、坂道へ来ると車が動かなくなる。「お年寄りは乗っててください」という運転手の声に、みんな降りて車の尻を押す。きれいなお嬢さんも足を踏んばって押している。エッサエッサとかけ声かけて押しあげていくのも楽しい一時であった。

旅館に別れを告げる前、女中が何か「お土産よ」といって手渡してくれた。若い女性からそうした物をもらった経験もないので、てれ臭くなり、そのままポケットへねじこんでおいた。

車中で「帝都を米機が空襲中だ」という声を聞く。まさか、そんな馬鹿な話があるものか。つまらぬデマを飛ばしやがると腹をたてているところへ、構内放送でそれが事実であることを伝えた。自分の耳を疑いたくなる。わが奇襲攻撃に対し、敵もまた作戦をたてなおし、意表をついて出撃したのかも知れぬが、それにしても、神州鉄壁の備えを破ってきたとは、敵ながらあっぱれなものだ。よしその空母群を捉えて一挙に撃滅してくれよう。闘志がむらむらと起こってきた。

車内の人々は不安と疑惑の思いにかられ、海軍軍人であるわたしたちに探るような目を向ける。おれのせいじゃないよ、といいたいところだが、何か気になっていけない。ひょっとポケットに手を入れ、さっき女中さんからもらったのに気がついた。お宮さんのお守りと桜の押花、それに短い手紙がついている。目をつぶってその人の面影を追ったが、あまりはっきりとはしてこない。くすぐったい気持で、もう一度会ってみたいような思いにかられる。いや、いけない、いけない。この淡い美しい思い出だけでいいのだ。

横須賀に帰ってくると、米機空襲の詳報が待っていた。恐れてはならぬが、さりとてメリケン共と一概に侮るのは禁物である。増長慢が取りかえしのつかぬ失態をかもし出すのだ。兜の緒をしめなおさなければならぬ。

それにしても、早く彼らを追って海に出たい。先任将校に、こんどの出港はいつ頃になるかとたずねてみたが、「今のところわからない。またどの方向へかも戦況によるのだから予測できない」ということであった。

軍港は毎日入る船出る船で雑踏している。戦傷者の姿もいたましくあとをたたない。中には後甲板に爆弾が命中した重巡の姿も見えた。四、五番砲塔はあと形もなく吹きとばされ、はねくり返っている。甲板がザクロのはぜたようにむくれあがり、錨鎖をだらりと垂らしてブイに近づく姿は、手負いの獅子を思わすものがあった。

傷のない艦も波浪と長期行動に塗料がはげ、赤錆が血を流しているように見える。向こうの航空隊からは昼夜の別なく爆音が聞こえてくる。研究と訓練に命がけの毎日がつづいているのである。

艦内上甲板はガス熔接のパイプや機械、道具、切屑火花で足の踏み場もないほど、鋲を打つ音が機関銃を射つように深更までつづく。ゆっくり休んでもいられない。工廠の船台は次次に造り出される新艦の作業で戦場さながら、お下げ髪の少女たちが白鉢巻で働いている姿も見える。学徒動員の乙女子たちであろう。

四月二十四日からまた熱海へ行ってこいという。休養はありがたいが、そんなことでいいのだろうか。学徒動員までして挙国生産に励んでいる。しかし、その大きな生産をつづけられるだけの資源に心配はないのだろうか。無くなれば消耗に追いつかなくなる。追いつかねば負けだ。どう考えても永い戦争はできない。一時も早く解決せねばならぬのだ。

が、考えるのはよそう。戦闘にたずさわるわたしたちは、ただ己れの本分を完うすればよい、それが最大の御奉公である。休養の命があったら十二分の休養をとることだ。そして次の戦闘にりっぱな手柄をたてたらいい。

旅館は寿屋であった。下にもおかぬ歓迎は前と変わりない。宴会をおわって床に入り、うとうとしていたら女中に起こされた。

「岡村さん、お電話です。鳳亀荘から。女のかたよ」

はっとした。先日の女性であろうか。

「あ、岡村さん、あたし。先日はほんとに失礼申し上げました。今晩こちらに伊二五潜のかたがいらしたって聞いたもんで、もしやと思い、電話しましたの。こっち、いらっしゃいませんこと」

「ありがと。明日お伺いしましょう。今晩はおそいし酔っていますから」

部屋へもどったら、飯島砲長が一人でビールを飲んでいた。にやにやしながら、

「どうした、彼女からだろ、早くいってやれよ。罪つくりな男だ」

「つまらん」

ぽつんと一言いって床にもぐりこんだが、何かやるせない気持がしてならなかった。美しい声が耳に残る。何回も何回も電話の言葉を思いかえしてみた。

翌朝、頭が重い。また風邪をひいたようだ。熱もあるらしい。前の熱海休養のあとで医者にみてもらったら、肺浸潤かも知れぬといわれた。肺病なんかで死にたくはない。病気なんぞで死んでたまるか。みんながあれこれと心配してくれる。

「おい岡村、バナナ買ってきたぞ」

「名物の天の川だ、一つ食ってみろよ」

夕方、彼女が見舞いに来た。いくら待っても来ないので、電話したら病気で寝ているという。

「どうなさいましたの、無理なさらないでね」

顔もよくおぼえていない。が、今見る彼女はほんとうに美しい。清純な感じの女だ。わたしは自分の心と闘った。それはアメリカの船と戦うよりも苦しい闘いであった。

「悪い病気かも知れんのです。少し休みますから、失礼だけれどごめんなさい」

わたしは蒲団をかぶってしまった。

襖をしめる音を聞いてから、そっと首を出してみた。カステラ、羊羹、リンゴ、風邪薬、そしてuと刺繍したハンカチが置かれてあった。

すべては一場の夢として、清らかな思いのみを残して、忘却のかなたに消え行くことであろう。

五月三日午前八時、東京行軍に出発。皇居を拝し、靖国神社に詣でてから解散、自由行動を許されて市内を歩きまわる。

八重洲ホテルに泊まり翌朝、横須賀に帰ってきたが、その途中、汐入町のところで若い水兵を一人助けてやった。入隊して間もないらしい兵隊が妹か知人かと思われる娘とともに主計科の古参兵に捉まえられていた。上級者への欠礼だなと直感し、様子を見ていた。若い兵は不動の姿勢をとり、まっ青な顔に目ばたきもせず古参兵の顔を凝視し、「ハイッ、ハイッ」と何か答えている。傍の娘はおどおどしながら哀願するように古兵と若い兵とを見くらべ、謝るにもあやまれず、今にも泣き出しそうな様子をしていた。通行の人々は「また捕まった」といいながら別に気にもかけずに通っていく。

「おい、善行章一本ぐらいへの兵隊にはおかしくって敬礼ができないんだろう。昨日今日兵隊になったんじゃ、まだ軍人精神が入っておらんのだ。おれが筋金を入れてやろう」

そういいながら帽子に手をかけようとした。兵隊にとって、帽子をとられるのは恐ろしい。帽子には兵籍番号、氏名が入っているから偽名は使えないし、絶対逃げられない。わたしはそばへ寄っていった。

「何だ、木村、欠礼したのか馬鹿野郎。気をつけて歩けと、あれほど注意しておいたじゃないか。考えごとでもして歩いてたんだろ、このとん馬め」

そういうと、若い兵はまた恐しいのが来たと思ったのか、棒をのんだようになってわたしに敬礼した。古参兵はじろりとこっちを見、〝何だ邪魔が入りやがった〟とでもいいたげな不服面をしてわたしに敬礼した。

「この兵隊はこんどわしの潜水艦に乗艦したばかりで木村っていうんだ。欠礼の点はわしからよく注意しておくから、今日のところは勘弁してやってくれんか」

そういわれてはいやともいえず、

「はあ、お願いします」

といって、敬礼をすると急ぎ足でガードの向こうに行ってしまった。若い兵隊は、助かったのか、それともこんどはもっと上の下士官からこっぴどく殴られるものかと、不動の姿勢で冷や汗を流していた。

「欠礼はいけない。注意しないとひどい目にあうから、よく気をつけなさい」

軽く叱って放してやった。

「すみません、すみません」

兵はいく度も敬礼していた。連れの娘は目に涙をうかべて、ていねいに頭を下げた。上官に対して礼を忘れることは厳に戒めなければならぬ。しかし上級者は欠礼を咎めるとともに、己れの態度も省みなければならない。衆人環視のなかで、しかも女連れの兵隊を、むやみと殴るなどは決してよいことではない。厳しいうちにも愛情を忘れぬことだ。

その日は姉の家に泊まった。姉は松尾さんという海軍に納める菓子屋の家を借りているのだが、海軍士官であった良人を戦場に失い、二十三の若さから未亡人生活を送っている不遇の人だ。今日はわたしが別れに来たと思ってか、好物の汁粉とぼた餅をつくってくれた。十二時過ぎまでいろいろな話をして、床に入ったが、次の作戦は北海の大作戦であろうなどとあれこれ思いめぐらし、なかなか寝つかれなかった。

あくる朝、帰艦の途中で波止場の近くに納豆を売っていたので、三本買って帰った。一本十銭であった。

うららかな天気、風もなく暖かい。横須賀の山々は青葉若葉に包まれている。船越公園のつつじの紅の色が緑の中に美しく映えている。艦長はじめ、みな出港の日を一日千秋の思いで待ち遠しがっていた。各部の整備に遺憾なきを期し、試験検査の結果をそれぞれ報告する。

「整備完了、異状なし」

と快い報告が次々と聞こえてくる。先任将校もにこにこして、

「こんどは偵察でなく攻撃だから、思う存分働けるぞ。大物を見ながら手出しのできんのはつらいものな」

などと腕を大きく振りながらいう。

夕方、当直将校から訓示を受け、乗員の多くは外出した。わたしたちは居残って軍港最後の宴を開く。軍歌が歌われた。流行歌が歌われた。

妻帯者は大抵上陸してしまって、独身の砲術長が一ばんの大将だ。この人は話題が豊富で苦労人だから、こんな席にはもってこいだ。「明日にさしつかえるから」なんてことはいわない。誰をつかまえても、相手を退屈させず、話を引き出してくれる。ほどよく飲み、ほどよく歌って、決して乱れるようなことはなく、話も、

「朝鮮で妓生の歌を聞いたけど、よかったなあ、国破れて山河あり、といった感じのものだ。色っぽい中にも哀調を帯びたものがあってねえ、うん、今でも思い出す美人の妓生が一人いたよ。富士額の、髪の毛の美しい人だった。何、ロマンスも何もありゃしないさ。その妓生ってのはね……」

といった調子。淡々として上品に艶やかなエピソードを次から次へと語っていく。夜の更けゆくのも知らなかった。

十二時もとっくに過ぎたころ、快い眠りに入る。

明日はいよいよ出撃だ。

伊号潜水艦とは

戦争中に日本海軍が使用していた主な潜水艦には伊（イ）号と呂（ロ）号とがあった。イ号級は大型で一千トン以上のもの、長さは約百メートル、乗組人員は百十名くらい、魚雷の発射管を六本から八本もっていた。水上の速度は約二十三ノットくらいであった。

ロ号級は一千トン未満で、長さが七十五メートルくらい、乗組員は七、八十名、魚雷発射管は四本くらい、水上の速度は約二十一ノット。このほか大正時代に作られた古い型の潜水艦もあった。これは十二ノットくらいの速力である。

魚雷の重さは約一トン、長さは七、八メートルくらいもあったろうか。一本の魚雷には高性能火薬が約半トンつめこんであった。魚雷発射は、艦長の命令を受けた掛下士官が、司令塔でボタンを押せば電流が通じて艦の前方にある発射管が作動し、発射する仕かけになっていた。

発射された魚雷は、内部にある燃料油が空気または酸素によって燃焼し、二気筒乃至四気筒の機関を動かして、その動力によりスクリューが回転するようになっていた。

潜水艦が水中を蓄電池で走る最大速力は約九ノットで、この速力をつづけると約三十分で電力がなくなってしまう。二、三ノットで航行すれば三、四十時間は使える。同じ電源で飯もたくし、艦内の電燈もつけるのだからできるだけ電池を節約して、定速を二、三ノットということにしていた。

電力がなくなったら、蓄電池の充電をやるわけだが、水中は不可能なので、夜間こっそりと浮上し、発電機をまわす。敵の飛行機や艦艇が、レーダーで狙っているから、まごまごしてはいられない。多くは日の出前の一瞬をえらんで充電する。

潜水艦は、つねにもぐったり浮いたりしているので、船腹は赤くさびている。だから傷みも早く、保存命数は十二、三年というところだ。

戦闘の装備は艦の種類によって、大砲一門、機関銃二、三門ぐらいだったが、開戦後のイ号は大砲を装備しないようになったため、水上の戦闘力は極めて弱い。その上、潜水に便利なように船体の鋼板が薄くできているので、防御力は極めて薄弱であるが、水中にもぐると、水そのものが防御力になるから艦砲射撃は全然効力がなくなる。

潜水艦の主要任務は敵の船舶を攻撃することにあり、機雷敷設、人員食糧弾薬等の輸送をする特殊任務にもついた。その他、外国ではスパイを敵地へ上陸させるのに潜水艦を使ったという話もあったが、日本ではそういう例は聞かない。

行動期間は、イ号で一ヵ月半から二ヵ月くらい、ロ号で一ヵ月くらいが大体の基準になっていた。

その間、潜航しながら水中聴音機で遠距離の敵を聴きつけ、それから潜望鏡で発見する。潜水艦の速力は他の艦船より遅いので、敵を追うことはむずかしい。待ちかまえていて攻撃する。だから、潜水艦には、あらかじめ受け持ちの海区が割り当てられていて、そこへ敵が入りこんでくるのを待つ。数隻の潜水艦による共同攻撃という例はあまりない。単独でやる。通信連絡がよくできるようになれば、共同攻撃ということも考えられるが、単独で肉薄攻撃のできるところが特色であるともいえよう。

浮き上がってはもぐり、ときどき潜望鏡を出して何か獲物はないかと、あたりの様子をうかがい、敵艦がいないとなればまた浮き上がって充電したり、見張りをつづけたり、そしてまたもぐる。こうして根気よく敵が現われるのを待っているのだが、海面によっては潜望鏡もレーダーも聴音機もきかないところがあるので、なかなか苦心がいる。

潜航作業中、一ばん大事なことは、潜航するために、つねにフネの重さを計算しておく、ということである。この仕事は先任将校がやっていたが、フネ自体の重さのほかに、積み込んだ魚雷の数量、水のトン数、食糧、人員、被服などの重さを量っておいて、魚雷を何本発射し、水と食糧をこれだけ使ったから、現在のフネの重さはこれだけである、というように計算しておくのである。

そうすることによって、スクリューをとめ、じっと海水中の中間に三十分でも一時間でもふわりと停止していることができる。艦の重さを加減して水の重さと同じにするわけだ。

潜航中の艦内は、モーターの低いうなりが物憂く響くだけで、まったく静かなものである。その中で、朝夕の区別なく、誰かが交替で寝ているし、昼間はほとんど浮き上がることがないから、朝だか夜だかわからなくなってしまう。

食事をするにも、食堂というようなきまった場所がない。士官、兵員のそれぞれが居住するところに食卓兼事務机が設けてあって、それを使う。浮上中、甲板に出ることはあっても、そこで食事をするということはない。炊事は艦によって違いがあるが、たいてい中央部の発令所のうしろの一室を仕切ったところにあった。電気釜でやる。

ながい間潜航していると、艦内の空気がにごってくる。それを浄化するために、各室に空気を送るパイプが配置されていて、たえず濾過される仕組みになっていたが、日の目をみないのと潮風のために、湿気だけはどうしようもなく、被服はいつもじっとりしていた。機械類もさびが早かった。

眠るにしても、潜水艦には、他の艦船のようなハンモックがなかった。士官室、兵員室には二段か三段になった蚕棚式の作りつけや折りたたみ式のベッドが、室の両側に設けられてあって、この上に寝る。身動きのできないほど窮屈なもので、座ると頭がつかえる程度である。

各自の被服は、士官はベッドの下が引き出しになっていたから、そこへ仕舞っておいたが、兵たちは事務机の腰かけがそのまま被服箱になっていた。

イ号の場合はいつも三ヵ月分くらいの糧食を積んで出航した。新鮮な野菜は四、五日でなくなってしまう。陽の目をみない長い航行がつづくと、胸部疾患にかかるものが出たり、ビタミンと紫外線不足で全身が脚気症状になったり、視力が減退したり、全体的に身体がひどく消耗するのだが、みんな若いので、上陸して一週間もすれば元気になってしまう。

基地の休養は、戦争中はたいてい二週間ぐらいだったが、艦の故障修理が長びけば、出来上がるまで出航できなかったし、急な場合には四、五日しか休めないこともあった。

潜水艦乗りで、現在生き残っているものは非常に少なく、戦死の原因はたいてい爆雷による沈没といっていい。艦内に海水が侵入し、浮上できなくなるためだ。潜水艦は隠密行動が本分だから、沈没してもすぐにはわからない。任務期間が過ぎても基地に帰ってこない場合、はじめて犠牲が判断されるわけで、正確なことはわからないものである。

もちろん、艦には無線の備えがあるが、戦況報告や指示をあおぐ場合とか、故障救援など特に必要な場合以外には基地と連絡しない。やたらに電波を出すと敵に感づかれる恐れがあるからだ。

特殊な潜水艦としては、戦争も終末に近いころに急造された輸送任務専用のものがあった。二千六百トン級から一千五百トン級潜水艦と四百トン型潜水艦である。また陸軍が独自で輸送潜水艦を建造させた。その経緯については元大本営参謀の井浦祥二郎氏が次のように語っている。

『「陸軍省から潜水艦のことで相談があるといって、係の人がきているから顔を出してくれ」と軍務局員が、ある日突然いってきた。いってみると、陸軍の係官が設計の青写真を卓に拡げていた。わたしより先に海軍艦政本部の造船官も呼ばれていた。

「どうなんですか」

と聞いたところ、

「陸軍大臣から、輸送用の潜水艦を大急ぎで造れと命ぜられて、設計したんですが、うまくいかないところがあるので、御相談にあがったところです」

という答えであった。

艦艇専門の海軍でも、日露戦役直後から、何十年もかかってようやく一人前にしあげた潜水艦を、いかに輸送用の簡単なものとはいえ、陸軍でおいそれとモノにできるわけがない。まったく無茶な計画といわざるをえない。

「そんな計画がおありでしたら、最初から海軍に相談されたらよかったでしょうに……手ばやく、そしてりっぱな潜水艦ができたのですが……」

「実は東条さんから〝海軍に相談すると、きっと反対されるから、黙って極秘でやれ〟といわれたものですから……」

頭をかきながら、陸軍省の人の答えであった。造船官が設計図を見ての説明では、これでは実際の役にはたちそうもないから、陸軍から必要な資材をもらって、海軍であらたに設計をしなおし、急速建造に移したほうが得策だとのことであった。ところが、陸軍の方ではすでに材料は設計図に合わせて裁断してあるので、どうにもならないというのである。これでは海軍としては手のくだしようもない。やむなく、できるだけの技術的援助を行ない。この潜水艦を何とかものにしようということになった。
　また、この潜水艦の乗組員となる幹部および下士官兵の教育は、海軍潜水学校で受けもった。こうして陸軍潜水艦中尉、陸軍潜水艦伍長というような、珍妙な兵種を育てあげることになったのである。
　およそ陸海軍の対立は作戦問題そのものでは大したこともなかったのであるが、軍備の問題となると、なかなかそうはいかなかった。わたしなども軍務局員の口から、ときどき〝敵国陸軍〟という言葉を聞いたことがあるが、陸軍省のほうからいわせれば、海軍は〝敵国〟であったのかも知れない』
　潜水艦事件は、その小さな例の一つである。しかし、この両者の対立抗争は、これを抑える有力な政治勢力が他にないため、人員や物的資源、とくに限りあるわずかな資材を無駄にしたものが多く、戦争遂行上の大きな障害の一つとなった。

北米西海岸に向かう

雄渾なる北海作戦である。

昭和十七年五月十一日。さつき晴れのさわやかな日。朝風が肌を快くなでる。上甲板は夜露にしめってじっとり気持いい。水面からは白い靄が湯煙のように立ちこめ、水鳥の白い翼の色が目にしみる。

六時半、上陸員が帰艦すると急に艦内は忙しくなった。朝食がすみ、主機械は早くも試運転を開始した。ディーゼル特有の細かいリズムが響いて、自然に追い立てられるような気ぜわしさになる。旗旒、手旗と、たえ間なく各艦との連絡が行なわれていた。

艦橋のレバーを引いて警笛の試験を行なった。ぼーっぼーっと長く短くまわりの山々に木霊する。艦の後部排気口からは煙草のような黒煙が吐き出され、主機関燃料の試験が行なわれていた。

「本日の定期便は午前十一時をもって最後とし、陸上各部との連絡をたつ。用事のあるものは至急当直将校まで申し出よ」

手紙を持ってあちらこちらから鼠のようにかけ上がってくる。動作はすべて駈足だ。そのうち、飛行機が追浜航空隊から帰ってきた。「それ揚収だ」。揚収がおわると分解格納、最後の公用便が帰ってきて内火艇が後甲板に納められた。

零時半、出航準備。各部甲板の整頓、荒天に備えて外すものははずし、格納するものは格納した。

午後一時半、出港。ラッパの音は嚠喨と響きわたる。出港の序列は伊九、一五、一七、二五、二六、一九潜の順で、等間隔を保ちながら進発した。在港各艦船は全員、登舷礼式の位置につき、出てゆく艦もまた全員上甲板に整列し、希望に胸ふくらませて征途についた。岸壁からは少女たちの、

「兵隊さんたのみますよう」「頑張ってください」

と透きとおる声が聞こえてくる。住みなれた軍港の地が瞼の裏に焼きつくようだ。あれもこれもすべてが名残おしい。

——祖国よ安かれ、同胞よつつがなかれ！

艦は速力をまし、港外東京湾に出るころには在港碇泊艦船の甲板に人影が見えなくなった。荒天に備え移動物の固縛を行なう。横浜、本牧の岬も次第に小さくなってゆき、遥か霞のかなたに故郷筑波山の男体女体が仲よくならんでその頂を見せていた。富士も今日は半ばを雪におおわれた偉容をはっきりと示し、われらが壮途を祝福してくれる。

観音崎、剣崎をすぎ大洋に出ればうねりは高く、半島の山々が夜のとばりに包まれるころ、単縦陣に航行する潜水艦隊は二つの隊型に分かれた。本艦は伊二六潜とともに他の四艦と分離する。

「合戦準備、配置につけ」

「三直哨戒、第一直哨戒残れ」

湾外に出れば周辺すべて敵と思わなければならない。いつなんどき接敵するも、ただちにこれと応戦できる準備をととのえる。

出航以来すでに四日、晴れてるのか曇ってるのか、霧が深くてはっきりわからない。カムチャッカ付近に到達したらしく、温度は九度、海水温度七度、出港時の二十一度にくらべて実に寒い。

霧としぶきは全身をしっとりと湿らせ、眉毛から雫がしたたり落ちる。針路六五度、北東に進んでいく。夜明けは大体午前二時半ごろと思うが、どこからどこまでか判らぬように夜が明け、昼となり、暮れていく。食事時間は朝が零時半、昼が十時半、晩が三時半、夜食が六時半である。内地とは三時間以上の差がつくようになった。霧の深さは艦尾の軍艦旗がかすんでよく見えぬほどだから、視界は全然きかない。敵に突き当たらねば気がつかぬような白い闇夜である。

五月十五日、気温はますます下り三度を示す。内地の十二月、一月の気温だ。防寒服を着け、六尺の白襟巻を巻いてもなお寒さは肌身にこたえる。霧の変化は驚くばかりで、たった二坪ばかりの艦橋でさえお互いの顔が霧に隠れて見えないほどなのが、一瞬にしてすうっと晴れわたり、一望万里の水平線がくっきり現われてくる。

「そら、よく見張れ」

と素早く望遠鏡の曇りを拭って目にあてるころには、また何も見えなくなってしまう。煙草もしめってくるから艦橋で一本ふかすのに相当時間がかかる。頬っぺたが痛くなるので両手で頬をもみながら喫う。そんな煙草の喫い方ってのは、この北洋の霧の中以外ではあまり経験できないであろう。ただ濃霧中の航行は敵に発見されるおそれがまずないから、闇夜の手さぐり航海よりまだ気が楽だ。

夜明けは午前一時半になった。夜が短いので眠い目をこすりこすり当直に立つ。今日もまた水上航走だが、晴れてるのか曇ってるのかさっぱりわからぬ。雨が降ってないところを見ると霧の上はよい天気なのであろう。しかし海上の静かなのはありがたい。北洋の荒浪も五月は暴れない月なのかもしれぬ。

水鳥さえ艦の近づくのがわからず、五メートルくらいのところになって、慌ててばたばたと飛びたっていく。平時ならば絶えず警笛を鳴らして航海の安全をはかり、賑やかなことなのだが、今は敵も味方も音なしの構えで、静寂この上なしである。一ばん閉口しているのは航海長だ。天測も何もできないから位置を出すのに大骨折りである。航跡を追われる心配がないだけに、艦内の汚物残飯は遠慮なく適時海中にぶちまけてしまう。これも潜水艦にとってはありがたいものの一つである。

艦長は作業服のままベッドに寝て、目がさめると艦橋にのぼり、煙草をふかしながら前方を見張っている。何も語らない。四時間でも五時間でも、じっと霧の中を見つめ哨戒の交代の行なわれているのも知らぬげに、悠然と腰をおろしたままである。その忍耐力の強さはとうていわたしたちの真似できることではない。ほとほと敬服してしまう。

気温は二度に降った。内地では若葉の一ばん住みよい季節であるのに、この北海は骨を刺す寒さである。艦の速力による風は気温よりも遥かに冷たく身に感じてくる。潜航しても、風こそないが海水温度が低いために外から冷やされ、まるで冷蔵庫に入れられたようだ。

五月十七日午前十一時、日付変更線経度一八〇度、シベリアの東端を越えた。

しぶきは氷となり艦はカチカチするほど凍って、深い濃霧の中を目的地目ざして疾走していく。水平線がさあっと現われたかと思うと、次の瞬間には一寸先も見えないほど白いヴェールに覆われてしまう。霧と氷と荒波と闘うだけでも大きな戦争である。

最高指導部は戦況全般にわたる知識から割り出し、最良の作戦計画を立て、各艦隊、各艦艇に適切な命令を出していることであろうが、大勢を知らないわれわれは、ただ命に従い、忠実に任務を遂行していけばいいのだ。これが勝利の基になるものと確信する。

ダッチハーバーの南方四百カイリに到達したという。正直なもので昨日よりはずっと寒さが和らいだ。昼頃には氷もとけてしまった。北米西海岸から回流する暖流のなせる業である。だが霧は相変わらず深い。艦首が見えない。これでは見敵必殺でなく見敵必突だ。太陽が見えないから天測はできず、双眼鏡も用をなさないので覆をしておく。水中探信儀と測深儀を使って岩礁に衝突しないように十分の注意をしながら走る。

霧は雨と違ってどんな隙間からでも這いこんでくるから厄介なることこの上もない。艦内すべてがしっとりと湿り、何にでも黴が生えてくる。ズボンなど脱いでたたむときちんと折目がつき、皺がのびてプレスをかけたようになる。ただし乾いていればいいんだが、べっとりとして、いま洗濯して来ましたといわんばかりである。気持が悪いなどという言葉を通りこした不愉快さである。

気温は次第に昇り、六度となった。珍しく太陽が顔を見せた。わずかの時間でまた霧に包まれてしまったが、それでも天測をやることができた。

敵地に接近したので昼間潜航を行なう。

長時間潜航で一ばん困ることは便所の使用である。艦内には一人ずつ入る便所が兵員用と士官用の二つしかない。深々度に入っていると水圧のため艦外排出が容易でなく、すぐに汚物がつまり、排水ポンプが故障してしまう。汗をかきかき修理をしなければならない。つめた者の責任ですっかり掃除をやらされることになるから、できるだけ潜航中は使用しないようにしている。だから浮上すると便所が満員で列をつくり、厠入口にかけてある黒板には順列が書かれる始末だ。少しゆっくりでもしていると、

「おい、何してるか、眠ってるのか」

といわれ、扉をどんどん叩かれるから、おちおち用もたしていられない。士官厠も兵員厠

も区別などなくなり、みんな平等に使っている。

朝食十二時半、昼食六時半、夕食十二時半、夜食二時半。朝食は時計からすると真夜中に当たるが、もちろん時差を考えてない時計のことで、実際は明け方である。行動中はつねに夜食が供せられ、うどん、乾パンの類、時にはお汁粉や蜜豆も出される。

ここのところ潜航が十九時間くらいつづく。相当参ってしまう。気温はだんだん昇ってくるが、潜航中は節電のためヒーターを使用しないので足が冷たく、ベッドに入ってもなかなか眠れない。それに煙草が全然喫めないのだからかなわぬ。浮上後ハッチが開けられると「ああ」といって冷たい空気を吸いこんだ時の嬉しさ。それから黴くさい煙草に火をつける。一服やると目がくらくらっとしてくる。下からは催促だ。

「おーい、早く代わってくれ。これでまた潜航だなんてなったら、二日間煙草がすえないいんだよ」

北極に近いこのあたりは夜がまったく短い。暗くなったと思うと、じき水平線が白んでくる。真っ暗という時間はなく、暮れ行けば明け行くといった塩梅である。結局長時間潜航を余儀なくされ、艦内の空気は非常に悪くなる。聴音室はとくに狭いところなので、数分入っているると頭がふらふらとなり、時には鼻血が出たりする。

五月二十七日、今日は海軍記念日である。朝から何かありそうな予感がした。飛行機偵察を行なうはずで、黎明、組み立てにかかったが海上風波荒く中止してしまった。

その翌払暁、いよいよ北海の基地コジャックの要港を偵察することになった。先任将校は波と風の方向を測定して、射出に容易な方向に艦首を持っていくため半速力で走り回る。整備兵は機上にて試運転、上甲板で働く作業員は吹き落とされぬよう用心しながら、猿か鼠のような素早さで発艦準備をやっている。

珍しく空も海も墨を流したように曇っていた。冷たい朝明けである。そして、水平線と雲の間に定規を入れたように、赤味をおびた晴れ間が出てきた。整備兵が、

「試運転終わり、結果良好」

と右手を高くあげた。飛行機発艦の際は潜水艦は縛られたも同然で、一ばん危険な状態にある。見張りは特に全神経を双眼鏡に集中して監視しなければならない。すべての発艦準備を完了して、いま飛び立とうとする直前、

「右三五度、戦艦水平線」

と叫ぶ右一番見張りの報告があった。

「取舵、両舷前進一ぱい。飛行員搭乗、飛行機発艦、魚雷戦用意、発射雷数六本」

艦長はしぶきに濡れる上甲板に踏みとどまり、矢継ぎ早に号令をかけた。

敵艦は水平線と思いのほか、二千メートルの近距離であった。霧のためわからなかったのである。ぞっとして敵艦を艦尾にまわし、遠ざかりつつまず飛行機を発艦させ、潜航攻撃の態勢をととのえようとした。と、

「射出機故障」

と非痛な整備長の声がする。射出機上ではプロペラが全速力で回転している。

「直らんか」

「短時間では直りません」

整備兵は無我夢中で修理に当たっているが、すぐには直りそうもない。やむなく艦長は、

「飛行機発艦用意要具おさめ、敵が発砲してくるからよく見張っておれ」

と命令した。機械は急に最大戦速を出したため、黒煙を濛々と噴きはじめた。哨戒長があわてて、

「煙が出すぎる。煙を調節しろ」

と電声管で機械室へどなりこんだ。煙はやんだが気が気ではない。発見されたら一大事である。砲撃を避けるため右に左にと転舵し、最大速力で回避すること四十五分にも及んだ。まだ敵艦は見えるが、こちらに気がつかないらしい。悠々と入港していった。

命冥加（みょうが）な奴め。射出機の故障さえなかったら、絶対のがすところではなかったのだ。切歯扼腕するけれどこっちだって九死一生、命冥加な奴だったわけだ。背中に飛行機をおんぶして、にっちもさっちもいかない潜水艦が、もし発見されたら一巻の終わりとなるのは必定である。たった五入か六人の見張りに敵が及ばなかったとは、その練度のほどが疑われる。

整備兵必死の努力によって、射出機は故障を復旧、ふたたび反転、港口にせまった。そして午後八時、飛行機を発射した。九時半、機は無事に帰投し、揚収することができた。偵察状況は在港艦船重巡三隻（うち一隻はさきほど戦艦と思ったもの）、商船六隻、駆逐艦八隻であったという。任務は果たしえたわけである。

偵察終了後ただちに潜航、約四十分の後、金属性の音源を捕捉した。音源は明瞭で、拡声器によって放送するごとく手に取るように聞こえてくる。「駆逐艦もしくは巡洋艦」と報告した。早速深度を上げ、潜望鏡を出してみると、千メートルの近距離を、直角に驀進してくるのがわかった。新鋭駆逐艦であった。危険！　ただちに深度六十メートルに沈下して敵の動静をうかがう。

駆逐艦は作戦地に向かうのか、それともわれわれを探しに来たものか。そのうち音源は二つあることがわかった。第一音源はわが直上を通過して去り、第二は途中から変針して消えていった。いずれも本艦のあるのを知らなかったようである。その後三十分してまた音源を捉えたが、僅かの時間で消えていった。敵の忙しげな様子を見ると、何か緊急な作戦があるらしい。本艦は針路を一八〇度として南下していった。

目標はシアトル、霧はだいぶ少なくなり、視界も開けてきたが、波は荒く、艦首より襲いかかって艦橋天蓋にぶつかる。

午前零時十分、といっても白昼である。艦首右二〇度付近に敵重巡と商船を発見し、ただちに急速潜航を行なう。「音源捕捉、右艦首、感二」と報告した。

「魚雷戦用意」「発射雷数六本」

急々の号令がかかる。発射管に注水して音源に向かい肉薄すること三十分、潜望鏡を上げて観測したところ敵はいない。艦長もいささかあわて、食い入るように潜望鏡を見つめるが、水平線と白波ばかりで船の影だに見えなかった。またも取り逃がしたか。

「浮上れ、メンタンクブロー、急速浮上、飛行機発艦用意」

　さては艦長、飛行機で追っかけるつもりだな。期せずして艦内に歓声が湧く。がくーんという衝動とともに艦は浮上、ただちに飛行機の組み立てにかかる。発艦。吉報あれかしと待っていたが、機からは何の通信もない。艦長は双眼鏡より目を離さず、終始空の一角を見つめている。大海原は水平線以外に何物もなく、灰色のうねりが緩やかに動いているばかりであった。

　待てども待てども便りはない。揚収準備を完了し、みな空を仰ぎ見ていた。それから約三十分たって、飛行機はぽっかり雲間に姿を現わし、間もなく着水、揚収された。敵艦はついに見当たらなかったという。

　その翌日のこと。〝こんどの獲物は何か〟と取らぬ狸の皮算用をしているところへ、突然雲間から哨戒機六機が姿を現わし、爆弾六個を投下した。あやうく潜航、間一髪で難を避けたが、敵の照準がもっと巧みであったら、そのままお陀仏となるところであった。聴音も見張りもよく注意していたのであるけれど、雲に妨げられて発見できなかったのである。何にしても一刻の油断も許されない。

「びっくりさせやがる。胸の動悸がまだ治まらない」

　剛毅な航海長が息をはずませている。

「そろそろ米西海岸に接近するため、敵哨戒も厳重となるから、各部署は火急の命に対し、遺憾なきよう整備せよ」

と電声管から通達された。急速潜航のまま南下をつづける。呼吸がだんだん苦しくなった。故郷は今まさに青葉の季節、田圃には蛙の声もかまびすしいことであろう。苗代作りに多忙な両親、兄弟たちの姿がそぞろにしのばれる。戦争さえなかったらなあ——身を祖国に捧げながらも、なお親兄弟とのまどいは忘れられない。

ミッドウェーの悲報を聞く

今日は六月一日、六年前に大きな希望と感激と不安とをおりまぜた、複雑な気持で、わたしが入団した日である。自信満々のうちに海軍兵学校を受験し、学科には合格したが、第二次試験で視力不足のゆえをもって失格してしまった。やむなく予科練を志望し、偵察練習生として海兵団に入団したのである。記念すべきわたしの第二の誕生日であり、身を皇国に捧げた門出の日というべきだ。

気温も十一度にのぼり、一枚ずつ防寒衣を脱いでいく。潜航中も湿気がうすらぎ、とても楽になった。暖かいのと乾くのとが、わたしたちの体には一ばん嬉しいことである。日中の潜航がつづくので、天気の様子こそ知らないが、想像するに、どんより曇っている日が多いようだ。午後九時に潜航し、翌日の午後二時に浮上、十七時間ももぐっているんだから、いくら暖かくなったとはいえ、やはり相当な難行苦行である。

潜航中、暇なときは雑誌を読んだり勉強したりするが、空気の悪いせいか、じき疲れてあきてしまう。明日をも知れぬ命でありながら、わたしは何かを追い求めてやまぬ心のあせりを感じる。知識を得たい、いろいろなことを知りたい。いささかでも、そうした勉学心の持てることを、わたしはありがたいと思う。

映画女優の写真を出してみた。慰問袋の中に入っていた奴で、山根某とかいう女優のブロマイドである。おかしなもので、内地にいる時は、そんなものあるのも忘れてしまうのだが、大洋のまん中で、いく日もいく日も潜航の朝夕を送っていると、無性に女の姿が恋しくなる。男でも女でも、その心の真底には異性を求めてやまぬものがあるのだろうと、しみじみした気持になって、その女優の美しい顔を、あかず眺めていた。

午後八時十五分、配置につき、潜航した。艦内は二十四時間電燈がついていて、人間の目の瞳孔も細くなり、夜ばかりの世界に来たような錯覚を起こす。

米西海岸に遊弋する敵主力を発見撃滅する日はいつであろうかと、髀肉の嘆にたえない。昨夜はサンフランシスコからの「日本対日本」という日本語放送を聞いた。アナウンサーは日本人かも知れない。歯切れのいい日本語を自由自在に使って、

「――日本人は軍閥の策略にあやつられ、破滅への道をまっしぐらに進みつつある」

「――アメリカは東京大震災にも函館大火災にも少なからぬ救援の手を日本にさしのべた。そうした恩義を忘れて、無謀な戦をいどむなど、義理人情にあつい日本人のやることとは思えない。誤った指導者に踊らされることなく、日本人はこの際、再思三考すべきであろう」

などという。

内地では外国敵性国家の放送は絶対に聴取を禁止されているのであるが、もし不心得なものがあって、この種の放送をひそかに聞き、それを流布するようなことがあっては、大事をひき起こさぬともかぎらぬ。

それに真珠湾攻撃の際の、特殊潜航艇勇士の運命も、彼の放送によって明らかにされた。それまた憂うべきことである。誰もが、真珠湾奥深くで十名散華したものと信じていたのに、そのうちの一人は意識不明のまま海岸に打ち上げられ、米軍に収容手当てを受けて蘇生したという。なぜおめおめと捕虜になぞなったのであろうか。舌を嚙み切っても自決すべきではないか。武士道は敵に降ることを最大の恥辱としているのだ。捕虜第一号の汚名を受け、開戦劈頭、敵の軍門に降るなど、日本人とはいえぬ無恥の輩である。このことも、やがては内地の人々の知るところとなるであろうが、遺憾この上もないことだ。

（註）特殊潜航艇は全長二十六メートル、幅二メートルの小型のもので二人乗り。常備排水量約六十トン。速力は水上十六ノット、水中八ノット。艇の前方に魚雷二本を持っている。真珠湾に侵入して魚雷を発射しおわったら、湾を脱け出して母艦である潜水艦にもどってくることに決められていた。会合点はモロカイ島の島陰だった。だが、二日たっても三日たっても一隻も戻ってはこなかった。無線で「トラ、トラ、トラ……」と連送があれば「我、奇襲に成功せり」の暗号ということになっていた。この暗号を聞いた母艦もあるので、ある程度の成果をおさめたものと見られている。

敵の哨戒はいよいよ厳重になってきた。まさに米本土である。が、敵の艦船はほとんどこの海面を航行していないらしい。聴音機に異状な音源が入るので、はっとして確かめてみると、魚群の発する音であったり、潮の流れによる音響だったりするのでがっかりだった。

ダッチハーバー・サンフランシスコ間の敵航路はいずれを選んでいるのか。われわれが張る網の広さを知って、特別航路を別に設けたのかも知れぬ。艦内では潜航当直以外のものは時間をもてあまし、碁を打ったりトランプに興じたりしている。わたしは合間を見ては日記と自叙伝を書く。砲術長が聴音室に入ってきた。

「音源は入らんかね。あんまり敵が見つからんと頭がぼけてしまうよ……。君、よく書いてるね、生きるつもりかよ」

「趣味ですよ、死んだらこれも一緒に海の藻屑ですけれど、それでも書いてさえいれば気がすむんです」

六月五日午後零時、左一五度方向に音源を捕捉した。微かな、ゆったりしたリズムの音源であった。胸は高鳴り血はわき立つ。雑音ではあるまいな、幻聴ではあるまいな、整相把輪を回転し、確認につとめると正しく音源であることがわかった。

「左五度、音源、感一」

と報告、潜望鏡を上げてのぞくと一万二千トン級の商船であった。ただちに総員配置につき、魚雷戦用意の号令がかけられる。夕闇がせまり、ともすると目標を失いがちなので、面舵に転舵、敵艦より遠ざかりつつ水面に浮上監視する。

　午後二時、発射管は注水され、ボタンを押せばいつでも必殺の魚雷が飛び出せる状態にして、闇の海上を敵艦目がけて肉薄していった。敵艦の右舷正横にせまり、攻撃態勢は十分となる、頃はよし。

「発射用意。……射てっ！」

　二本の魚雷は白い航跡をのこして驀進していく。二本とも見事命中した。紅蓮の炎と火花。大爆音は闇の海上を震わした。艦橋の見張員は躍りあがって歓声を発する。艦長の顔も会心の笑みにほころぶ。艦内は命中、命中、万歳、万歳で大変な騒ぎだ。天に冲する火柱をあとに、次の獲物を求めて全速力で遠ざかっていった。

　午後七時四十五分、潜航。明後日は連合艦隊がミッドウェーの総攻撃を行なう予定である。ふたたび真珠湾攻撃のごとき勝利が得られるか否か。真珠湾の奇襲はまったくわれわれ部隊内の者すら一切わからずにいたのだから、敵に油断のあったのは当然である。それにくらべて、ミッドウェー作戦はあまりにも巷間に噂されすぎている。横須賀入港中にも、

「こんどはミッドウェーだそうですね。あなたがたも出動するんですか」

　など方々で聞かれたものである。これでいいんだろうか。ミッドウェー攻略を宣伝しながら、別の方面に敵の意表をついて出るような作戦であればよいが、ほんとうに噂どおりやるとしたら大いに考えものだ。しかし、山本司令長官のことであるから、実力五分と五分と思われる敵に対し、真っ向正面から、いかなる奇謀をもって当たっていくかも測りがたい。た

ただただ成功を祈るのみである。

午前四時十分、音源を聴取。すわ艦隊現わると、こおどりして配置についたが、三千トン級商船一隻なのでそのまま見のがすことにした。小型商船は無視し、あくまでも主力および空母を狙うのが、われわれに課せられた任務である。が、これもどうであろうか。三千トンと魚雷一本とでは比較にならぬ儲けなのだけれど。もっとも雑魚のために魚雷を使いはたし、いざ空母発見の際、一本も残っていなかったなどとなっては悲劇になってしまう。

六月八日。午前八時半に六千トン級貨物船を捕捉したが、距離遠く、攻撃位置につくことができなかった。相当の優秀高速船であるこの船は、夜間になって伊二六潜が撃沈したと、後になって聞いた。

潜航中、ミッドウェーの戦況を待ちこがれていたが、浮上とともに受けとった第一報は悲憤やる方なきものであった。

「――第一次攻撃は成功せるも、敵の有力なる機動部隊現われついにその目的を達する能わず、作戦計画を変更せり」

「失敗か、駄目だったか、早く詳報が知りたい」

悲痛な表情をして一同待っているところへ、第二報。

「――われ空母大破四、小破一。伊六八潜はヨークタウン型空母に単身肉薄、これを撃沈せり」

ただ祈る、悲報は誤りであれかし。

油断大敵。慢心ののちに来る敗北。ああ帝国の運命の岐路とならねばよいが。

他愛もない夢を見た。ひどい近眼の軍医長が弓に矢をつがえて大きな鳥を狙っている。なかなか矢を放たない。抜き足さし足でだんだんと鳥に近づいていく。どうするのかと思ったら、とうとう近よりすぎて鳥を踏んづけてしまった。鳥は驚いて飛び立つ。軍医長は呆然としてそのあとを眺めている——馬鹿ばかしいことだが、その格好があまりおかしいので、あははと大声出して笑ったら、その自分の声で目がさめてしまった。隣に寝ていた中村兵曹がきょとんとした顔をしている。

「どうしたんだ、変な笑い声出して」

「いや何でもない。夢を見たんだよ」

「そんならいいが、気でも違ったんじゃないかと、おれ心配したよ」

六月十一日。艦隊よりの電報によればミッドウェー海戦は惨憺たるものであったという。「味方空母四隻撃沈されたり」と。帝国海軍の虎の子が、一瞬にして南海の底深く沈んでしまったのだ。何というへまをやらかしたのか。偵察の不十分と作戦計画の事前漏洩が最大の原因であろう。わたしの心配は決して杞憂ではなかったのである。

艦隊司令長官は山本大将、航空艦隊長官は南雲中将であるから、名将智将の作戦には誤りがなかったはずであろうが、参謀連中の慢心が敗戦を招いてしまったのだ。これからどうして帝国海軍の主力を立て直していくのだろうか。勝ちに驕った日本海軍にとって、まさに青天の霹靂、頂門の一針ではあるが、前途を思うと暗憺たる気持になる。

艦長は黙して語らず、ソファに背をよせて海図と電報をめくり、一枚一枚入念に調べている。艦は音もなく静かに海底を去っていった。

午後二時四十五分、浮上。日はすでに落ちて闇は次第に濃くなっていく。ハッチを開けて冷やりとする空気を吸いながら前方を見ると、二個の白燈が待ちかまえていたので、ただちに急速潜航する。潜水艦を捜索中の哨戒艇二隻の燈らしく、停止聴音中とも見られるので、反転して沖に向かい、約三十分後に浮上した。サンフランシスコとシアトルとの間で、昼は陸岸に接近、夜は沖に出て浮上、これを毎日毎日くり返しながら敵艦の来るのを待つ。しかも昨日は北、今日は南となるべく場所を変えて、多数の潜水艦が出没しているように見せかける。その間には擬潜望鏡を海の中にほおりこむ。擬潜望鏡というのは一メートルくらいの長さに青竹を切り、下へは石の重しをつけ、上にはガラスを斜めにとりつけておくもの。遠くから見ると本物と見わけがつかない。

午後七時四十五分、潜航する。日本では暗くなるという時刻に明るくなるのだから気持まで変になってしまう。十一時四十五分、左一〇〇度方向に音源を捕捉した。「タービン音感一、商船」と報告する。深度を十八メートルにあげ、観測すると、果たして大型商船であった。内角にて反航、われに近づいてくる。好条件である。ただちに、

「配置につけ、魚雷戦用意、発射雷数二本」

と命令がくだる。測定距離千四百、気持がいいほど明瞭な反響音がカーンカーンと入って

くる。艦長は潜望鏡の照準器に敵目標をおさめる。魚雷は発射された。聴音員は魚雷の音を追って全周に把輪を忙しく回転、ギューンという音響がいっぱいに入る。

やがてズシーンと艦に爆弾が命中したかと思うような震動と轟然たる爆発音。

「わーっ」と歓声があがる。

「二本目はどうした。まだかな」

二本目は発射できなかったのである。一本射ってその次と構えたとき、艦首が深く落ちて潜望鏡が水の中にもぐってしまった。こうなっては照準のつけようもない。ぐずぐずしていると艦の位置がわかってしまうので、一本だけでやめてしまったのだ。

敵船は右に傾き、黒煙をあげながら逃げていった。傾斜がひどかったから一時間とは浮いていられないだろうと判断された。

その翌日、またも八千トン級商船を一隻撃沈した。

午前零時三分、右一五度に音源捕捉、報告とともにただちに「配置につけ」の号令がかけられた。潜望鏡をあげると、大型商船であることが確認されたので、さっそく魚雷戦に入り、発射雷数二本、目標は近距離であるため、そのまま攻撃態勢に入ることができた。転舵して間もなく二本を射ちこむ。ストップウオッチを見る間もなく命中。音源発見から命中まで約三十分であった。

目標は何のためか微速力で航行していたようである。艦は魚雷発射とともに「深度六十」と深々度に潜入して哨戒機の攻撃を避けた。

その後約一時間半してまたも音源を捕捉した。

「それ二つ目も撃沈だ。聴音しっかりたのむぞ」

「音源感一、遠距離、高速力タービン」

大型商船であったが、距離二万五千メートル以上、これはついに雷撃しうる位置がとれなかった。

つづいてまた一隻、大型油槽船だ。一撃のもとに射とめてしまった。が、こいつなかなか沈まない。甲板から火を噴き、艦首を水中に突っこんだまま、甲板線のところから上は浮いている。あとで聞いたことだが油槽船は船艙のタンクがたくさんあり、油が入っているとなかなか沈まないそうだ。業をにやした艦長は意を決し、

「急速浮上、砲戦用意」

の命をくだした。出撃以来、大砲を使用する機会がなく、いささか腐っていた飯島砲長や井筒砲手は大喜びで白鉢巻白襷の姿も勇ましくきおいたった。哨戒機はいないかと、潜望鏡で上空を隈なく確かめてから、

「メンタンク、ブロー」

ブーッと高圧空気は放出され、黒い海にもっくり艦はその巨体を現わした。上甲板には白波が泡をふいて流れ打ちあっている。飛び出した砲員が弾丸、炸薬を担いでがぶがぶ砲側にかけより、瞬く間に敵船の吃水面すれすれに「これでもか」とばかりに思いきりぶちこんだ。照準も苗頭もない近距離であるから、射ったのと命中炸裂が同時であった。船橋が飛び散

りマストが倒れ、甲板上の鉄板、側面に大穴があき、ボートの粉砕されるのが、手にとるように見られる。八発射ちこんだ。みるみる火炎は大きく激しくなり、船尾を逆立てて間もなく沈んでいった。

修羅場は一瞬に消え去り、ふたたび静かな闇となった。湧きかえる歓声のあとには、いい知れぬ淋さが胸にこみあげてくる。なぜであろうか。

攻撃がすめば瞬時もとどまるは危険である。ただちに第二戦速にて北上、アストリア港の砲撃地点に向かう。最近敵船の航行がはげしいのは何か新しい作戦を開始したものであろうか。

連日の攻撃に敵の警戒は厳重をきわめ、飛行機、哨戒艇が、多数出動している。あぶなくて潜望鏡が出せない。聴音機で音源を探るばかりだ。潜航中、午前二時半、突然爆雷九個をもって攻撃された。まったく不意にやられたのでレシーバーをはずす暇もなく、耳がガーンとしてしばらくは何も聞こえなくなってしまった。

爆雷投下直前に推進器音らしいものを感受したが、雑音かどうか判断のつかぬうちにやられたのである。敵はこの海面に日本潜水艦の侵入していることを察知し、停止しては捜索聴取を行ない、航走してはまた停止する。だから音源が出たと思うととまってしまって、聴取するのが困難である。

それにしても今日の敵爆雷攻撃はまことにお粗末きわまるものだった。艦は敵に発見されておらず、盲滅法に投げこんだものがたまたま本艦の近くであったに過ぎない。威嚇のためか、それとも「これにて本日の作業終了」とばかり、無暗と投げこんでいい気持になって帰っていったのかも知れない。

しかし、さすがに爆雷の威力は大きい。百雷一時に落ちるかと思われるばかり、物すごい震動で艦内の品物はすべて飛び散ってしまった。

ヨークタウン撃沈

ミッドウェー周辺に配備された潜水艦は合計十四隻であった。

海戦の第一撃は僚艦伊一六八潜からの砲撃によって開始された。六月四日の夜九時三十分ごろ、湾内深く潜入した伊一六八潜は夜陰にまぎれて浮上した。十三日ばかりの月は、その蒼い光で湾内を静かに照らしていた。ふと前方に水上機が一機着水しているのが見えた。その水上機の青い灯がぽつんと、燈火管制の行なわれている中でただ一つ光っているのが印象的に見えた。

陸上は燈火管制が布かれているけれど、海岸にならぶ油槽群は、月夜に真っ黒いシルエットを鮮やかに浮き出していた。

砲術長はその油槽に目標を定めて発射した。轟然たる音響と同時に、艦は激しく震動した。その間一分二十秒。艦はただちに急速潜没した。連続四発を発射し潜望鏡に赤々と炎の光の映るのを見ながら、伊一六八潜はしずかに湾外に脱出していった。

この夜は何らこの砲撃に対する敵の反撃はなかった。そうしてその翌日から、本格的ないわゆるミッドウェーの攻略戦が開始されたのである。だが、それは惨憺たる失敗におわり、「赤城」「加賀」「蒼龍」「飛龍」の優秀航空母艦の全部を失い、輸送船も引き返さざるを得ないのであった。

六月七日、味方索敵機は、わが航空攻撃のため大破漂流中のヨークタウン型空母を、ミッドウェー島北方約百五十マイルの地点に発見した。たまたま油槽群砲撃後、単独行動をとって周辺海域の哨戒に当たっていた伊一六八潜は、司令官からの無電命令をキャッチした。時に午前二時。

その地点まではおよそ百五十マイルある。全速力で走れば、未明にはその地点に到着できる予定である。途中、充電補充を行ないながら、指示された地点へ急行した。

アメリカ側のヨークタウン沈没状況の記録を見るに、軍事評論家ジェー・ブライアン氏は次のように記している。

『――六月四日午前十時、アメリカ軍は日本海軍の南雲司令官から山本五十六大将に対しての通信を傍受した。それによれば、「加賀」「蒼龍」「赤城」は敵襲を受けて火災を起こしたが、その艦載機はすべて敵空母を撃滅すべく出撃したと報じている。攻撃部隊は戦闘機九、爆撃機十八よりなっており、間もなく彼らはヨークタウンの電波探知機の範囲に入ってきた。午前十一時五十分であった。

ヨークタウンの護衛機はただちに飛びたった。敵の爆撃機十機はたちまちにして降下し来り、対空銃砲は火を吐いた。

瞬間、五機以上を撃墜したが、爆弾はヨークタウンに三発命中し、そのうち一弾はかなりの損傷を負わせた。それは第三甲板まで貫通し、煙突の中で爆発したため、二つの気罐には火災が起こり、気罐室は煙でいっぱいになった。煙突もまた炎に包まれ、主要ラジオと電波探知機のケーブルも破壊された。蒸気の圧力はとみに低下した。

フレッチャーは、飛行甲板と格納甲板とをかけ回った。彼が司令塔に上ったとき、煙はそのあたり一面にたちこめて、旗の影さえ見えぬほどであった。通信機関は破壊されて援助を求める方途もなく、ようやくにして太綱を渡し、重巡洋艦アストリアとの連絡がついた。

とかくするうち、修理の一隊は甲板にかけ上り、機関部の懸命な努力と相まって応急手当てをし、速力は二十ノットにまで回復した。午後二時には、どうやらヨークタウンはもとの姿に立ちかえったが、間もなく日本の第二回攻撃機が来襲した。

他の艦の電波探知機が捕捉したところによれば、三十マイルの西方に戦闘機六、雷撃機十よりなる一隊が空母「飛龍」から飛びたってきたとある。フレッチャーの部隊は今や孤立の状態にある。

スプルーアンス司令官は三十マイルの東方にいる。艦載機の発着をさせる風向きにしたがって航行しつつあったホーネットとエンタープライズは、東方への航路をとりつつある。スプルーアンスは重巡二隻と駆逐艦二隻とを救援に送ってきた。

瞬時にして敵襲は開始された。

ヨークタウンの高射砲はよく雷撃機六機を射落としたが、なお四機はもの凄い弾幕を破って突進してきた。そして二本の魚雷は、ヨークタウンの左の横腹に命中した。時に午後二時四十五分であった。

蒸気を吹きあげながら、ヨークタウンは緩やかな円を描きつつ漂う。傾斜はすでに二六度、今にも転覆しそうに思えた。十分後の二時五十五分にいたって、バックマスター艦長は全員に退去を命じた。

痛手を受けた人気のない母艦は、残照の中に漂っている。暮れゆく太平洋上、波も静かに、遥かの水平線には入日の雄大な姿が認められた。スプルーアンスの乗艦の上空から、一飛行士が望み見たところ、僅かに一隻の駆逐艦に衛られて、ヨークタウンは茫漠たる洋上に淋しく取り残されていたという。

翌朝、すなわち六月五日の朝早く、バックマスター艦長は三隻の駆逐艦を率い、百八十名の作業隊とともにヨークタウンに還ってきた。

そしてその日の午後、掃海艇はこれをパールハーバーまで曳航すべく、諸般の準備をととのえた。応急修理は遅々として捗らなかったが、それでも翌六日の正午には、艦内の積載物を海中に投じ、排水に馬力をかけた結果、傾斜は多分に復元し、その上右舷に寄りそった駆逐艦ハンマンの懸命な消火作業によって、火災はほとんどおさまった――』。

伊一六八潜が命を受けて急行したのはこの時であった。午前三時三十分、指示された地点近くにつくと、見張員は「黒いものが見えます」と報告した。それが最初の発見であった。

また別に黒い影が見える。これは護衛の駆逐艦であった。空母は進路を北々東にとっていた。伊一六八潜はその後方八千メートル付近にいることがわかった。

敵に発見されれば万事休すである。急速潜没した。潜望鏡にうつる視界も、次第に夜が明けはなれるとともに明るくなってきた。空母ヨークタウンは左に傾斜しているのが認められた。護衛艦は周囲に五隻、前方に二隻あって、その警戒は厳重をきわめている。

伊一六八潜の艦長田辺弥八中佐は、空母は左に傾いているのであるから、左舷からの襲撃を決意して、距離を三千メートル程度にとり、母艦と並行して進航しながらなおよく観測すると、飛行甲板には穴らしいものは認められない。それに別段火災の跡も見られない。多分魚雷による損傷と思われた――と田辺艦長は報告している。

艦長は母艦に魚雷を発射したなら、当然付近の水中に潜水艦があると見て、護衛の駆逐艦が爆雷を投下するであろうことを予測したので、爆雷に対する防御、万一電燈が消えた場合の処置、深く潜航するための深度計、隔壁の密閉等すべての準備を完了した。

空は晴れて東風五メートル、海面はわずかなうねりはあるが、波立つというほどではない。襲撃には絶好の天候である。最初発見した時は、敵の母艦は一切の機械の運転を停止し、波のまにまに漂泊しているのではないかと思われたが、その後露頂しての観測によると僅かではあるが前方に動いているのがわかった。

潜望鏡で観測するたびに正横距離が大となって、方位角も違ってくる。左への傾斜が次第に大きくなってくるものと見えた。これでは左からの攻撃は困難である。

それで右側に出ることを決心した。しかし護衛駆逐艦の警戒は厳重をきわめている。敵の警戒網を横切って右側に回るのであるから、潜望鏡はまったく上げられない。ただ航海長の作図によって敵前進路を扼するほかはない。

盲目潜航というのは、まったく頼りないものである。潜航していく自分の艦の真上を往復している敵の護衛駆逐艦のスクリューの音が、聴音機を通じて聞こえてくるのによって、わずかに敵空母に触接しつつあるのを知るばかりである。そのスクリュー音は依然として響いている。

これは、敵が潜水艦が真下に潜没していることを知らない証拠である。知ればただちにスクリューを止めて、聴音機でわが艦のスクリューを聴きとろうとするであろう。駆逐艦にさとられぬよう、きわめて緩慢な行動をとらなければならない。

午前九時二十分。思いきって潜望鏡をあげてみた。その潜望鏡に、二隻の駆逐艦に曳航された敵空母が——ヨークタウン型空母がはっきりと姿を映した。

最初から方位角は約四五度、距離は三千メートルくらいの射点を希望してから、敵を待つために進出を企てたのであるが、伊一六八潜はすでに敵駆逐艦の警戒網を突破して、その重囲下にあるわけだ。一回で敵を仕止めなければならない。

護衛駆逐艦のスクリューの水を切る音が、四辺の静寂を破って聞こえる。

しばらく潜望鏡を上げたまま空母の動きを凝視していた。一時三十分、ヨークタウンはこちらの註文どおり直角に近い角度にぐらっと回頭してきた。距離千五百メートル。

「射てっ！」

瞬間、艦ははげしく動揺した。前部四門の水雷発射管がいっせいに開かれたのである。

つづいて命中音が激しく艦をゆるがしたかと思うと、次の瞬間には大爆発音が耳をつんざくように響いた。潜望鏡に映ったヨークタウンの周辺から、突如水煙が噴騰する、次にはたてつづけに爆発するような炸裂音が起こり、大きな火柱が天に沖した。

鉄片が空高く舞い上がり、赤く黒く、白い噴煙が艦を覆うた。魚雷は完全に命中したのである。

しかし、こんなに近接して魚雷攻撃を行なうとは、夢にも敵は思っていなかった。魚雷発射の直前、敵駆逐艦の一隻は伊一六八潜の艦尾からわずか五十メートルくらいの所にいたのだが、全然気づかず、魚雷命中の瞬間、周章狼狽したものと見え、頭上を右往左往しているのが、スクリューの音によってよく察知せられた。

アメリカ側では、この時の状況を次のように記している。

『――この分ではやがて曳航も開始されようかと思えたとき、突如、無気味な魚雷が四本、波を蹴立てて突進してくるのが発見された。潜水艦から発射された魚雷である。駆逐艦ハンマンの備砲は気違いのように火を吐いて、この怪物を途中で射止めようとあせったが、すべては空しかった。一本はからくもそれた。しかし一本はハンマンに、二本はヨークタウンに命中した。そして、そのいずれもが致命的なものであった。

瀧のようにほとばしり出る油、物すごい水柱、大小無数の破片は沖天高く吹きあげられ、それがまたすさまじい勢いで落ちてくる。

駆逐艦ハンマンは後部に大損傷を受け、やがて頭から海中に突っこんでいった。ヨークタウンは右舷の機関室に海水がなだれこんだため、傾斜がなおったかに見えたが、それから徐徐に沈降しはじめ、翌朝早く、左倒しとなって、三千尋（ひろ）の海底にその巨体を横たえたのである』

こうしてこの時、駆逐艦ハンマンもヨークタウンと運命を同じくしたのであるが、田辺艦長はそれに気づかなかったらしい。報告は空母撃沈だけであった。


約一時間近くたった時、ようやく真下に敵潜のいるのを知り、敵は爆雷投下を開始した。右から左へ通過した駆逐艦がまず二発を投げこんだ。

艦はあらゆる接合点を激しくきしませながら、一尺も飛び上がった。その後十分か十五分の間隔をおいて、百発以上もの爆雷が投下された。いずれも至近弾である。棚に置かれてあったものは転げ落ち、電燈はすべて消えてしまった。

沈没！　はっとその瞬間、互いに顔を見合わせたが、ただ電池室が破壊されたばかりで、他に損傷はなかったので、全員総がかりで応急の修理に当たった。

午後三時、電動機の運転がとまった。空気も濁ってきて息苦しい。わずかに懐中電燈が艦の運命を暗示するかのように点滅していた。

艦尾を上にして自然に浮きあがりはじめた。機関員は前後に艦を移動させて平衡を保たせようとしたが効はない。もし今浮上すれば、敵艦包囲のまっただ中である。刺しちがえて肉弾突撃する以外に手はない。といって衆寡敵せず、万に一つも助かる目当はあるまい。ただ、敵が最後の爆雷を投下してから三十分を経過しているので、ひょっとしたらいくらか遠ざかっているのではないか、というのが一縷の望みであった。

全員を後部に集め、前部から浮上するようにした。ついに艦は浮き上がってしまった。田辺艦長がハッチを開いて艦橋によってみると、周囲に敵はなく、頭上に敵の飛行機も飛んでいなかった。八千メートルくらいの東方に、三隻の駆逐艦が北東方を指して走っているばかりであった。ヨークタウン型空母の姿はどこにも見当たらない。撃沈は確実である——しかしこれは観測の誤りであった。ヨークタウンは翌朝沈んだのである。

駆逐艦との距離は遠い。これで助かった、と思ったとき、敵もまたわが方の姿を発見したとみえて、急速に回頭し、全速力で肉薄してきた。浮上前すでに「電力なし」の報告があったのだから、急速潜没は不可能である。

万事休す。だが、ここでむざむざ沈められたのでは死んでも死にきれぬ。よし、一か八かやってみろ。

艦長は急速充電補充を命じ、艦尾を敵に向けて全力疾走を開始した。重油をたいて走るのだから、両舷からは濛々たる黒煙があがり、あたかも煙幕を張ったように伊一六八潜を包んだ。

追跡してきた駆逐艦三隻のうち、一隻は断念したとみえて引き返した。そして左右二隻のみとなったが、左側の一隻は煙幕に隠れてまったく見えない。右側の一隻がわずかに煙の中に隠見する。

十分、二十分、速力の差はどうしようもない。彼我の距離は次第にちぢまってきた。見張員は「近づきます、近づきます」と、気が気ではないように伝声管を通じて、ひっきりなしに叫んでいる。少しでも多く走って、少しでも多く充電しなければならない。さもなければ潜航即自殺である。

「電機長、電気はどうだ」

空母撃沈の任務達成報告もすんだ。敵はついに三千メートルの距離に近づいた。ぐずぐずしていれば砲撃される。もはや猶予する時ではなかった。艦長は伝声管に口をつけ、

「自信がありません」

敵駆逐艦はついに砲門を開いた。左舷間近に水柱が立つ。つづいて前方にも水柱が立った。窮鼠かえって猫をはむ。伊一六八潜は苦しまぎれに、追尾してくる駆逐艦目がけ、魚雷を発射したが、二本とも当たらなかった。

「潜航」

艦長はついに潜航を命じた。

メンタンクが開かれる。数十秒にして伊一六八潜は潜没してしまった。深度は七十メートル。

天佑か、電動機が回転しはじめた。

「推進機がかすかに回ります」

敵の砲弾は後方で炸裂している。煙幕に包まれて走ったので、敵も見当がつかず盲打ちだ。潜航してしまったことをまだ気づかぬらしい。日はすでに暮れなんとしていた。

ついにあきらめたものか、爆雷を三発ばかり投げこんだだけで、敵駆逐艦は頭上を去っていった。

伊一六八潜が浮上した時、もうあたりは夕闇のうちにあり、敵の片影すらも見られなかった。やがて満月に近い月が、茫々と果てしない海面を蒼白く照らしはじめた。

ヨークタウン型撃沈の偉功を賞し、山本司令長官から感状が授与された。しかし、ミッドウェー海戦に当たって、潜水艦隊はこれ以外に何らの目ざましい働きを示しえなかった。艦隊が散開線についた時は、すでにそこを敵艦隊が航過したあとだった。敵空母発見の報に、急遽、散開線を西に移動したけれど、これまた時機を逸していた。

潜水艦は艦隊戦闘にはさして役にたたぬものであることが、残念ながら立証されたわけである。

これを機会に、潜水艦の使用方針に大きな転換が考えられた。当時ドイツ海軍はその潜水

艦をもって大西洋方面の交通破壊作戦を実施し、着々成功をおさめていたのにかんがみ、
「潜水艦の全力をあげてインド洋上に交通破壊戦を実施する」
ことが内定した。がそれから間もなく、敵は突如としてツラギに空襲を行ない、それを手はじめに、ガダルカナル島方面に対する大反攻が開始された。そのあおりを食い、インド洋作戦も中止のやむなきに至った。

しかも敵は電波探知機に一日の長を示し、わが肉薄を予知して防御の手段を講ずるようになったため、わが潜水艦は多くの戦果を期待しえなくなり、ガダルカナル島あるいはキスカ島などへの糧食弾薬輸送、その他を行なうほか、目ざましい働きはほとんどみられなくなった。

ただこの時、わが伊二五潜がオレゴンの森林爆撃を敢行し、敵国人の心胆を寒からしめたことは特筆大書するに値しよう。

アストリア港を砲撃す

六月二十一日、米本土アストリア要港を砲撃する予定の日である。

午後二時四十分、浮上。月は皓々として輝き、真昼のように明るい。艦首前方左右に黒々とひろがった山なみが、はっきりと頂まで見え、まるで墨絵のような美しさである。麓の海岸線には街の灯が赤く白く青く、色とりどりにまたたいている。静かな平和な町。今これに砲弾をぶちこもうというのだ。

が、あまり明るすぎて勝手が悪い。ボーイングB17が哨戒している。あぶない、こんなところで犬死にしてなるものか。砲撃を断念し、反転沖に出た。明日まで待とう。

航走充電を終わってから漂泊航行中、敵機から吊光弾を落とされ、あわてて潜航回避した。爆撃されるかと思ったがその気配もない。味方艦艇と誤認したのかもしれぬ。こんな月明かりの晩にまさか日本の潜水艦がぽっかり姿を現わすなんて、考えてもみなかったのであろうか。

深度を三十メートルに深めて微速力航行しながら探索をつづけた。十二時、推進器音を捉える。魚雷戦用意をして攻撃を加えようとしたが、魚雷の調整が悪くて発射できない。残念至極である。

港内の水深は浅く、座礁のおそれがあるので、水中測深儀はたえず測定をつづけて艦橋に報告していた。

その翌晩、いよいよ砲撃を実施した。

相変わらずの白夜だ。鏡のように静かな水面にははっきりと航跡が残る。見つけられたらそれまでだ。

「両舷停止」「発射用意」「射てっ」

砲口は裂けよとばかり火を吐き、艦は発射のたびにぐらっと揺れる。美しいネオンの街の灯は次々と消えていった。が、燈火管制はきわめて不手際である。あちらこちらに灯が残っている。

十四センチ砲はまたたく間に十七発を市中に叩きこんだ。火災が起こった。市民の狼狽ぶりが察せられる。

「射ち方止め、砲員要具おさめ、両舷前進原速」

すばやく艦は港外に避退した。火の手はいよいよ強まり、炎は天に沖していた。燈台の火はこの突発椿事も知らぬげにぴかりぴかりとゆるやかに点滅をつづけ、あたりに漂う漁船は何が起こったのかといぶかるごとく脱出する黒い怪物を見送っていた。

気はあせるがなかなか港外に出ない。やっと岬をあとにしたとき、はじめて艦内に歓声が湧きおこった。宿敵アメリカの本土に砲弾をぶちこんだのだと思うと、こみあげる喜びをおさえることができなかった。死すとも悔いない歓喜であった。

砲撃終了後、月下の洋上を三戦速で快走、充電しながら次の目的地に急ぐ。砲手の井筒は嬉しくてたまらぬらしく、「生きて帰れたらいい土産だ」とにこにこ顔で何度も何度も繰りかえしていた。

その後しばらくは何事もなかった。艦は冷たいしぶきを浴びながら西へ西へと進んでいく。四日目の八時十五分、左艦尾から向かってくる六機の敵爆撃機を発見、ただちに急速潜航を行ない、爆撃を回避する。だいぶ米本土から離れたので安心と思ったのが油断であった。同時に、敵哨戒の手が遠くまでのびていることに驚く。

気温は次第に下がってきた。終日水上航行を行なう。海上の動揺にはみな馴れてはきたが、やはり荒れると食がすすまない。目ざすはダッチハーバーである。

艦橋見張りがそろそろつらくなってきた。

六月三十日、敵潜らしい艦影を発見、ただちに急速潜航を行なう。潜望鏡を上げて見たら、敵にはあらで伊五号潜水艦であった。今日は哨区交代の予定であったことを忘れたわけではないが、突然現われると、まず敵と思わなければならない。また艦型は伊五潜であっても、艦名が書いてあるわけではなし、いかなる囮であるやもわからない。それに、彼も本艦を疑って攻撃をかけてくるかもしれぬので、万全を期し、そのまま潜航をつづけていった。

伊五潜との哨区交代は、本艦がオーストラリア作戦に参加するためであったのだが、今の電報によると、ただちに横須賀へ帰投せよとの命令に変わっている。命令変更は作戦の都合上珍しいことでもないが、楽しみにした大作戦に参加できないのは何としても残念である。乗員一同がっかりしてしまった。

南下に従って温度は上がりはじめた。刻々と暖かくなるのがわかる。足先が冷たくて寝られなかった昨日にくらべ、今日は初春の気候を思わせる。夜空には霧のため一つの星も見えないが、暖かいのと内地帰還ということで、心はうきうきしてきた。独り者でさえそうなのだから、妻子のある艦長やそのほかの人たちはどんなに嬉しいことだろうか。しかし外見上にはどこにもそんな気ぶりを見せてはいない。職務を思えば他のことなど考えてもいられないというふうである。

水上航走、霧は依然として晴れない。天測ができないので、微かに空間から瞬間あらわれる月をとらえてすばやく位置測定を行なう。航海長がこぼしていた。

「こいじゃあまったくかなわんよ」

かつては南方遠征中、よく月をもって天測を行ない、笑われていた航海長ではあるが、今は月以外に測るものがないのだから大威張りである。

気温は刻々に上昇する。今朝当直中は十度だったのに、四時間後の当直には十四度半という激しい変わりかたである。波は依然として荒い。舷側の波よけが波浪に洗われて折れ曲がってしまった。修繕することもできない。あと一週間もすれば入港であるから、それまで待とうということになった。

水上航行する。霧はいく分薄らいで時々青空が見えるようになった。前方にくっきり水平線が現われてはまた消えていく。内地に近づくにつれ、そろそろ敵潜の警戒に力を入れなければならない。ひょっとした油断から九仞の功を一簣に欠くようなことがあっては、何としても申し訳がたたない。

当直中、航海長が冗談を飛ばしはじめた。彼の馬鹿話が出るようになれば入港の日も近いと知れる。いつものように襟のホックを外した作業着をひっかけ、当直員の腹の皮をよじらせる。

「いつだったっけな。当直中この上着をぬいで窓にかけておいたのさ。そしたら敵機来襲ってわけであわてて潜航だろ、中へ飛びこんだのはいいが上着を忘れちゃってね」

「その上着どうしました」

「どうもこうもあるもんか、そのまま龍神に寄付つかまつった次第さ。上着はまあいいとしてもね、ポケットに大事なものが入っていたんだ、おれの半愛人の写真がね」

「何ですかい、半愛人てのは」

「うん、おれは首ったけなんだけど、向こうさまは気がないんだから半分てとこだ。でね、みんなそいつは振られる前兆だなんていやがったが、そうではない。おれ、めんめんの情を上着流失の報告とともに書いてやったら、気の毒だと思ったんかね、ふっふっふ」

なんて思い出し笑いをしている。

浮上中は内地放送が聞けるようになった。ニュースを聞くのが楽しみである。大本営発表が景気のいい戦果を伝えるけれど、果たして言うとおりのものだろうか。もしそうだとしたら、われわれはまことにだらしない次第だ。商船の二隻や三隻沈めたからって、威張ってなどいられるものではない。内地帰還は嬉しいには違いないけれど、一日も早くふたたび出撃して一艦でも多く撃ちとめたいものだ。

波が荒いので速力を半速とする。波の当たりはやわらぐが、それだけ入港時が遅れるわけだ。「邪魔な波だ」と愚痴が出る。気温はすでに二十三度、艦内は蒸し暑く、汗がぽとぽとと流れ落ち、扇風機を使用するようになった。霧の晴れる時が多く、夏の太陽がさんさんたる光を投げてくる。いく月も仰がなかった太陽であるだけに、サングラスをかけないとまぶしくてまともに見られない。

風はなく波も静かになったので、動揺はほとんどといっていいくらい少なくなった。上甲板での作業も可能である。飛行機格納筒へ味方識別の白線を入れた。

いよいよ日本哨戒圏内に入る。軍艦旗を掲げ、両舷側に日の丸のケンパスを取りつけた。ここまで来れば敵艦、敵機の心配はまずないけれど、潜水艦だけは油断できないので見張りはなお厳重に行なう。

内地入港もあと二日にせまったので、今日は大掃除を行なう。大掃除といっても水がないから海水をデッキやテーブルにかけてこする程度である。あとは艦内の埃を掃き出し、糧食容器の整理などをする。

大掃除後、入浴。この入浴がふるっている。三尺に二尺の浴室というと聞こえがいいが洗面所で裸となり、三升ぐらいの水で大事に石鹸を使い、全身を洗い拭きあげるまでやるのだから、馴れないものにはとうていできない離れ業である。これが今期行動中はじめての真水行水であった。

晴天、海上はゆるやかなうねりばかりで波はない。ときどき飛魚が驚いたように群れをなして飛びたつ。水に濡れた銀の翼の美しいこと、うっとりしてしまう。内地近くになると鷗も多くなる。碧空にひるがえる白衣の姿は、いつものことながら航海の苦労を忘れさせるほど魅力に富むものである。

五月十一日。もはやふたたび帰れぬものと覚悟をきめて別れた祖国に、二月ぶりで帰還することができた。房総、伊豆の半島はわたしたちを抱えこむようにして迎えてくれる。富士の霊峰も僅かに雪の粧いをして、変わらぬ雄姿を見せていた。「日本は安泰だ」そう思うだけで涙があふれ、何としてもこの国を護りおおせねばならぬと、決意を新たにするのだった。

軍港は出撃の時にくらべて何となく淋しいように思えた。ミッドウェー敗戦のせいであろうか。それとも自分にただそう思えるだけなのか。事実、港内にはあまり役にたたないような船と痛々しく傷ついた艦のみが多く在泊していた。工廠は大破小破の艦艇修理に追われ、昼夜兼行死にもの狂いの働きをしているように見える。夜中まで青い火花と熔接の響きが絶え間ない。

横須賀市中も淋しい。燈火管制が厳しく行なわれ、二ヵ月前とはすっかり様子が違ってしまった。

艦の検査とともに人間の検査も行なわれた。身体の悪いものはすぐに転勤させられるのである。軍医長は強い近眼鏡を光らせて念入りに診察しているが、一人として退艦を願うものなどいないのだから、いく分の病気は軍医長をくどいて、何とか検査を通してもらう。「散る桜、残る桜も散る桜」いずれはわだつみ底に沈む身であってみれば、住みなれた潜水艦を死所と定めたいのは誰しも同じ思いである。

明日はいよいよ出撃である。上甲板でささやかな宴を開いた。知っているだけの歌を歌いつくした。褌一本の素っ裸で心ゆくまで飲みかつ歌った。

思い残すことはない。

オレゴンの山林地帯を爆撃す

八月十四日、午後一時出撃の予定が明朝九時に延期された。〝敵機動部隊わが近海に侵入す〟との報に、急遽出動が命令されたところ、敵の行動不明となったため、そのまま見送りとなったものである。

こんどの目標は米本土森林爆撃だそうだが詳細はわからない。一体なんのために山の中へ爆弾を投げこむのだろうか、みんな首をかしげていた。

「一日延びたんだから、今夜上陸させないかな」

「よせよ。街はまっくら、酒はなし、ここでゆっくり寝たほうがよっぽどましだ」

横須賀の街では歩きながら煙草も喫(す)えない。

快晴、海上うねりはあるが波はない。艦内は暑い。褌一本の生活がまたはじまった。食糧兵器を満載した艦は、船体を深々と黒潮にうずめているため、しぶきが物すごくあがる。針である。

その後、米西海岸に接するため南下をはじめ、八月中は何ごともなくすんだ。順調な航海路七〇度、東北方に進航、一週間もすると相当に寒さを感じるようになった。

九月に入るとそろそろ味噌もなくなって、粉味噌をとかしたものに乾燥人参とさつま芋を入れたおみおつけが出てくる。もう青いものとは当分お別れだ。

長時間潜航にはあきあきしてしまう。闇から闇への生活である。しかし、戦争というものは華々しい激戦ばかりではない。こうした地味な、縁の下の力持ちみたいな忍苦と努力とが、最後の勝利をもたらす礎となるのだ。さあ、がんばっていこう。

九月三日、「明日あたりからは敵の艦船に遭遇する機会がある見込みだから、各部は万遺漏のないように整備調整をせよ」との命令がくだる。果たしてその翌日、大型商船を攻撃、これを大破せしめた。

午後七時ごろ、水上航走中であった。月のない曇った海上に艦影を発見、ただちに面舵に急転舵した。全速力をもって一時敵から遠ざかり、艦種、速力、針路を測定する。大型商船であることが確認された。

「魚雷戦用意、発射雷数二本」

発見からおよそ三時間、牝豹のように喰い下がって攻撃態勢に入ったときは、夜も白々とあけそめる頃であった。哨戒機の現われる危険な時刻となったので、一刻も猶予はならず、水上航走のまま右正横から突っこんで、二本の魚雷を発射した。照準はよし、魚雷は生き物のように、白い航跡を残して直進していった。

急速潜航。深度計が深度三十メートルを示したとき、艦体も人もはじき飛ばされるほどの爆発音と震動が起こった。「命中、命中」歓声が湧きたち、二発目いかにと耳をそばだてたが、残念ながらこれは不発に終わってしまった。

深度を十八メートルにあげ、潜望鏡で偵察したところ、大型商船は右舷艦首をひどくやられ、大きく傾きながら死に物狂いで波をかき分け逃げまどっているのが見えた。大破とはいいながら潜航中の潜水艦よりは速いので追い打ちをかけるわけにもいかない。浮上攻撃はとうていできない。やむなくあきらめて次の獲物をねらう。

そろそろ人間世界には日が落ちて夕闇せまるころ、司令塔から「四周の聴音をしっかりやれ、間もなく浮上する」と伝えてきた。全神経を集中して聴音捜索するうち、左艦首にかすかな音源を捉えた。今朝の商船襲撃により哨戒の駆逐艦が目を光らしているかも知れないので、入念に測定判別せねばならぬ。

「音源はピストン音、商船らしい」

「浮上、音源を逃がすな」

艦はがばーっと海上に浮き上がったが、目標は闇の中で発見できない。聴音測定方位に向かって追撃すること一時間あまり、黒々として灯一つない燈火管制中の商船を発見した。反転、態勢をととのえようとしているうちに、目標を見失ってしまった。敵はわが艦の所在に気づき、変針遁走したのである。視界がきかない場合は停止聴音を行なって音源方向を確認、ただちに追撃すべきだった。気のついた時は追いつけないほど距離が遠くなってしまっていた。

艦はさらに南下する。うねりはかなり大きい。アメリカ西海岸より二十カイリの地点、冷たい潮風が海上を吹きわたって、静かに朝が来ようとするとき、黒煙をなびかせて走る一隻の商船を発見した。五、六千トン級の貨客船である。攻撃するまでには一定の時間が必要であり、日が昇ってしまう。商船一隻と心中するのでは引き合わないので、そのまま見のがして潜航してしまった。

敵艦船はできるだけ陸岸に接近したところを航行するので、雑音に妨害され聴音はきわめて困難である。敵哨戒が厳重なるため、潜望鏡はあまり上げられず、水中測深儀により深度を測定しては接岸、離脱をくり返し、もっぱら聴音機によって捜索するほかはなかった。浮上したときにはブランコ岬燈台の灯が手にとるように見られた。明日の、飛行機による森林地帯爆撃のため発艦位置を選ぶべく、しばらく夜の海上を走りまわる。

夜半から次第に空模様が悪くなり、波が高まってきた。やむなく飛行機作業を中止して潜航する。気温は十五度、作業の一ばんやりやすい温度である。飛行機員は用事がないので時間をもてあましているらしい。探信室へ奥田が入ってきた。

「本土爆撃は日本最初の大壮挙だが、とても生きては帰れまい。思うさまやってくるよ。あとは岡村、しっかりたのんだぞ」

「うん、心おきなくやってくれ、場合によっては二度と本土爆撃などできなくなるだろう。

最初で最後の大仕事だ。後々までの語り草になるよう是非成功してもらいたい」

わたしは奥田の顔をまじまじと見た。この男もやがて軍神としてその名誉をたたえられることであろう。自分が偵察練習生として入ったあの時、もし目が悪くなかったら、この壮挙に加わりえたかもしれぬ。残念でならなかった。日本海軍もこれ以上攻撃の手は伸ばせないであろうし、敵の警戒も厳重になれば、砲撃はいざ知らず、爆撃などとうていできようもないであろう。ましてや主力空母群の喪失は戦局に重大な悪影響をもたらすであろう。先々を考えると恐ろしいようだ。

——わたしは瞬間そんなことを思って暗い表情になったのだろう、奥田が撫然としていった。

「考えてもしようがないさ。めいめいの任務を力いっぱいやるほかないわな」

「そうだ。くよくよしたって始まらん。おい一杯やろうか、サントリーの取っときがあるんだ」

「ほんとか、ずい分物もちのいい人だな」

うなぎのカン詰を肴に、二人でこっそり別離の宴を開いた。思い出を語り、皇国の前途を憂い、とうとう角瓶一本をあけてしまった。奥田がベッドへ帰ったあとも、わたしは妙に目がさえて眠れなかった。あの男が明日は異国の空に散っていくのか。目の前の現実とは思えない。夢のようだ。

艦内は静かに、人の寝息しか聞こえない。わたしはスケッチを書きはじめた。三枚ばかり筆をのたくらせてから日誌をつけ、聴音室に入っていった。夜間浮上のころは波もおさまり、明日の飛行機作業はうまくいきそうに思うが霧は深い。暗い東の海上には黒々と米本土の起伏した山影が見える。墨絵のような小島を眺めながら沖に出た。今日一日中は敵に会いたくない。飛行機作業の終わるまではと祈る。

霧の深さは切れ目がなく、あと十分、あと十分と思ううちに夜が明けてしまった。夜明けとともに緑の山々の上にまっ白く雪をいただいた高峰が聳えたつのを見た。海上はゆるやかなうねりのほかは小波さえ立たない。霧に妨げられて飛行機作業は中止、静かな海底にもぐってしまった。

水深は二百メートル、気温は十五度で変わらない。潜望鏡をあげて見たら、晴れ渡った碧空に哨戒のボーイングB17が三機、北へ向かって飛んでいったという。聴音機には敵艦艇の音源は入らない。商船の航行もあまりないらしい。反転し、沖に出て、日が落ちてから浮上した。

今日こそは米西海岸森林地帯の爆撃を決行しようと、赤い豆懐中電燈をたよりに闇の甲板上を這いまわりながら飛行機の組み立てを行なう。手探りでやるような、闇夜の危険な作業である。これも絶え間ない不断の訓練が物をいうのだ。

海岸間近にそびえる山を楯にとり、そこから発艦させようと接近するころ、風が出て海上は荒れはじめた。噛みつくような白波が一面に立って、夜目にもわかるほどだった。甲板の飛行機作業員の体にしぶきが魔物みたいに打ちかかってくる。艦長はできるだけ波を避けようと、舵を右に左に取りながら追風に向けていくが、うねりが高くて左右の傾斜はなおらない。

「落ちるなよ、足もとによく気をつけてやれよ」

と闇の中から声がかかる。落ちたらもうそれっきりである。顔にかかった波しぶきをぶるんぶるんと振いおとしながら猿のように飛行機を組み立てていく。ますます風が強くなってきた。追風に艦を向けるとどんどん流されてしまう。やむなく今日もまた発艦を見あわせ、ふたたび飛行機を分解して格納してしまった。

「困った天気だ。どうにも処置なしだ」

潜航長は無念そうに手をこまねいて嘆息する。暗い山の突端に点滅する燈台の姿がありありと見えてきた。ブランコ岬の燈台である。にわかにさっと照らし出されそうな気がして不安でならぬ。東の空が白むころ潜航。

潜航懸吊中、比重の差や艦のツリムの変化により、浮上しそうになったり深く落ちこんだりするので、潜航長須藤兵曹はその調整に苦労する。日が落ちて浮上のころから海上は落ちついてきた。「明日の朝は決行できる」と大喜び、冷たい夜空にまたたく星の美しさに見いっている襟もとに涼風が心地よい。

九月九日。いよいよ爆撃決行。

ややうねりはあるが波はない。晴れ渡った夜空の星明かりに飛行機作業を開始し、「今日こそ成功してみせる」と艦長はじめ全員張り切る。艦長は発艦と待機の位置を選ぶため針路を一〇〇度、〇度、一四〇度と転舵変針しつつ、陸岸から十カイリの地点にいたり、

「飛行関係員、飛行機発艦用意」

と号令を下した。見張るもの、組み立てるもの、みな一様に目は血走っている。じっと立って海上を凝視しているのは搭乗員二人のみ。緊張してその顔色はほの白く見える。

「飛行機発艦用意よし」

搭乗員は上甲板で艦長から命令を受け、元気いっぱい「行ってまいります」と勇躍機上の人となる。プロペラの送る風は艦にそって艦尾へ吹きぬけていく。顎紐をかけた帽子が飛ばされそうだ。

十時、発艦。バスンという轟音とともに、小型爆弾二個を抱いた飛行機は艦首より打ち出された。機は重い爆弾のためぐーっと下がって水面すれすれとなり、闇の中に吸いこまれるようにして飛んでいった。微かに残る爆音に無事目標めざして飛翔しつづけるのを知る。あとはふたたび静けさにもどった。

艦上は揚収準備にとりかかる。暁間近く、星は満天に美しく輝いていた。潮風が肌につめたい。艦長は無言のまま双眼鏡を目にあて、空の一角を見まもっている。

突然、三番見張りが大声で叫んだ。

「右三〇度、艦影一隻」

しまった、と心に叫んだのはわれ一人ではあるまい。艦は停止している。飛行機が帰る時

間までは現在位置に漂泊していなければならない。定めた場所にいないと、本艦が敵に撃沈されたか、あるいは危険のため潜入したかと思って、飛行機は自爆するほかないのである。といってむざむざ見殺しにはできない。いま一時早く敵影を発見していたら、発艦を思いとどまっていたであろうにと、瞬間いろいろなことが脳裡をかけめぐる。艦長はじっと敵艦の様子を見つめていたが、やがて、

「魚雷戦用意、現在位置に帰艦まで待機する」

と全員に命をくだし、なおよく敵の動静を監視注意するように命令した。気がもめる。敵に発見されたら一大事だ。

次第に夜は明けていった。十時二十分、山のかなたに深々と立ちのぼる黒煙を見つけ、目の前に敵艦のいるのも忘れて、全員「万歳」を連呼し歓喜に湧きかえった。

三十五分、白々と明けそめた東の空に黒一点。帰ってきた。無事に帰ってきた。思わず涙がにじみ出る。早く早くと無性に手を振って喜ぶ。両翼をバンクさせて近づいてきた。低空で艦のまわりを一周し、艦尾から着水、左舷側より抱きあげられた。

「飛行機要具おさめ、前進微速、強速、第一戦速」

と順次速力をまし、暁の海上をまっしぐら、敵商船を追跡していった。が、ボーイングB17の出てくる時刻を忘れてはならない。

忘れたわけではないが、鹿を追うものは山を見ずのたとえのとおり、白日のもと陸岸近く白波を蹴たてて走っているのだからたまらない。二番見張りがあらんかぎりの大声で叫んだ。

「飛行機三機直上」

急速潜航、が間にあわぬ。百雷一時に落ちるがごとき轟音と震動。〝やられたか、運のつき〟と頭にひらめいた瞬間、またも一発、二発、三発。艦は左舷に傾いてがらがらばらと品物が落ち、倒れる。ビームやパイプにしがみついて体を支えるが、側面の壁が天井に見える。司令塔、電信室から何か大声でわめく声が聞こえるが、聞きとれない。艦はますます左に傾き、艦首は四五度の急角度をもって沈下していく。

「潜舵上げ舵前進一ぱい。一、二番メンタンクブロー」

深度計は五十、五十五、六十と、見る見る危険深度を指し示す。沈下は深度七十メートルに止まったが、傾斜はなおらない。〝助かるかな〟と思った刹那、またも大音響、背筋をすーっと冷や汗が通る。電燈はもちろん消えてまっ暗だ。闇の中を懐中電燈で故障個所の点検を行なう。電気長が艦底にもぐって電池を調べている。電信室の電源引込口が破られて水が入ってくる。

油断であった。あまりにも急激な敵の出現に周章狼狽し、艦内飛び込みの際、最後に入る信号員の襟巻の端がハッチにはさまり、「ハッチ良し」の報告ができず、潜航が遅れたのである。

敵機はあまりにも陸岸に近いため、敵潜とはにわかに判定できず、しばらく旋回しつつ様子を見ていたらしいが、急に潜航をはじめたので敵ということが判り爆撃してきたものらしい。しかし、あれだけ潜入まで時間があったのに、ついに命中弾を受けなかったのは、敵の技術を云々するよりも、まさに天佑神助である。やっとハッチが閉まって十七メートルに入ったとき爆弾は投下された。もう一秒おくれたら完全に止めを刺されるところであった。

爆弾の炸裂とともに水圧による浸水は強かった。電信長は壁とソファーの間に叩きつけられてしまったが、幸い大した怪我はしなかった。ほかにも軽傷者が数名出た。

ひとまず危地は脱したけれど、敵哨戒機に発見された以上、第二、第三の攻撃は覚悟せねばならぬ。深度計も狂ってしまった。聴音機は故障して使用不能、直上を通過する応援の駆逐艦の所在をすら知らすすべがなくなった。

二時五十六分、ふたたび四個の爆弾を投下された。最初よりは程とおく、敵は本艦の位置を捕捉していないことがわかった。やっと人心地ついた気持である。艦は静かに速力をまし沖に出た。敵の駆逐艦はまだ来ないらしい。深度は七十メートル、飛行機からは見えないが、艦艇を呼び寄せられるのが一ばん苦手だ。

なめくじのように這って沖へ出るうち、またも三時三十分から七個の爆弾攻撃を受けた。潜水艦が水中攻撃を受けるよりみじめなことはない。敵は半信半疑、初弾が命中したと思ったか、以後は投弾せず、夜間になってから爆雷攻撃を受けることもなかった。

日没を待って浮上し、漂泊しつつ上甲板上部構造物の被害状況を調査した。波よけと電線引込柱などが吹っ飛んでいた。引込線の破損は熔接によって応急修理をほどこした。徹夜で各部の修理復旧に全努力を払い、夜明け前やっと一応完了した。とにかくえらいことだった。ちょっとした油断がどんな大事を引き起こすか、乗員は胆に銘じて知らされたのである。貴重な体験であった。

森林爆撃の企図がやっとわかった。米西海岸オレゴン州付近は原始のままの山林が多い。山林地帯が大きいため、山火事を起こすと手の施しようもなく、いく日でも天を焦がして炎炎と燃えつづける。消火の方法はない。そして暑い熱風が近くの町の民衆に吹きつけてくるので、住民たちは避難しなければならなくなる。時には町全体が火をかぶって焼失の憂き目を見ることさえある。万一飛行機が墜落でもして火を発したら大変なので、その上空は飛行を禁止されている。

これを狙ったのが、こんどの森林爆撃であり、焼夷弾を投下して大火災を起こさしめ、アメリカ国民の度胆を抜こうという考えであった。飛行機は零式小型水上偵察機、爆弾は七六キロでその中に小さい焼夷弾が五百二十個入っている。千五百度の高熱を発して、一個が半径百メートルを火の海とする。

翌日は九時潜航、聴音機振動鈑がやられたらしく指向性が鈍くなってしまった。これは大きな痛手だ。一日がかりでどうやら使えるようにまでなったが大骨を折ってしまった。ほっとして一休みと思い、わきを見ると電信員の作山が冬の服を出してもそもそやっている。

「おい、どうしたんだい。このあったかいのに、頭がおかしくなったんじゃないか」

「いえね、みんなぐしょぐしょになって着るものがないんです。まさか褌だけでいられんものですから」

そういいながら、自分でもおかしいのか笑い出してしまった。わたしは自分の着替えを貸してやった。

今日は爆弾音も聞かず、敵の推進器音も聞こえてこなかった。十二時四十五分、大陸の見えない沖の洋上に浮き上がった。夜半になって風が出てきた。

この森林爆撃について井浦祥二郎元大佐は次のように語っている。

『ことの始まりは、シアトル総領事をしていた人からであったと思うが、「アメリカ西岸の森林地帯は、毎年のように、山火事に悩んでいるので、何かいい方法で山火事を起こさせれば、付近の住民に相当の脅威をあたえることができると思う」という手紙が富岡作戦課長のところへ届いたことにあった。

「何とかならないかな？」

と課長が相談をもちかけてきたので、わたしは

「それでしたら、潜水艦の飛行機に焼夷弾を積んでいけばできるでしょう」

と答えた。

軍令部上層部でも裁可を与えてくれた。そこで横須賀軍港で整備中の伊二五潜をこれに使うことにして、連合艦隊司令部にこのことが指示された。伊二五潜を選んだのは、艦長の田上明次中佐がきわめて有能な指揮官であったこと、そして、藤田という名飛行長がその艦に乗っていることを考えてのことであった。

伊二五潜は八月中旬、横須賀軍港を出撃した。そしてオレゴン州沿岸につくと、搭載の豆飛行機を二回にわたって発進し、各回とも三十キロの焼夷弾二個ずつ森林地帯に投下して、無事帰ってきた。アメリカ側のラジオの放送ぶりから見ると、ある程度、予期の脅威を与えたことは確かのようだった。

もともと潜水艦搭載機は偵察専門のもので、爆弾搭載設備はなかった。それをわたしは、わざわざこの挙のために、航空本部の上出俊二中佐と研究して、特別に改装し、設備したものであった。

その後、潜水艦搭載機は、爆弾搭載設備をつけることになったが、それは、いざという場合に、丸腰では一矢も報いられなくて残念だという、飛行機搭乗員の要求にこたえたからであった。

なお、この米西岸行動中、伊二五潜は油槽船二隻を撃沈した。またその帰途には、水上航走中の米潜水艦二隻を発見、いち早く潜航して、その一隻を雷撃沈した。

わたしはあとで、小松輝久司令長官などから〝潜水艦を分散したあんな無意味な作戦を〟とこごとをいただいたが、米本土に対する航空爆撃は、わが海軍としては、これが最初であり、また最後のものとなった』

右の談話のように、森林爆撃は二十日後の九月二十九日にふたたび決行され、これまた大成功をおさめることができた。

ふたたび爆撃敢行

九月十三日、午前八時四十五分、左正横に推進器音を聴取。十時十五分、魚雷二本を発射した。潜航したままである。待てども待てども命中音は聞こえない。「深さ三十」艦は深々度に沈んでしまった。右に左に敵はジグザグ行動をとっていることがわかる。魚雷の航跡を発見して逃走しているらしい。逃がしたか無念！　と歯ぎしりしているところへ爆雷四個を浴びせかけられた。深々度潜航しているから被害はないが、気持のいいものではなかった。ジグザグに退避しながら「敵潜現わる」と打電し、哨戒機が急遽はせつけたものか、あるいは初めから駆逐艦が護衛についていたものか、つづいて数個の爆発音を遠雷のように聞いた。敵は本艦の位置を捕捉していない。

翌朝、またも艦首に音源を捉えた。感一。かすかな音源で判別困難である。潜望鏡を上げて偵察すると商船であることがわかったが、遠距離なので攻撃はできなかった。しかし、よく聴音器に捕らえた技量は上の上なりと褒められた。

米本土爆撃をもう一度決行することになった。

日の出前、潜航、しばらく太陽の顔をおがまない。

夜間浮上中、米国のラジオ放送を傍受すると、過日の本艦飛行機によるオレゴン州爆撃を大々的に放送していた。大爆音とともに森林に火災を起こし、何が原因ともわからず、また手の施しようがなくて、ただ見物していたという。帝国潜水艦から発進した飛行機のなせる業とは夢にも思っていなかったらしい。

その後、詳細な調査を行なった結果、日本海軍の仕業と判明、焼夷弾によるものとわかって周章狼狽し、対空対潜の防備に大童であると報じている。ふん、もっと凄い奴を近いうちにまたお見舞い申し上げよう。

艦はどんどん北上し、コロンビア河下流に入っていった。河口の底はしばしば変化するので海面ばかりをたよりにするのは危険である。測深儀を使い、深さを測りながら入る。両岸に美しい緑の山や野原を潜望鏡で見ながら入っていくうち、測深儀の反響がなくなった。おや、音響の入らないほど深い場所があるのかと不審に思って連続に打ちはじめた時、ズズーッという重苦しい音と何かに衝突したような震動を艦体に感じ、そのまま止まってしまった。

「浅瀬だ、座礁だ」

「どうした、測深儀は駄目か」

艦長は素早く後進全速をかけたが、速力計には現われない。泥に吸いついてしまったようだ。がくんがくんという音と震動がする。海底の砂を推進器が掻いているらしい。

やっとの思いで脱け出すことができた。危うく命拾いである。あのままぐずぐずしていて干潮にでもなったら、鴨が葱をしょって飛んで来たようなもの。ぽかんと一発やられてお陀仏である。さすが豪胆な艦長も胆を冷やしたことであろう。

「河には懲りごりだ」と安堵の胸をなでおろしたとき、またもや爆雷の攻撃を受けた。本艦座礁の位置あたりに投下しているようにも聞こえた。あるいは飛行機に発見されていたのかも知れない。

昨日に変わってひどく霧の深い日であった。艦橋に立っていると、艦首が霞んでよく見えず、艦尾も薄黒く霧の中に消えているほどだ。この霧ではおそらく敵も発見できまい。ましてや飛行機偵察は不可能だ。というので水上航走にて索敵を行なう。重苦しい霧の海上は平穏であった。

霧の夜はいつともなく明けたが、相変わらずの濃霧だ。内地では想像もつかないことであろう。漂泊にて敵を監視する。米大陸岸より約二十カイリの地点である。この霧の中にも時おり敵哨戒機の爆音が聞こえる。艦長はたえず艦橋に立って霧の中を見ていた。「艦長はつらいなあ」と誰の口からともなく同情の言葉が洩れてくる。

四日目でやっと霧がはれた。今日は秋季皇霊祭である。皇居の方に向かって一同黙禱、昼食には赤飯のカン詰が出た。食糧もあと僅か、食膳をにぎわす材料もないが、主計長の計らいで赤飯が残されてあったものだ。連日の潜航生活でからだはへとへとに疲れている。口がぬるぬるして折角の御馳走の味もわからなかった。

昨夜浮上中、任務変更の電報が受信された。ハワイとサンフランシスコ間の航路遮断のため南下することとなった。「今度こそ空母か戦艦だ」と艦内は気分転換で大喜びだった。

十二時半、月が昇りかけた静かな海上にぽっかり浮き上がった。どす黒く、どろんと淀んだような海面には満天の星がきらきら映っていた。しっとり濡れた甲板、艦橋も微風を受けて爽やかに見える。大きな欠伸をやってきれいな空気を一ぱいに吸いこむ。蘇ったような気持だ。

電信員はさかんに艦隊命令を受信していたが、ひょっこり昇ってきて「艦長、命令です」と受信用紙を差し出した。

「読め」

「――伊二五潜はD地区の作戦を取りやめ、B作業を遂行せよ」

艦長はだまったままうなずく。潜航長、航海長も闇の中に聞き耳を立てていた。命令には絶対服従しなければならぬ。ふたたびオレゴン州を爆撃せよというのだ。艦内では、

「また作戦が変わったのか」

「機動部隊のでっかい奴をやっつけんことにゃ国へ帰れんわい」

「まあ慌てるな、待てば海路の日和かなだ」

など、とりどりにやかましい。

ふたたび転舵した翌日、浮上中、右七五度水平線に船影を発見した。「取舵」艦首はぐん

ぐん左に回り、目標は艦尾に変わっていく。

「魚雷戦用意」

敵速、敵針、敵距を測定して攻撃態勢をととのえる。敵船は反航で進んでくる。

「見失うな、よく見張れ」

艦長の力のこもった号令がかかる。まったく潜水艦の水上攻撃は艦長の勘一つで勝負がきまるといってよい。敵に発見され、一発の弾でも打ちこまれたら百年目だ。見失うまい。発見されまいと警戒しつつ左に転舵し、肉薄、六時五十五分、黒々と小山のように見える敵艦の右正横に喰いさがり、魚雷二本をぶちこんだ。

発射が終わると「取舵」反転して急速潜航した。待てど暮らせど爆発音は聞こえない。

「ちえっ、不発か」

深度を十八メートルに上げ、潜望鏡で覗くと、敵船はジグザグ運動を行ないながら逃げていくのが見えた。

「くそっ」「浮上(あが)れ」「メンタンクブロー」

潜ったと思ったら、また黒い潮をかき分けてむっくり水面に浮き上がり、敵商船を追跡にかかった。獲物をねらう鱶のように貪欲執拗であった。その後四時間、見えつ隠れつあとを追う。

攻撃可能な距離に到って十一時、急速潜航、魚雷一本を敵の横腹に射ちこんだ。見事に命中。船首にもろに一発食った敵船は物すごい火柱をあげ、前かがみになって沈んでいった。

朝明けの空に、陸岸近くもくもくと高く上る黒煙と火炎とを、アメリカ国民も暁の夢破られて望み見たことであろう。

すべての状況は哨戒部隊に通報されていよう。ここらにいては危険だ。三十六計逃げるにしかず、サンフランシスコから百カイリの沖合に出た。海上は鏡のように静か。静かなため魚雷員は不良魚雷の調整にかかった。魚雷もあと残り僅かだが、いずれも不調なものばかりで心細い。水雷長も手伝って、「何とか使えるようにしたい」と修理調整になみなみならぬ苦心を払った。一つ大きな奴をやっつけたいなあ。商船ばかりでは物足りぬ。

探信室の蛍光灯の光の下で絵をかいていたら、奥田がポケットウイスキーを持って入ってきた。

「よくまあ飽きずに下手くそな絵をかいたり、日記をつけたりするなあ、生きて帰るつもりかよ」

「つもりも何もあるもんか、おれの趣味さ。どうせ絵にはなっておらん、文章にもなっておらん。だけどそれでいいんだ。生きぬか生きるかは閻魔さまのほかは知るまいて」

「ま、そうだがね、死ぬ死ぬとばかり思ってもいかんし、どうでも生きようと思うのもいかん。とすると、貴様みたいに絵をかいているほうがいいのかな」

「どうでもいいさ、ただその時その時をしっかり生きぬくだけだ」

いつになく奥田兵曹、神妙な話を一時間ばかり、ウイスキーとサイダーを飲みながらやっていった。そして最後に、

「落ちついて日記も書けんような俺は、やっぱり気が弱いってものかなあ」
としみじみ述懐していた。弱いも強いもない。ただ性分だ。わたしはただ書いてみたいのだ。それが何の役にたたなくても――。

十二時半、浮上。大空には一つの星も見えなかった。曇っているのかと思ったら霧が深くたれこめているのだった。六時三分、霧の晴れ間に駆逐艦らしいものを発見し、ただちに潜航した。魚雷戦の用意をして潜望鏡を上げた時には、すでに敵影は見えなかった。

九月二十九日。今日こそ第二回目の米本土爆撃を決行と定まった。ときどき艦を浅深度として潜望鏡を上げ、敵状観測を行なう。

十二時半、浮上し、飛行機発艦位置を選ぶ。夜空は風一つなく、下弦の月は静かにわたしたちを見下ろしていた。月影に霞んだ米本土が東の洋上に長々と拡がってみえる。

艦は強速力をもって大陸に接近し、午後五時より飛行機作業開始、艦長はたえず前方と艦首の波の上がりかたに気をつけながら、操縦していく。ブランコ岬の燈台の灯がちかりちかりと目を射る。

岬を距（へだ）る五カイリの地点に到り、用意万端ととのう。時に九時七分。二個の小型爆弾を搭載、搭乗員二人ともさすがに蒼白な顔をしていた。

飛行機は発射された。

艦は反転して一度沖に向かい、ふたたび反転して飛行機の帰還位置に到って漂泊をつづけた。燈台の灯の死角に当たっているので照り出される心配はない。前甲板ではすでに揚収の準備を始めていた。

夜明けは早く、山の端から白々と明けそめてきた。山の起伏、海岸の緑の林、民家のたたずまいがはっきりわかる。時計の針は刻一刻と進んでいく。待つ身のつらさ。

「艦長、十五分前です」

信号長が報告した。艦長は木彫りの人形のように動かない。無言である。

突然、一番見張りが叫んだ。

「艦長、煙が見えます。右八度、爆撃成功」

艦長はなお黙している。爆撃は成功したが部下の生命が案じられる。煙はやがて炎をともなった。紅蓮の炎、天を焦がすばかりの大火炎である。

「燃えている、燃えている。よくやった」

十時八分、「飛行機、左八〇度、高角三〇度」と二番見張りが報告した。先任将校がはずんだ声で、

「よく見張れ、敵か、味方か」

空にぽっかり黒点が浮かぶ。艦長ははじめて隠しきれぬ喜びを微笑に見せ、なおも双眼鏡を握りしめていた。そしてぽつんといった。

「艦内へ、飛行機が帰る」

二つのフロートが見え、ずんぐりした機体がわかり、見る間に近づいてきた。喜びのバン

クをやりながら艦の上空を一周、艦尾から白い水煙をあげて着水した。ただちに揚収にかかる。前甲板にあと片づけの乗員を乗せたまま、艦は沖に向かって走り出した。

来る日も来る日も波か風か霧か、あるいは敵かで発艦の機会がつかめず、はやる心を押さえに押さえつつ待ったその日がやっとやってきた。二度とはできぬ偉業をここに見事なしとげたのである。何か重荷をおろしたような安堵感をおぼえる。

そのあと、駆逐艦の推進音を聞く。深度七十メートルにまで沈んで爆雷攻撃を避けた。森林爆撃を見て、敵は駆逐艦を出動せしめ、大がかりな索敵を開始したものとみえる。触らぬ神に祟りなしだ。深度は四十メートルにあげたが、なお数時間はそのままじっと沈んでいた。

夜、不思議な音源を捉える。微かな、そしてリズムの極めて遅い七つの音源であった。音源聴取から二時間ほどして潜望鏡を上げて見たら、「前後の見分けのつかぬ貨物船」を発見したと伝えてきた。不思議な幽霊のような船である。浮上追跡を開始すると、その船は煙のごとくかき消えてしまった。

ほんとうの幽霊船であったかも知れない。

わたしたちがオレゴンの森林爆撃を敢行していたころ、帝国潜水艦隊は次々と大きな戦果をあげていった。すなわち八月三十一日には伊二六潜が大型空母サラトガを攻撃して、これを大破せしめ、九月十五日には伊一九潜が空母ワスプを撃沈したほか、最新鋭の戦艦ノースカロライナに魚雷を命中せしめてこれを傷つけ、さらに駆逐艦一隻を大破、ついに沈没にいたらしめたのである。

しかし、これらの戦果は当時十分に確認されず、最後にいたって明らかにされた。伊二六潜の艦長であった横田稔元大佐も「命中音一発を聞いたのみ」と報告しているが、モリソン博士の著書には、次のように詳細な記述がある。

『――八月の最終日は、米海軍にとって憂鬱な日であった。それは、ガダルカナル島の南東方二百六十マイルの地点において、日本潜水艦から発射された魚雷によってかもし出されたものだった。

その日、サラトガのまわりには、近くに戦艦一隻と巡洋艦三隻が配せられ、七隻の駆逐艦が、その外まわり三千五百ヤードのところで、対潜警戒にあたっていた。当時の編隊速力は十三ノットであった。

午前六時五十五分、針路を北西から南東にかえて、ジグザグ運動を開始すると間もなく、伊二六潜から不意打ちに六本の魚雷が発射された。

駆逐艦マクドノーは、艦首三十フィートのところに潜望鏡を発見して対潜警報を急報し、爆雷を投下したが、魚雷はその艦尾すれすれのところをかすめ、サラトガに向かって直進していった。

サラトガ艦長は、ただちに面舵の大転舵を命じたが時すでに遅し、魚雷は命中して、右舷に小山のような水柱があがり、重油が迸出した。タスクフォースの全員はじだんだ踏んでくやしがったけれど、あとの祭りであった。

直衛の駆逐艦は狂ったようになって、ただちに潜水艦狩りをはじめ、そのうち二隻は音源をキャッチして爆雷を投下した。しかし成功しなかった。日没まで現場にふみとどまって懸命の潜水艦攻撃を行なった。伊二六潜は巧みにこれを脱過し、その後、その年のうちに巡洋艦ジュノーを撃沈した。

サラトガの損傷は致命的とまではいかなかったので、応急復旧作業につとめ、三日後には自力航行ができるようになった。しかしながらその損傷個所の修理に前後三ヵ月を要することとなり、南太平洋方面の米国海軍陣営はサラトガがいなくなったことによって、淋しさを覚えざるを得なかった』

『――レイノー提督の旗艦であるワスプは、巡洋艦四隻と駆逐艦六隻に護衛されていた。このグループから五、六カイリ隔てて航空母艦ホーネットが行動していた。同空母は、その群の旗艦ノースカロライナおよび巡洋艦三隻と駆逐艦七隻に取りまかれ、いわゆる輪形陣をもって、十六ノットの速力で航進中であった。

九月十五日午後二時二十分ごろ、ワスプは飛行機の発艦収容作業を行ないつつあったが、なんぞ知らん、付近の海中で伊一九潜は鋭くこの大きな獲物を狙っていたのである。

周囲にあった六隻の駆逐艦は、このとき敵らしい音源をつかまえていなかった。しかるに突如！　ワスプの見張員は「右舷魚雷発見」と大きな声で叫んだ。伊一九潜がワスプの南西方から、まさに四本の魚雷を発射したのである。

ワスプ艦長のシャーマン大佐は、ただちに面舵一ぱいの転舵を命じたけれど、時機おそく、三本の魚雷は右舷側に命中爆発し、他の一本は艦首すれすれをかすめて、駆逐艦ランズダウンの下を通っていったが、爆発しなかった。時に午後二時四十九分、場所はサンクリストバルとエスピリッサントとの中間であった。

ワスプは魚雷の命中によって誘爆をおこし、それに甲板上の飛行機の爆弾燃料が誘発延焼して、乗員懸命の応急作業もその効なく、被害は刻々と増大していって、午後三時二十分、ついに総員退去を命じなければならない状況にたちいたった。

ワスプはとうてい救助の見込みなしと見、ランズダウンにこれが処分を命じ、魚雷五本を発射して沈没せしめた。時に九月十五日午後九時であった』

あわや敵船と衝突

　爆撃行の重大任務も完全遂行できれば、こんどは思う存分通商破壊に当たれると、気負いたちながら艦は敵を求めて北上した。実におだやかな日和であった。微速力で航行すれば懸吊中と同じように動揺一つない静かさである。

　十二時、浮上。雲一つない空には上弦の月が敵も味方も差別なくやさしい美しい光を投げかけていた。航跡は果てもなく長く尾を曳き、水泡は真珠か宝石のように乱れ散る。そろそろ秋だなと、内地を思い出させるほど肌寒い夜であった。煙草を喫みにあがってきた掌機長が、

「これは美しい月だ。下弦の月だろう」

　という。誰かが、

「いや上弦の月だ」

　という。しばらくは上弦か下弦かで論議がつづいた。航海長は上弦組、先任将校は下弦組、

はてしがない。じゃ艦長に聞いてみようということになった。負けたら酒一升ときまる。艦長は笑いながらいった。

「日本では月の七、八日ごろのを上弦といい、十六、七日以後を下弦というのであって、弦の上下には関係ない。東半球のこのあたりでは月の角度も違うから、どっちともいえないんじゃないかな」

陸岸から二十カイリ付近を沖に出たり接岸したりして索敵しながら北上していく。音源が入らないと気合いが抜けてしまう。軍医長などはまったく仕事がなく、眠るのも飽きたのか、あっちこっちへ行っては、例の調子で罪のない無駄話をやっていく。病気といっては脚気ぐらいなもの、乗員はもともと頑健な身体のところへもってきて衛生にも十分注意するせいであろう、病気は実に少ない。風呂には六十日も入らず、顔は洗わず歯も磨かずというのによくも病気をしないものだ。医学を超越したとでもいおうか。

十月五日、そろそろ夜も明けはじめるころ、三番見張りの双眼鏡の中に商船一隻を捉えた。ただちに潜航、攻撃に移った。

「魚雷戦用意、発射雷数二本」

目標に向かって肉薄した。しかし不思議だ。音源が入らない。こんな所で停止漂泊している船もなかろうに。潜望鏡をあげてみた。確かにいる。おそらく故障でもしたのであろう。何という不運な船であることか。これを撃ち沈めるのは赤子の手をひねるようなものだ。

たちまちにして魚雷二本命中。深度四十に潜って敵船より遠ざかり、一時間ほどして潜望鏡をあげて偵察した。船はまた沈んでいない。重油船であろうか、大火災を起こし、船腹から流出した重油はあたり一面に拡がって火の海となり、燃えあがっていた。

SOSを発したのであろう。しばらくして音源を捕捉、しかしおかしなことに音源はピストンの商船であった。「右四〇度タービン音感二」と報告、司令塔から「駆逐艦ではないか、確かめよ」といってくる。どう聴いても商船の音である。

大丈夫と思ったのか、艦長は深度を十八メートルにあげ、潜望鏡を露頭してみると、三千トン級の商船が、船首を水中に没し断末魔のあがきをしている重油船に近づいて、決死の救助作業を行なおうとしている。

変だぞ、これは。潜水艦攻撃を受けた船を救助に、商船がのこのこ出てくるなんて第一おかしいし、哨戒の駆逐艦が一隻もかけつけないなんて法はない。囮船かもしれん。めったに近寄ったら、ぽかぽかっと来るにきまっている。危うし、危うし、しばらく様子をうかがっていた。と、午前三時三十六分、遠距離ではあるが六個の爆弾を投下された。なるほど、わかった。敵もさるもの、駆逐艦を救助に出せば、潜水艦の優秀な聴音機に捕捉されるのを見越し、わざと三千トン級のぼろ船を出して、空から虎視眈々と狙っていたのだ。よくも潜望鏡を出したとき発見されなかったものだと、冷汗三斗の思いをした。

五時過ぎ、再度の爆弾攻撃を受けたが、これも至近弾でなく、敵はわれを発見していないけれど、救助船への攻撃をおそれて、威嚇爆撃を行なっているらしい。残念ながら第二の目標はおあずけにして反転、そろそろと遠ざかった。今日の本国との通信は午前五時から六時る。

の定めであったが、危険なので取り止めとした。次の通信時間は十一時から十二時の間である。

その翌日、またまた一万七千トン級の油槽船をシアトル沖で捉え攻撃を加えた。が、惜しいかな魚雷不発で撃ち沈めることができなかった。しかし艦長はあきらめなかった。

「取舵、目標を逃がすな」

第二回の攻撃である。午後二時、あまり暗いので目ばたきをする瞬間に船影を見失う。

「発射用意、射てっ」

凛とした艦長の号令がかかった時は、黒く高く、ビルディングのような巨船がのしかかるように近づいてきた。ゴクーンという震動とともに魚雷は発射された。

発射より十八秒にして魚雷は命中、大爆発した。爆風は噴火の時のように物すごい重圧となって、艦橋の鉄板も、部厚い窓ガラスも見張員も押し潰されるかと思うばかり、紅の火柱は沖天高く立ちのぼって、熱さにわれ知らず両手で顔をおおい体をかがめた。波も人も赤々と照らし出され、目はくらくらと眩む。

「取舵一ぱい」と舵をとったが、艦は惰性によって大きな弧を描き左に回頭、艦首と商船の船尾がまさに衝突!

「あっ、危ない」

力一ぱい舵を左に回した。

艦は運よく敵の船尾すれすれに、からくも体をかわし得たが、散乱する破片が艦橋や甲板にヒューッバタンバタンと落ちかかってくる。魚雷の深度は五メートルに調整、敵の前部船橋下に命中したのである。司令塔員は吃驚して、その場に打ち伏したという。

「いや驚いたね。命中より何より、こっちがやられたと思ったよ」

壮絶きわまりない焦熱地獄の展開であった。全身火達磨となった敵船は船首から沈みかかっていた。折れ曲がったマスト、索が切れてぶら下がったボート、炎の中を絶叫しながら右往左往する人々、何もかも手にとるように見える。沖に向かいながら艦長は先任将校に、

「二人くらいずつ交互に見学させろ」

という。数多くの船を撃沈しても、その最後の状況を、一度も見たことのないものが大勢いる。この壮観を一目なりと見せてやりたいのだ。

「うわあ、凄えなあ」

反転して昨夜の撃沈現場に来てみると、もはや煙も一片の板も夜目には見当たらなかった。沈没は確実と認め北上するうち、またも一隻の商船を発見した。

「よおし、もう一丁」士気はいやが上にもあがる。

あといくばくもない夜明けを前に、戦速にて肉薄してみて驚いた。水面すれすれにまで沈んだ痛々しい姿の、昨夜の撃破船を重そうに曳航していく船ではないか。

「こいつは面白い、二隻いっしょに射とめてやろう」

早速、攻撃態勢に入ったところ、早くも敵は気づいたのか、曳航していた船を棄て、ジグ

ザグコースをとって逃げ出した。第二戦速で追撃開始。と、

「敵は無電を打っています」

電信員が知らせた。夜も明けかかったので遠追いはやめ、十時半、潜航してしまった。それから一時間ほどしてタービン音を左四〇度に聴取した。よくお客さんの来る日だと、潜望鏡を上げてみたら、二隻の駆逐艦と商船が寄ってきて救助作業に当たっている。こいつは無理だ。二隻の駆逐艦では歯がたたない。ましてや秋晴れの白昼、下手をやったらこっちがぽしゃんなので、そのまま深々度潜航、南へ向かって避退した。

十二時十五分、遅いタービン音を捉える。早いリズムならば駆逐艦と思って間違いないのだが、あまり遅いので商船と思った。潜望鏡をあげて見る。途端に、

「下ろせ、ダウン、深さ四十、急げ」

と来た。駆逐艦だったのだ。しかし発見されていないらしいから大丈夫だ。ほっと安心して昨夜の油槽船の話などしながらカン詰の昼食をとる。

五時四十五分、一休みしているところへ音源が入る。駆逐艦の反転らしい。深さ六十八に潜る。二時間後、三発の爆雷が投下された。それからつづけざまに合計十八個のお見舞いを受けた。艦内は大地震のよう。電燈も消えたが、被害はなかった。すこし調子に乗りすぎたようだ。駆逐艦が二隻もいるのに悠々と潜望鏡を出したり、曳航中の船を水上航走で追っかけたりしたんだから、飛行機にも駆逐艦にも発見されたのは当然である。でもよく沈められずにすんだものだ。

翌日、潜航直前に小型商船を発見したが、あまり小さいので魚雷がもったいないから攻撃をやめてしまった。陸岸からだいぶ離れてきたので飛行機の哨戒も少ないようだ。潜航中、音源は捕捉できず、時おり魚群の鳴き声が聞こえるくらいであった。浮上は午前十一時。闇の中を航行中、商船を発見し、約二時間追跡したのち魚雷一本を発射したが、発射時にうねりが来て艦の安定が崩れ命中しなかった。

十二分後に爆雷二個を投下された。夜目に見たため、普通の商船としか思われなかったが、その後、特設砲艦であることがわかった。聴音機による音源の移動によって敵針を判定し、敵に発見されていないと判断したので、ただちに浮上、追跡を開始した。

夜明け前、艦首に敵影を発見した。取舵転舵にて前方に進出し、待ち受けて浮上のまま魚雷一本を発射したが、吃水が浅い船であるためか、魚雷は艦底を潜って通りぬけてしまったらしい。魚雷の不調も原因である。おしい。この時も敵の反撃を食い、つづけざまに爆雷四発を投下された。

潜水艦にとって爆雷攻撃は一ばん苦手だ。じっとこらえて待つ時間が実に長い。次から次へと不吉な予感があらわれ、いても立ってもいられなくなる。ついには神経が疲れて夢遊病者のようになる。ふらふらと歩き出し、海底にいるにも拘わらず、よろよろ梯子をのぼり、ハッチを開けようとして引きずりおろされた者もあった。艦長の神経が細いと、ついにたえきれなくなり、ふっと浮上した途端、撃沈された潜水艦の例もいくつかある。

十月十日、いよいよ内地帰港だ。やや北上の針路をとって日本に向かう。八月十五日に横須賀出港以来、六十日の間顔も洗わず、歯も磨かず、風呂にも入れず、闇から闇に敵を求めてきた辛苦の果ての今、懐かしい祖国へ帰るという言葉だけでも、ただ嬉しさがこみあげてくる。

魚雷も残りはただ一本。発射管室はがら一んとして広い。艦内通路も出港時は身動きできないほど積んだ食糧の山だったが、次々に処分されて、僅かにカン詰の箱が隅のほうにおかれてあるだけだ。

入港にあたって必要な書類をまとめていると、望月兵曹がビールを十本ばかり持って入ってきた。

「とっときがあるんだがね、内地へ帰れば新しいのが飲めるんだ。綺麗にして帰ろうよ」

何か肴をと、あっちこっち探したら、コンビーフのカンの小さいのが一つ出てきた。

二人で飲んじまうのももったいないと思い、その辺にうろついていたのを二人引っぱってきた。最後のビールの味もまた乙なものだ。気のきいたのが炊事場から煮干と醤油を徴発してきた。

「夕方浮上までゆっくりやろうよ」

といい気持になっているところへ、砲術長がひょっこりドアーを開けて入ってきた。

「おや、うまいことをやってるな、ずるいぞ」

「まあ一杯どうです。割り勘で始めたんです」

冗談をいったら真に受けて、

「そうかい、おれんとこにも何本かあるから持ってきたいが、先任将校がいるんでまずいな」

みんな笑い出した。

「嘘ですよ、望月が持ってきたんです。遠慮せんとやってください」

浮上は十一時半であった。空は薄曇り、波はかなり荒い。ぐーっと艦首が波に突っこむと、しぶきが艦橋に吹きつけてくる。ほろ酔い機嫌の顔にかかるしぶきを払いもせず、目をつぶると、闇のかなたから緑深い故国の山々、野や森や町が見えてくる。新鮮な野菜や果物、透きとおる山清水が見える。

いかん、いかん、敵地を離れたとはいえ、まだまだ油断をしてはならない。

闇の中に流星とも照明弾ともつかぬものが、瞬間さっと流れ、胆をひやす。

敵潜を屠る

十月十一日。午後からの荒天はいよいよひどく、気圧は下がりつづける。「今日は視界も悪いから水上航走で大丈夫だろう」といってはいたが、昨夜の流星が何とも判別つかぬため、一応、照明弾ではないかと用心し、飛行機の危険を避けるために潜航する。音源は入らない。二日も敵の推進音を聞かないと戦争が終わったような味気なさを感じる。

「どうにか生きて帰れそうだ」

「次の行動はどこだろう。南方かな」

今日の昼食にはオムレツが出た。粉末鶏卵で作ったものだというがおいしかった。入港は十月二十三日とわかったので、吉田主計長がとっときのを出したという。

雲は切れ間が出て、しばらくぶりの太陽が見えそうになってきた。波は依然として荒い。やっと地獄の底から娑婆に出たような心地がする。「おい太陽が見えるぞ」まぶしそうに手をかざしてみる。まるで初めてお日さまを拝む人間のようだ。

見張りの合間に天蓋に頭をつっこみ、しぶきで濡れた煙草を喫む。うまい。煙は糸を引いたように艦尾に流れる。突然、一番見張りの小松兵曹が、

「左艦首、マスト二本、主力艦！」

と大声を発したと同時に、じっと前方を見つめた。もう敵機以外会敵の機はあるまいと油断していた折も折、慌ただしい急速潜航に艦内は「何だ、何だ、飛行機か」とざわめきたつ。

「え、主力艦、そいつは、だが魚雷が一本とは残念」

「なに一本だって、当たりどこによっては撃沈できるさ。艦長の腕一つだよ」

艦は深度を十八となし、潜望鏡をあげておそるおそる覗いてみた。荒い白波ばかりで何も見えない。

「聴音室、音源はないか」

感度が出ない。そのうち、がーっと雑音が出てきたが音源の判別はつかなかった。艦は深度を十五に上げる。波が荒いのでうっかりすると打ちあげられそうだ。艦長は喰いいるように潜望鏡をのぞいていた。主力艦の行方はわからぬ。しばらくすると「深さ二十、急げ」と号令がかかった。さては捉まえたか？ と、次の命令は意外なものであった。

「目標は潜水艦、ただ今よりこれを撃沈する」

潜水艦が二隻、単縦陣で帰投中なのを発見したのだ。おしいな、もう一本魚雷があったら、お揃いでぶち沈めてやれるのに。

「魚雷戦用意よし」

一本の魚雷は唸りを立てて疾走していく。相当近いな。五秒、十秒、十五秒、十八秒、ズシーン。目から火が出て、大音響、大震動。胆が梅干のようにちぢまった。パラパラペンキが剥げて落ちる。ぐーっと艦は傾き、ズズーッ、ズズーッとそこらの物が移動する。つづけてズシーン、ズシーンと七個の大爆発音。頭をぎゅっと両手でかかえる。真珠湾攻撃以来、こんな大爆発音は聞いたことがない。

艦内には歓声一つあがらない。事のなり行きを、闇の中で機械にしがみつきながら見まもっている。敵潜もろとも沈んでいくような気がする。魚雷命中と同時に、敵の持っていた魚雷が誘爆を起こし、それに弾薬庫も爆発したものらしい。

やっと鎮まったと思ったら、こんどはドン、ドドン、パン、パンとつづけざまに射ち出す大砲、機銃の音が聞こえてきた。後続潜水艦の反撃である。痛む手をたたいてレシーバーをかけると、音源はガーガーッという雑音で何もわからない。

砲撃は数十分つづいた。敵潜はだんだん遠ざかっていく。測深儀で深度を測ると四千二百メートルあった。ばらばらになった潜水艦はその海底深く沈んで行ったのだ。千古光のとどかぬ暗黒の海底へ——。

数多くの艦船を沈めたうちで、これほど印象に残るものはなかった。耳に残る押しつぶされる音響は寒々としていつまでも消えない。単縦陣で、あと僅かで母国の港へ帰れる喜びを抱いていた二隻、日本近海で長い長い疲労と辛苦の果てに、水底深く沈められてしまおうとは。

われわれとても同じだ。一瞬の差で先方が早く発見していたら、伊二五潜は彼のたどった運命をたどっていたことであろう。戦慄をおぼえる。遁走した一隻の潜水艦の報告で、飛行機かあるいは近海に遊弋していた艦艇が攻撃に向かってくるであろう。そのまま長時間潜航に移った。艦内にはいつものような撃沈後の明るい気分がなかった。口には出さないけれど、胸の奥には誰もが人の命のはかなさを感じとったことであろう。あるいは同じ海底に闘う敵国人への一片哀憫の情に、心を傷ませていたのであろうか。

十月十三日、昨夜から天候はますます悪化し、気圧と気温は時間ごとに下がっていく。波浪は荒れ狂い、低い雲はうなると思われるように乱れ飛ぶ。左右への動揺は最大四五度、平均二五度の暴風雨となった。風速は三十メートル、敵哨戒機も飛べまいし、駆逐艦も追跡困難であろうと、水上航行をつづける。帰心矢のごときが故である。当直交代して濡れた雨衣を脱いでいたら、清水兵曹がよろよろよろけながら真っ青な顔をして降りてきた。

「どうした、参ったか」

「参ったも何も、死んだほうがましなくらいです」

「早く寝ろ、横になると楽だ」

わたしも堪えきれなくなり、濡れたズボンをはいたままベッドの上に仰向けに転がった。

天井が逆さになるかと思うほど横に傾く。

嵐は翌日もなおおさまらなかった。狂乱怒濤の海鳴りは天をも揺すぶる。食事の時間になっても出てくるものは少ない。

その次の日もなお止まない。ベッドに寝ているものがばたーんばたーんと振り落とされる。ぐーっと床から上がって全身を押しちぢめられるようになったと思うとぴたりととまる。次はすーっと体が宙に浮く。その次はぐらぐらっと来て、艦体がばらばらに砕けるかと思うほど震動する――これは水中深く突っこんだ艦首が水をすくって高く飛びあがる時である。

「これはねえ、あんた、撃沈した潜水艦のたたりですよ。ただごとではないですな」

軍医長が青い顔をしてつぶやいた。誰に向かっていった言葉でもないが、聞くほうでは胸にぴーんと来た。迷信とひと口に片づけてしまうわけにはいかないのだ。もやもやとそんなことを考えていたとき、軍医長にはっきりいわれて、ほっとしたような気持になる。そうだ。百幾名かの亡霊が宙にまよって、この大時化（しけ）を起こさせたのだ。

海にはさまざまの不思議がある。そう考えることも決して無理ではないのだ。成仏してくれ、おれたちが悪いわけでもない。戦争というものがそうさせたのだ――しこりがとれたように、みんな明るい顔になった。

四日目になってやっと雨はやんだ。なお波は高いがもう大丈夫だろう。今夜あたりはずっと静かになりそうだ。速力をぐっと増して三日間の遅れを取りもどそうとする。

十月十八日、嵐はまったくおさまり、晴れ渡った秋空はかぎりなく深く美しい。実速力十六ノットで艦は横須賀へ横須賀へと驀進する。鷗が二羽三羽と連れだって舞っていた。

みんな吃驚するほど色が白くなっている。六十日間もろくろく陽の目を見ないのだからこれで黒かったら、それこそしんから黒いのだ。

このあたりは敵も味方もない中立地帯である。雲は時々真綿のように白く浮かんだと思うと消えてゆく。艦長がにこやかに前方を向いたまま休息に上ってきている若い兵に声をかけた。

「あの時化には参っただろうな」

「はあ、もういかんと思いました」

「戦争ってのは辛いもんだなあ、でも仕方ないさ。人間は誰でも身を捨ててはじめて仕合わせが得られるんだ。そして他人のためお国のためにも尽くせるんだ」

いよいよ横須賀入港も間近。波の様子を見ながら両舷の手のとどく所の塗粧を行なう。艦橋の両側にイ25と白ペンキで書きこんだ。舷灯も備えつけた。さあ軍艦旗だ。潜水艦のマストは一間足らずだが、識別のために大きい旗を掲げる。

「いつ見ても軍艦旗はいいですねえ」

砲術長がいま更のように仰ぎみて嘆声を発した。

艦尾に一機の偵察機を発見した。「敵か味方か」と哨戒長が叫ぶ。艦長がまぶしそうに顔をしかめ、双眼鏡で見つめていた。見張りの望遠鏡が機影を追う。

「九六陸攻です」

日本の飛行機は目がいい。油断していた本艦より先にこちらを発見していた。懐かしい。そしてまた心強い。ぐんぐん接近して上空に来た。「帽子を振ってやれ」と艦長がいう。みんないっせいに帽子をふった。飛行機は「わかった」という答えに、ゆっくりバンクしてぐーっと機首を下げ、五十メートルくらいの低空に降りて艦の周囲を一回り、機上からハンカチを振って、ふたたび南方洋上に飛び去った。

いよいよ明日は故国だ。母港に入ると思うとこみあげる嬉しさに胸が一ぱいになる。が、まだ手放しに安心するわけにはいかない。敵潜水艦の行動している海面だからである。あと一日頑張ろう。全神経を見張りに傾倒して、万遺漏なきを期する。

夜明けとともに水平線に一隻の漁船を発見した。ずい分遠くまで出てくるものだと思いながら「漁船一隻」と報告した。

「漁船かな、哨戒艇じゃないのかな」

「軍艦旗が見えます。哨戒艇らしいです」

だんだん近づいてよく見ると、軍艦旗は掲げられているが、小さな鰹船であった。といってカツオを稼りに来ているのではない。警戒のため、五百カイリもの海上を見張っている帝国海軍の舟艇なのである。潜水艦よりもっともっと縁の下の力持ちで、毎日毎日、海と空だけを眺めつづける。敵が侵入してくる機会は、開戦から終戦まで一回もないかも知れない。一度発見したら、その時はわが身も最期である。敵地深く潜入し得るだけでも、われわれのほうがどんなに生き甲斐があることか。

午後から海水を蒸溜した水で入浴を許可された。二杯の洗面器の水で身体を拭うだけであるが、両手ですくいあげ、しみじみ見つめる真水は何と尊いことであろう。

十月二十四日。東の水平線から白々と明けそめてきた。いよいよ今日は入港だ。五時二十分。朝霧の中に房総の山が夢のように見えてきた。

「あ、潜水艦がいる」

ぎょっとして艦長まで振りかえった。潜水艦ではなくいるかだった。

房総の先端を大きく迂回して東京湾内に向かう。剣崎の燈台が見え、哨戒機が南の空へ飛んでいった。——祖国日本はなお健在である。艦は在港艦船の登舷礼式に迎えられて無事七十日目に入港した。

横須賀の街には低く煙がたなびいていた。

入港の翌日、わたしは転勤の命を受けた。潜水学校に教鞭をとるため退艦することになったのである。苦楽を共にした僚友と別離の盃を酌みかわし、わたしは、冷たい伊二五号潜水艦の肌を一人ひそかに撫でまわしてみた。

*

伊二五潜水艦はその後、激しい敵反抗に対する作戦の中にあって激闘に激闘をつづけ、昭和十八年九月中旬、南太平洋フィジー諸島海域において敵艦と交戦の後、真紅の太陽が夕映えに海を染める頃、南海の底深く散華してしまった。

艦長はじめ乗員一同はよく祖国愛と同胞愛とに燃えつつ、身を鴻毛の軽きに比し、ともすると戦果の縮少と増大する敵の圧迫に沈みがちな心を奮起せしめ、最後まで戦いつづけて来た。その偉大ないさおしはついに敗れたりとはいえ、永劫に日本人の誇りとして語り伝えられるべきものであろう。

同じ軍隊にありながらも潜水艦の生活は実に家族的であり、上下の愛情は肉親に等しく、同僚は私利私欲を離れた友情のみに結ばれた美しい男同士の世界であった。艦内の生活はいかなる辛苦の中にあっても常に和気藹々、そして艦長の命令は一糸乱れず整然と遂行されていた。それであるから狂乱怒濤にもあらゆる敵猛反撃にもひるまず、任務遂行に万全が期せられたのである。

不服もいわず、一蓮托生の潜水艦であれば、その最期の状況はすべて謎に秘められたまま永遠に護国の鬼と化されたのであった。当時の、潜水艦乗員の佐久間精神と生活状態を顧みる時、全員りっぱに、そして祖国と同胞の上に平和の光り一日も早からんことを祈りつつ悠久の大義に殉じたことであろう。

大海の果て遠く散華されし伊二五潜水艦乗員はじめ、彼我潜水艦乗員の英霊に対し、その冥福を祈るとともに遺族の人々の幸福を願うものである。

あとがき

終戦十一年を迎え、半ばあきらめたかに見える遺族の方々の心中には、今なおわが父、わが子、わが兄弟が、どういう戦をしてどうなったかと寝た目も忘れえないことであろう。また潜水艦の最期は国民すべてが知りたくとも永遠に知られずに、暗黒の海底深く埋もれてしまったのである。それは潜水艦が一度撃沈の憂き目に合えば、艦長はじめ一兵に至るまで一名の生存者も残さず、永遠の謎を秘めて海底深く葬り去られてしまうからである。その実相がつまびらかにされないのが当然であった。しかも戦時中は軍の機密を守るため、潜水艦作戦行動は絶対秘密に付せられ、遺族の方々は肉身が何艦に乗っているかさえ知られない状態であった。

わたしは下手ながらも当時、その日その日の行動と偽らざる心境を子供からの習慣により書き綴っていた。それがはからずも戦後、さる人より贈物とともに届けられ、当時を偲ぶ唯一の資料として懐かしさのあまり旧友に見せたところ、貴重な資料だから是非執筆をと懇望された。日誌は潜水艦行動中の出来事のすべてではないが、実相の幾分でも遺族の方々に知って戴ければと、菲才を顧みず筆を取った次第である。

日誌を見て驚いたことは、印象や追憶というものは相当はっきりしているようであっても、かなりの喰い違いがあることであった。しかし潜水艦乗員の信念には変わるところがなかった。

潜水艦はつねに全艦隊特攻であり、国民の想像も及ばぬ辛酸をなめ、誠心誠意死力を尽くして戦ってきたことは揺がせない事実であった。猫の目のように変わる命令にも何らの不服をいわず、よくもその本分を全うしてきたと、今さらながら驚くほどである。ましてやガダルカナル島争奪戦食糧輸送戦となっては潜水艦本来の任務を捨て、餓死寸前の陸軍を救うため悲惨極りない死闘激戦に挺身したのであった。

日本潜水艦はなにをしていたか？　今や十余年前の戦況の悪条件を忘れ、ただ日本潜水艦は役立たずと刻印を押されてしまっては、あまりにも艦もろとも海底深く散っていった乗員たちが憐れではなかろうか。炎熱地獄の南洋の底に、あるいは寒気怒濤逆巻く北海の惨苦に耐えつつ、また降伏を恥と信ずる武士道精神のガ島の大軍を見捨てるにしのびず、凄惨極りない戦に、雲霞の如き大軍を擁する艦隊に、多種多様な激戦に終始し祖国日本が敗れるとも知らず、神州不滅を信じて海底の藻屑と消えていったのである。

こうした苦難の中にも、よく軍人の本分を全うし得たことは部下全員がただ艦長の意に従い働いたためであろう。潜水艦は親しい中にも礼義と信義は微塵も揺がず、そしてビンタと制裁のない特別な軍隊になっていたことは他に見られぬ美点でもあった。ありのままの日誌を開くと、勇ましく楽しい。そして悲壮な最期の戦友の面影が次々と目前に浮かんでくる。

終わりにこの一篇を刊行されるに当たっては、潮書房の寄せられた御好意と御援助とに深く感謝の意を表するものである。

昭和三十一年八月　終戦記念の日

槇　幸

単行本　昭和三十一年九月　潮書房刊

NF文庫

伊25号出撃す　新装版

二〇一七年三月十三日　印刷
二〇一七年三月十九日　発行

著　者　槇　幸
発行者　高城直一
発行所　株式会社　潮書房光人社
〒102-0073　東京都千代田区九段北一-九-十一
振替／〇〇一七〇-六-五四六九三
電話／〇三-三二六五-一八六四(代)
印刷所　モリモト印刷株式会社
製本所　東京美術紙工

定価はカバーに表示してあります
乱丁・落丁のものはお取りかえ
致します。本文は中性紙を使用

ISBN978-4-7698-3000-9　C0195
http://www.kojinsha.co.jp

NF文庫

刊行のことば

第二次世界大戦の戦火が熄(や)んで五〇年——その間、小社は夥しい数の戦争の記録を渉猟し、発掘し、常に公正なる立場を貫いて書誌とし、大方の絶讃を博して今日に及ぶが、その源は、散華された世代への熱き思い入れであり、同時に、その記録を誌して平和の礎とし、後世に伝えんとするにある。

小社の出版物は、戦記、伝記、文学、エッセイ、写真集、その他、すでに一、〇〇〇点を越え、加えて戦後五〇年になんなんとするを契機として、「光人社NF（ノンフィクション）文庫」を創刊して、読者諸賢の熱烈要望におこたえする次第である。人生のバイブルとして、心弱きときの活性の糧(かて)として、散華の世代からの感動の肉声に、あなたもぜひ、耳を傾けて下さい。